物理光学漫步

衍射计算理论及应用研究故事

李俊昌　著

Physical Optics Strolling

Research Story of Diffraction Calculation Theory
and Applicati

U0211428

化学工业出版社

·北 京·

内容简介

本书采用科普的形式，深入浅出地介绍了光学发展史、衍射光学的基础理论、数值计算及其实际应用等内容。通过生动有趣的故事，将读者在学习过程中遇到的困难及克服困难的过程融入其中，可读性强。

为帮助读者更好地理解相干光成像经典理论以及作者对经典成像理论的修改和完善，书中提供了便于学习和可以直接应用的MATLAB程序及相关资源。

本书可供光学、光学工程、光电信息、物理学相关专业的本科生、研究生；有一定相关背景基础，希望从事光学成像研究的人群；从事计算光学、光电成像等相关方向研究的科研人员、学者；以及理科高中学生学习参考。

图书在版编目（CIP）数据

物理光学漫步：衍射计算理论及应用研究故事 / 李俊昌著. —北京：化学工业出版社，2024.9. —ISBN 978-7-122-45995-4

Ⅰ. O436.1-49

中国国家版本馆CIP数据核字第2024HD1659号

责任编辑：贾　娜　　　　　　　装帧设计：史利平
责任校对：宋　玮

出版发行：化学工业出版社
　　　　　（北京市东城区青年湖南街13号　邮政编码100011）
印　　装：北京缤索印刷有限公司
710mm×1000mm　1/16　印张21　字数412千字
2024年9月北京第1版第1次印刷

购书咨询：010-64518888　　　　售后服务：010-64518899
网　　址：http://www.cip.com.cn
凡购买本书，如有缺损质量问题，本社销售中心负责调换。

定　　价：168.00元

　　近代光学应用研究中，诺贝尔奖获得者玻恩（M. Born）和沃耳夫（E. Wolf.）的《光学原理》以及美国工程院院士顾德门（J. W. Goodman）的《傅里叶光学导论》两部名著对光传播、干涉和衍射的电磁理论进行了详尽的描述，这两本书是当今国内外科技工作者最广泛学习的经典著作。然而，光的衍射计算理论十分繁杂，正如《光学原理》一书中所述："衍射问题是光学中遇到的最困难的问题之一，在衍射理论中，那种在某种意义上可以认为是严格的解，是很少有的……由于数学上的困难，在大多数有实际意义的情况下，还必须采用近似方法。在这些方法中，惠更斯－菲涅耳原理是最高成效的……"

　　时至今日，法国学者菲涅耳（Augustin-Jean Fresnel）在1818年提出的衍射积分不但被国内外近代光学专著及教材广泛引用，而且是激光应用研究中最广泛采用的基本公式。然而，菲涅耳衍射积分是一个复函数的广义二重积分

$$U(x_p, y_p) = \frac{\exp(jkd)}{j\lambda d} \iint_\infty U_0(x, y) \exp\left\{ j\frac{k}{2d}\left[(x - x_p)^2 + (y - y_p)^2 \right] \right\} \mathrm{d}x\mathrm{d}y$$

初次看到这个积分式的大学本科生、研究生或科技工作者几乎都会在这个复杂的数学表达式前头晕目眩，如何理解这个表达式的物理意义以及如何进行计算，是必须解决的问题。

　　2023年4月，《中国激光》杂志社给我开辟了一个发表物理光学科普文章的专栏。一年以来，所发表的文章是改革开放40年来我学习菲涅耳衍射积分解决实际问题的体会，也是我基于该积分的研究，对以上两部经典著作中相干光成像经典理论的补充和完善的研究历程。

　　我于1962年进入云南大学物理系学习，1980年从工厂调入昆明理工大学工作。1984年第一次赴法国进修时，基于菲涅耳衍射积分较好地解决了强激光

强度均匀化的一个研究课题。从此，我开始了与法国四所大学近40年的教学及科研合作……在获得出国学习的机会之前，我曾打算基于业余爱好成为一名科普美术工作者，所编绘的《光史漫话》连环画1981年发表在《奥秘》杂志上。然而，1985年从法国回国后，为能全身心地投入科研及教学工作，不得不搁置成为科普美术工作者的愿望。现在，虽然我还参加年轻教师主导的科研工作，却开始能抽出时间实现40年前的夙愿。

　　本书以"物理光学漫步"为名，以连环画《光史漫话》为引子，从中学的物理知识开始，通过图文并茂的故事形式，由浅入深地将上述专栏文章整理成一部具有一定理论深度的科普著作。为便于读者学习，对于书中涉及的重要衍射计算内容，提供了用MATLAB语言编写的程序及相关资源，用手机扫描书末附录中的二维码即可下载学习。谨望本书能让从事物理光学学习和研究的大学本科生、研究生及科技工作者能在轻松愉快的阅读中受益。

　　由于作者水平所限，书中不当之处，切望得到读者指正。

李俊昌

2024年2月20日

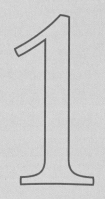

引子

——连环画《光史漫话》新编

—

将物理光学与美术创作相结合，由浅入深地编撰具有一定理论深度的科学研究故事，让从事物理光学学习的大学本科生、研究生及相关专业的科技工作者可以在轻松愉快的阅读中受益，是笔者的愿望。

作为本书故事的首篇，谨将1981年《奥秘》杂志第3期笔者编绘的《光史漫话》连环画扫描处理后奉献给读者。为便于与本书后续内容衔接，画面和文字做了简单调整。

1.1 《光史漫话》

<1-1>清晨，一辆蓝色的北京牌小轿车越过崎岖的山路，来到某部试验基地。尚进和郝思高兴地随肖毅教授下了车，是肖伯伯带他俩来看激光射击演习的。

<1-2>中心控制室里，一排排电子设备的指示灯闪闪发光，只能听见再一次检查设备运转情况的按键声。两位小客人被带到一个巨大的投影屏幕前。

<1-3>指挥员发出演习开始的命令。瞬时，屏幕上出现了模拟导弹发射的情景。

<1-4>几乎在导弹发射的同时，代号"07"的激光发射控制台便发现了目标，接着，自动瞄准仪的指示灯豁然明亮了。专家们露出满意的微笑。

<1-5>"07注意——准备——放！"指挥员的话音刚落，屏幕上掠过一道强烈的闪光，飞弹已无影无踪……

<1-6>看完激光截击敌人攻击导弹的模拟试验，孩子们激动地问："肖伯伯，激光究竟是什么？您给我们讲些光的知识好吗？""很好！"教授说："这门学问凝结了几千年来无数科学家的辛勤劳动。让我们借用时空飞船直接去拜访这些历史上的科学伟人吧。"

<1-7>时空飞船跨越了2500年的历史和1000公里的路程，来到了公元前400年的鲁国地界。

<1-8>墨翟热情地接待了来自20世纪的客人。郝思惊喜地发现：墨翟给弟子讲学的装置，多么像学校实验室的小孔成像设备啊。

<1-9>墨翟先生的介绍完全证实了郝思的猜想。原来，墨翟想利用这个原理造个照相机呢。墨翟说："吾人于光之研究，乃世上无可伦比者，先人西周时亦可使阳燧（青铜制的凹面镜）得火矣"。

<1-10>告别了墨翟先生，一路上，两位小客人深深为我们祖先的成就而自豪。肖教授说："当时，和我国科学可相比拟的是古希腊，我们去访问阿基米德吧。"

<1-11>时空飞船到达希腊的时间是公元前212年盛夏，顶着火一般的烈日，他们来到了临海的城堡。经过卫兵仔细盘问，他们才进了城。原来，人们正在准备一场迎击侵略者的战斗。

<1-12>阿基米德忙极了，因为解决了王冠的真伪问题，他获得了很高声望。他抱歉地指着海岸边几个巨大的圆形东西说："你们看，我还得去教会他们使用这种武器。"

<1-13>阿基米德刚走，报警的螺号响了。海面上出现罗马侵略者的九艘战船。肖教授带着尚进和郝思隐蔽到城墙的掩体后，轻轻地说："我们来看看凹反射镜的神威吧。"

<1-14>忽然，奇迹出现了，最前面的一艘帆船燃起了烈火。惊慌失措的罗马士兵还来不及搞明白怎么回事，又一艘帆船冒起了浓烈的黑烟。阿基米德用凹反射镜聚光，点燃了侵略者的战船。

<1-15>敌人溃退了。战斗一结束，阿基米德将肖教授一行迎到他的家里。在浴池旁，他还兴致勃勃地给郝思和尚进讲了他如何发现浮力原理的趣事。

<1-16>再见！文明的古国。飞船离开希腊后又开始新的旅程。中世纪漫长的岁月里，光学几乎没有进步。宗教、专制、封建扼杀了无数科学家的见解和生命……

<1-17>飞船在1688年伦敦的郊外着陆了，灰蒙蒙的雾中，时而传来一阵沉闷的教堂钟声。经典物理学的奠基人，举世闻名的科学家——伊萨克·牛顿就住在这里。

<1-18>"尊贵的阁下，很不习惯吧？我也要诅咒这可恶的迷雾。"牛顿幽默而亲切地说着，并把他们带到实验桌前。原来，牛顿正等着云开雾散，要进行太阳光的分解研究呢。

<1-19>牛顿和肖教授谈开了。当牛顿听到肖毅讲述后人确立了相对论，否定了绝对时空观的时候，他对时空飞船产生了浓厚的兴趣。

<1-20>雾，逐渐散了。为了不影响牛顿的工作，肖毅一行辞别主人，漫步到伦敦街头。这时，整个城市已经沐浴在明媚的阳光里，美丽的泰晤士河穿城而过，他们在大桥上停住了。

<1-21>"肖伯伯,"郝思迟疑地看着肖毅说,"我们学习过牛顿的力学三大定律,可还不知道牛顿对光学也有研究啊!"凝视着奔流不息的河水,教授讲述了如下故事。

<1-22>"在科学史上,牛顿是一位了不起的人物,世界上他第一个发现太阳的光谱,创立了科学的光学。现在,光谱的分析研究已成为人类向宇宙空间进军和探索微观世界的有力武器。"

<1-23>"牛顿对光的反射、折射,尤其是对颜色的成因都有深刻而精辟的论述。在光的传播问题上,牛顿主张光是光源发出的微粒流,亦即微粒说。"

<1-24>"牛顿的著述被奉若经典。当时,存在着波动说和微粒说两种观点,虽然牛顿曾试图证明这不过是一个问题的两种说法,但牛顿的信徒却说牛顿只主张微粒说,他们滥用牛顿的威望来打击波动说的主张者。"

<1-25>"荷兰学者惠更斯最早提出：光，乃是'以太'传播的波动。但是，由于人们对牛顿的盲目崇拜，以致这种进步观点得不到科学的公认，惠更斯含冤而逝。"

<1-26>"牛顿死后73年，科学家托马斯·杨通过著名的'杨氏实验'，利用波动说，圆满地解释了光的干涉衍射等微粒说不能解释的现象，可是杨氏仍遭到微粒说的无情打击，不得不逃到埃及避难。"

<1-27>"但是，实践是检验真理的标准，"教授接着说，"大量光学现象用微粒说不能解释，人们只好再次冒着不尊重牛顿的风险，去探索新的理论。这个探索者的队伍里，首当其冲的是法国青年学者菲涅耳。"

<1-28>"1818年，巴黎科学院举行规模浩大的科学征文悬奖竞赛大会，菲涅耳出人意料地应用波动说的观点，回答了大会主持者期待用微粒说解决的问题。他那严谨的公式、推理及实验证明，使在场者目瞪口呆。"

<1-29> "微粒说在光学界一百年之久的统治地位开始动摇了。然而，使人们对光的本性认识发生根本转变的，是英国物理学家麦克斯韦的电磁场理论——光，不过是波长更短的电磁波罢了。"

<1-30> "啊，时间不早了。"讲到这里，肖教授发觉所谈知识已超出了两个孩子能接受的范围，而且长途跋涉已使郝思和尚进很疲倦。于是，他们踏上了归程。

<1-31> 返回的路上，肖教授同意今后将带他们去见另一位和牛顿同负盛名的伟人——近代物理学的奠基者，爱因斯坦爷爷。肖毅说，爱因斯坦的光学理论深刻地揭示了光的波粒二相性，使人类对光的认识又走向了新的高度。

<1-32> 时空飞船飞回现在，我们故事的小主人翁已经很疲倦了。虽然，这次旅行所接触的知识还有很多没弄懂，但是他们立志攀上知识顶峰的决心更坚定了。

1.2 《光史漫话》编后语

具有物理知识的细心的读者在这套连环画中不难看出，其中融入了大量的光学知识，例如，小孔成像（图1-9）、棱镜分光（图1-18）、原子光谱（图1-22）、惠更斯原理的作图表示（图1-25）、杨氏干涉及牛顿环实验（图1-27）、电子能级跃迁示意图及电子能级跃迁放出光子的能量表达式 $E = h\nu$（图1-31）。

下面，本书将以几个虚拟的年轻人学习物理光学及应用研究的故事，由浅入深地介绍笔者近40年来从事光波衍射理论的学习、计算及应用研究的体会。

访问物理光学的缔造者

——菲涅耳

—

基础理论是科技发展的核心动力，认真学习前人总结的理论是开展科学研究的前提。但是，"实践是检验真理的唯一标准"，当现有的理论，哪怕是得到人们尊崇的经典理论不能圆满解决实际问题时，要有挑战这个理论的决心和勇气。200年前，挑战以牛顿为代表的光的微粒说理论，为波动光学奠定坚实基础的法国学者菲涅耳便是一位杰出代表。现借用时空飞船开启对法国学者菲涅耳的访问之行。

2.1 时空穿越到1818年的巴黎

三年之后，郝思和尚进已经分别是北京两所名牌大学一年级光学专业的学生。寒假来临，肖教授决定先带他们去访问物理光学的缔造者——法国学者菲涅耳。

时空飞船飞向1818年的巴黎，越过巴黎圣母院上空后，肖教授一行在离塞纳河不远的城郊着陆了。

通过飞船的舷窗眺望着这壮美庄严的建筑，郝思不禁问道："肖教授，这是200年前的巴黎吗？"

"是的，这座哥特式基督教教堂始建于1163年3月24日，按现在的1818年计算，已经有600多年的历史。巴黎圣母院是欧洲早期哥特式建筑的代表。现在看到的是教堂后院，一会儿我们还要去到教堂正面呢。"教授又接着说："还记得我们上次访问牛顿的经历吧？现在巴黎科学院正筹办规模浩大的科学悬奖竞赛大会，科学家们期望用微粒说的观点来解释光的干涉和衍射问题。"

"啊！我知道了。"尚进激动地说，"我们的大学物理课中已经讲了这段历史，还在实验室里做了杨氏的双缝干涉实验。由于牛顿在科学界的声望，虽然他已经逝世几十年，他曾主张的微粒说被广泛推崇。菲涅耳这次获奖的论文才开始较好地为波动说奠定了基础。"

"是的，"肖教授接着回答道，"菲涅耳是一位很了不起的科学家。也许他现在正忙于再次审查他大会报告论文的理论与衍射实验结果的比较，我们不去打扰他。但是，我们可以作为会议的旁听者参加这次大会。"肖教授又笑言道："不过我们得赶快换上准备好的现在法国学者的服装，才不会引起与会者的注意。"

三人换装后，大家都开心地笑了。特别是肖教授戴上披到胸前的金色假发后，完全变了一个样，真像在法国古典电视剧里才能看到的彬彬学者。

2.2　巴黎圣母院前方小憩

事不宜迟！大家离开飞船，借用北斗导航系统，飞船自动回到天空去拍摄法国风景。

"肖伯伯，北斗导航系统还能穿越时空吗？"尚进连忙问。"当然能！"教授回答道："我们带上笔记本电脑，一会儿我还想抽空再给你们讲有趣故事呢。"

郝思和尚进随教授走到塞纳河畔，乘坐一辆马车在巴黎圣母院正门前的广场上下车了。

他们漫步游览圣母院及周边风景后，离大会开幕还有一段时间。这次科学大会在法国科学院召开，为能让两位年轻人参加大会前有较好的知识准备，肖教授说："我们到科学院附近的咖啡馆小坐吧，我给你们讲一些有趣的故事。"

2.3　惠更斯原理

在咖啡馆的圆桌上，肖教授从手提包里取出笔记本电脑，面对调出的一幅图像（图2-1）讲道："你们看，这是荷兰物理学家克里斯蒂安·惠更斯（Christian Huygens）。你们中学时学过惠更斯原理，这是用几何作图描述的平面波传播图像，在研究光的波动说时惠更斯首先提出的。"

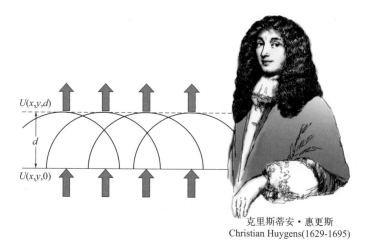

克里斯蒂安·惠更斯
Christian Huygens(1629-1695)

▲ 图2-1 惠更斯及惠更斯原理

肖教授接着说："按照惠更斯原理，平面波面上的每一点发出的球面波是形成后续波面的子波源，此后每一时刻的子波波面的包络就是后一时刻的光波动的波面或波前。光的直线传播、反射、折射等都能用惠更斯原理进行较好的解释。此外，惠更斯原理还可解释晶体的双折射现象。

"但是，惠更斯原理不完善，它不能解释衍射现象。此外，由于惠更斯原理的次波假设不涉及波的时空周期特性——光的波长、振幅和相位，虽然它们能解释波在障碍物后面拐弯偏离直线传播的现象，但光传播中的衍射现象要复杂得多，例如观测屏上还有明暗相间的条纹出现，表明各点的振幅大小不等，这时惠更斯原理就无能为力了。因此，严谨的理论必须能够定量计算光所到达的空间范围内任何一点的振幅和相位，更精确地描述光的传播。"

2.4 惠更斯－菲涅耳原理

教授又接着说："菲涅耳用严谨的数学表述发展了惠更斯原理，并且用实验证明了这个理论表达式。由于他创造性的工作，此理论现在称为惠更斯-菲涅耳原理（Huygens-Fresnel principle）。实际上，光的传播过程可以视为一个衍射过程。菲涅耳在惠更斯原理的基础上，补充了描述次波的基本特征，给出相位和振幅的定量表示式，建立了次波相干叠加的数学公式。"

教授指着屏幕上的几何图形说："你们看，在图中建立直角坐标 O-xyz，将图中 $z=0$ 的平面当作初始波面，令初始波面的复振幅为 $U(x,y,0)$，将波面上的每一点视为二重积分的小面元，计算$z=d$平面光波复振幅$U(x,y,d)$的数学表达式被菲涅耳建立了。"

$$U(x,y,d) = \frac{\exp(jkd)}{j\lambda d}$$

$$\times \int\limits_{-\infty}^{\infty} \int\limits_{-\infty}^{\infty} U(x_0,y_0,0)\exp\left\{\frac{jk}{2d}\left[(x-x_0)^2+(y-y_0)^2\right]\right\}dx_0dy_0$$

"啊呀呀！这么复杂！"尚进和郝思几乎同时喊起来。

教授微笑着说："是的，我年轻时第一次看到这个公式时也觉得头晕。不过，你们在专业课中会学到的。应该说，1976年我国学者翻译的近代光学名著《傅里叶光学导论》——美国工程院院士约瑟夫·W. 顾德门（Joseph W. Goodman）1968年出版的Introduction to Fourier Optics才让我们这一代认真读懂了这个公式。"

教授感叹地说："由于特殊的历史原因，当时的科技工作者普遍十多年没有认真进行科学研究，最基本的数学物理知识几乎都忘记了。改革开放后才迎来我国科学发展的春天。那时，为读懂这本书，全国上下举办了不同形式的学习班，如清华大学金国藩院士、北京理工大学的余美文教授、昆明理工大学熊秉衡教授以及1966年北京大学物理系毕业的高才生宋菲君等老一辈科学家都是当年学习班的老师。

"闲言少叙！现在，结合上面惠更斯原理的几何作图，我简单给你们解释一下这个公式的物理意义。

"公式中，积分号前是一个常数相位因子，只要注意到在分母中有距离d，它表示光传播的振幅值与距离d成反比，其余的暂时不讨论，而

$$\exp\left\{\frac{jk}{2d}\left[(x-x_0)^2+(y-y_0)^2\right]\right\}dx_0dy_0$$

是$z=0$平面上微小面元 dx_0dy_0 经过距离d发出的球面波表达式。这是一个以自然数e为底的指数函数与 dx_0dy_0 的乘积，大括号内是复数形式的幂指数。由于数学上这是球面波的抛物面近似表示，所以科学界将上面的整个二重积分式称为光传播的菲涅耳衍射近似。"

教授接着说："你们目前还没有学复变函数理论，公式中，$j=\sqrt{-1}$是虚数单位；k称为波数，$k=2\pi/\lambda$，λ是光波长。今天菲涅耳的大会报告，就是为建立该公式而做的一个光学发展史上里程碑式的报告。"

2.5　巴黎科学悬奖竞赛大会

1818年8月18日，大会如期举行，菲涅耳的报告引起全场轰动。他将惠更斯原理用严谨的数学描述，悬而未决的光的干涉衍射条纹分布实验测量完美无缺地证明了"惠更斯-菲涅耳原理"。

出会场后，郝思问肖教授："怎么菲涅耳不用您给我们讲述的那个积分来解决衍射问题啊？"教授回答："是的，这个报告虽然获得大奖，但是，要形成一个物理意义明确的表达式，还得采用数学家欧拉1752年推导出的'欧拉公式'。今后我会再单独给你们讲述这些问题。"

教授将视线转向离开会场的人群并说道："现在大会结束了，我们看看是否能找到菲涅耳。"

在离开会场的学者中，肖教授一行真找到了菲涅耳。但菲涅耳英语不好，要向他解释时空穿越是一大难题。因此，肖教授向菲涅耳表示他所取得的成就在光学发展史上将产生重要的影响并对他表达衷心的祝贺后，便与一时还弄不清他们是何方来客的菲涅耳告别了。

为乘坐时空飞船返回北京，在肖教授的召唤下，一辆正停在会场边的马车应声赶到。三人乘车往飞船预定的着陆点赶去。

2.6　麦克斯韦方程

回到时空飞船后，肖教授接着讲道："惠更斯-菲涅耳原理是不严格的理论，是菲涅耳凭朴素的直觉及数学描述并通过他认真的实验证明得到的。1831年诞生

的英国科学家麦克斯韦（James Clerk Maxwell）通过对电磁感应的研究，建立了描述电磁波的麦克斯韦方程。"说着，肖教授打开笔记本，让郝思和尚进看了科学家麦克斯韦及麦克斯韦方程（图2-2）。

"你们将会学习麦克斯韦方程，按照这组方程，光波只是一种波长较短的电磁波。由于电磁场是在介质空间传播的，利用麦克斯韦方程处理实际问题时，还应加进描写物质在电磁场作用下的关系式，称为物质方程。当忽略了麦克斯韦方程中电矢量 E 和磁矢量 B 间的耦合关系后，可以形成一种便于对光波传播求解的标量衍射理论。这样，只要我们研究的光学问题涉及的空间尺度远大于光波长，标量衍射理论就能获得非常准确的解。

麦克斯韦 James Clerk Maxwell（1831-1879）

▲ 图2-2 麦克斯韦及麦克斯韦方程

"基于标量衍射理论，德国物理学家基尔霍夫（Kirchhoff）和索末菲（Sommerfeld）从理论上导出了更准确的两种衍射计算公式。这时，菲涅耳衍射公式成为两公式的傍轴近似表达式。这些内容，在顾德门教授1968年发表的《傅里叶光学导论》一书中已经讲过。现在虽然很难找到这本书，但你们在《傅里叶光学导论》的新版本及现在国内的信息光学教材中都能看到。2020年，科学出版社已经出版了《傅里叶光学导论》的第4版中译本。"

2.7 物理光学的缔造者——菲涅耳

沉吟片刻，肖教授接着说："但是，我们应该记住菲涅耳（图2-3）这位伟大的科学家。光的微粒说是牛顿创立的，在整个18世纪，虽然波动说因惠更斯及托马斯·杨（Thomas Young）的努力发展起来，但微粒说仍然占据着优势。19

世纪初，法国科学家拉普拉斯（Laplace）和毕
奥（Biot）让微粒说得到令人瞩目的发展，但
对光的衍射及干涉问题，采用微粒说始终未能
获得令人信服的描述。正如我们上一次时空穿
越访问牛顿（Newton）时说过的，微粒说的支
持者期望通过巴黎科学悬奖竞赛大会，获得用
微粒说解释这些现象的理论。俄国科学院院士
兰斯别尔格（Г.С.Ландсберг）根据1817年3月
17日法国科学院大会记录，在他的一部专著中
说，这次大会的题目有两个：其一，当光束同
时通过或者分别通过单一或者几个很小或很大
的物体边沿时，如果让各物体之间的距离与到

菲涅耳
Augustin-Jean Fresnel
(1788-1827)

▲ 图2-3 菲涅耳

达光源的距离相等，试精确测定出直达光束与反射光束衍射的全部数据；其二，
依据上述实验，利用数学归纳法导出光束通过物体邻近处的运动规律。这次大
会拟在1819年公开分发奖金，但征文的截止期为1818年8月1日。兰斯别尔格
认为，这份记录仿佛暗示了问题研究的出发点，即与物体相毗邻的光的衍射的
讨论，而这种讨论是牛顿在用微粒说解释衍射现象时在他的名著《光学》中引
入的。"

接着，教授又说："巴黎大会的评委由拉普拉斯、毕奥、泊松（Poisson）、
阿拉果（Arago）等科学家组成。本来，菲涅耳很难参加大会，因为在会前坚
信微粒说的评委——法国很有声望的数学家、几何学家和物理学家泊松最初
并不认可菲涅耳的理论，他不仅对菲涅耳的论文进行了极为细致的审查，还
采用论文表达的理论进行了以圆盘为遮挡物的衍射计算，结果发现阴影中心
会出现一个亮斑，完全有悖于人们的直觉。泊松曾打算拿着这个计算结果对
菲涅耳的论文进行质疑。但是，对泊松的理论质疑感兴趣的阿拉果对此进行
了实验，让评委们大为惊异的是，在圆盘衍射阴影中央的确出现了亮斑，位
置和亮度与菲涅耳的理论计算完美吻合……事实上，就在开会前几周，专家
们对描述光本性的两种观点进行过激烈的争论，在阿拉果的坚持下，菲涅耳
才得到参加大会的权利。在我们刚刚旁听的这次大会上，菲涅耳站在波动说
的立场，用他发展的惠更斯原理圆满地解释了直边、小孔及圆盘为遮挡物时
的衍射现象，与实验研究相当吻合。会后，菲涅耳获得大奖，让波动理论逐

步取得了胜利。"

教授兴奋地说："实践是检验真理的唯一标准，泊松计算的亮斑本来想用来质疑菲涅耳衍射理论的，最后反而成为支持这个理论的有力证据，这个故事增添了菲涅耳衍射理论能够获得大会大奖的戏剧性。认真进行实验非常重要，今后有时间，我还将向你们讲述这次大会前一年的时间里菲涅耳如何进行理论研究，并在他弟弟的热心协助下认真进行实验的过程。"

教授又说："菲涅耳还发明了菲涅耳透镜，与原透镜相比，这种设计比一般的透镜减少了材料，体积更小、镜片更薄，可以透过更多的光，同时也易于建造更大孔径的透镜。这项发明最早运用在灯塔上面，后来在生产生活中也有着广泛的应用，比如汽车头灯、手机闪光灯、航母的菲涅尔光学助降系统中都有菲涅耳透镜的身影。今天的报告中，菲涅耳的理论很好地解释了衍射现象，开始动摇了光的微粒说的统治地位，但是光的偏振现象却不能很好地解释。后来，菲涅耳把光波假设成横波，并和阿拉果一起对偏振光的干涉进行了研究，于1821年发表了新的研究论文《关于偏振光线的相互作用》，成功地解释了偏振现象。此外，菲涅耳还发现了圆偏振光和椭圆偏振光，并对其进行了解释；推导出了著名的菲涅耳公式，解释了双折射现象和反射光偏振现象。

"1823年，菲涅耳当选为法国科学院院士，1825年当选为英国皇家学会会员。菲涅耳身体及生活条件并不好，常年疾病缠身，但他仍孜孜不倦地攀登着科学高峰。1827年，菲涅尔因肺结核病逝世，享年39岁，被后世誉为'物理光学的缔造者'。"

最后，教授深情地说："应用基础理论的研究通常是十分清苦的，但一旦有所突破，则会对科学进步及社会生产力的提高产生重大影响。中国的科技崛起寄希望于你们年轻人的努力学习与攀登！这次回到北京后，你们抽一个周末到我家，我将根据我的一位好友李克教授给我的珍贵材料——菲涅耳在1819年重新撰写的《光的衍射回忆录》（MEMOIRE SUR LA DIFFRACTION DE LA LUMIERE）的译文，重新整理今天听的菲涅耳学术报告，向你们介绍光波的复函数表示及欧拉公式，基于欧拉公式，讲述在麦克斯韦方程出现之前菲涅耳积分形成的一种数学解释。"

重温1818年菲涅耳获大奖的学术报告

1818年，菲涅耳获大奖的学术报告中，菲涅耳基于光的波动说定量描述了惠更斯原理的数学表达式，被后人命名为菲涅耳衍射积分。然而，大会报告中涉及的衍射问题衍射积分没有解析解。为此，菲涅耳采用半波带法简明地描述光的衍射理论，对于衍射积分则采用了较繁杂的数学分析得到数值解。

半波带法是目前大学物理光学教材中广泛纳入的内容。下面通过两位虚拟年轻人对菲涅耳获大奖论文的学习介绍半波带法。

3.1　难忘的旅行

这次时空穿越让两位年轻人久久不能平静。回北京后，尚进决定先回老家成都过春节，一是向亲人讲述在北京上大学的感受，二则想告诉父母这次时空穿越访问的有趣经历。于是，两位好友商量后，向肖教授表示，他们将在开学后的一个周末再来拜访肖教授。肖教授高兴地说，欢迎他们再来，但嘱咐时空飞船之行务必保密，不宜宣扬。

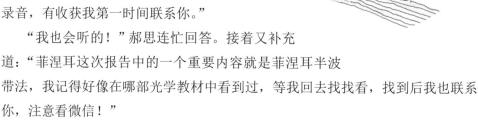

郝思家在北京，在通往机场的地铁送别尚进时，尚进向郝思说道："我回家后会找时间认真回顾一下菲涅耳大会报告录音，有收获我第一时间联系你。"

"我也会听的！"郝思连忙回答。接着又补充道："菲涅耳这次报告中的一个重要内容就是菲涅耳半波带法，我记得好像在哪部光学教材中看到过，等我回去找找看，找到后我也联系你，注意看微信！"

地铁启动了，两人遥遥挥手告别。

3.2　重温菲涅耳获大奖的学术报告

回到成都的尚进给父母和亲人们讲述了北京上学的体会后，还参加了假期返乡的高中同学聚会，又花了不少时间整理上学期的新知识……

终于，他找到空闲时间，认真地在家通过录音重温菲涅耳报告。虽然对许多内容还存在疑问，但菲涅耳报告中的几段录音却吸引了他的注意，忍不住反复播放。（注：菲涅耳论文获得法国科学院1818年大奖，但他参加大会的论文手稿1818年7月29日被法国科学院收藏。菲涅耳于1819年写了一篇《光的衍射回忆录》（图3-1），对他存放在法国学院的手稿进行了一些修改，但特别声明没有对论文的理论和实验进行任何变动。下述内容取材于这个回忆录。）

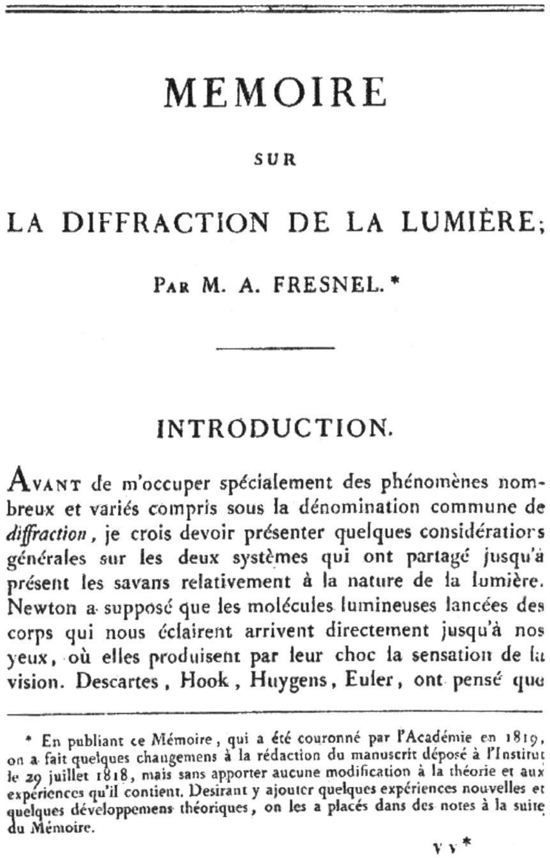

MEMOIRE

SUR

LA DIFFRACTION DE LA LUMIÈRE;

PAR M. A. FRESNEL.*

INTRODUCTION.

Avant de m'occuper spécialement des phénomènes nombreux et variés compris sous la dénomination commune de *diffraction*, je crois devoir présenter quelques considérations générales sur les deux systèmes qui ont partagé jusqu'à présent les savans relativement à la nature de la lumière. Newton a supposé que les molécules lumineuses lancées des corps qui nous éclairent arrivent directement jusqu'à nos yeux, où elles produisent par leur choc la sensation de la vision. Descartes, Hook, Huygens, Euler, ont pensé que

* En publiant ce Mémoire, qui a été couronné par l'Académie en 1819, on a fait quelques changemens à la rédaction du manuscrit déposé à l'Institut le 29 juillet 1818, mais sans apporter aucune modification à la théorie et aux expériences qu'il contient. Desirant y ajouter quelques expériences nouvelles et quelques développemens théoriques, on les a placés dans des notes à la suite du Mémoire.

v v*

▲ 图3-1 《光的衍射回忆录》

  "在我具体介绍光的波动理论能解释许多不同的光学现象之前，我想我必须对这两种研究光本性的不同观点做一些一般性的讨论。迄今为止，这两种观点被科学界广泛研究。牛顿假设被照亮的物体发射出光分子直接到达我们的眼睛，在那里它们通过冲击让我们产生视觉感。笛卡尔、胡克、惠更斯、欧拉认为光是由一种极其微妙的存在于宇宙中的介质振动产生的，介质振动受到发光体粒子快速运动的激励，就像空气被发声体的振动所激励一样。因此，在这个光的波动学说中，到达视觉器官的不再是发光体发出的分子，而只是这种微妙介质的运动让视觉器官产生的感受……

  "我同意波动说，光是由一种极其微妙的宇宙流体的振动产生的，这种振动受到发光体粒子快速运动的激励，就像空气被发声体的振动所引起的波动一样。因此，在这个学说中，到达视觉器官的不再是与发光体接触的光分子，而只是附在它们上面的介质运动。第一种观点的优点是比较容易接受，从机

$$F = G\frac{Mm}{r^2}$$

械运动的角度去分析更容易了解它。第二种观点恰恰相反，要理解它存在很大的困难。但是，在选择理论模型时，人们不应该只考虑假设的简单性，大自然并没有因为你分析实际问题遇到困难而同情你。科学理论的进步必须有自然界的新证据来支持，这是人们对科学研究应遵循的准则。牛顿发展的天文学惊人地证实了这一准则，所有的开普勒定律都被牛顿归结成万有引力定律，甚至用它来解释行星运动中最复杂和最不明显的运动。然而，牛顿提出的微粒说很难解释光传播时遇到障碍物时在障碍物边界传播方向会扭曲的现象……"

正当尚进的大脑中浮现出苹果树下的牛顿手持那个曾经从树上落下并击中他的苹果，苦思冥想"苹果为什么会落地？"问题的情景时，手机响了。

"嗨，老尚！假期怎么样？"是郝思的电话。"我找到那本书了，是西北工业大学赵健林老师编著的《光学》教材（图3-2），高等教育出版社2006年版。不知道现在是否有新版本，但这本书对菲涅耳半波带法已经讲得很清楚。我一会通过微信给你发去手机拍摄的图像。"

"太好了！我马上看。"尚进放下电话，立即打开微信。

原来，教材的202～208页是这样描述的（注：对原教材图及公式的编号做了修改）：

图3-3是圆孔的菲涅耳衍射半波带法计算示意图。设λ为光波长，以P点为球心，分别以$b+\lambda/2$、$b+\lambda$、

▲ 图3-2 《光学》教材封面

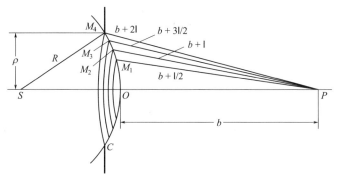

▲ 图3-3 圆孔的菲涅耳衍射与波带分割

$b+3\lambda/2$、…为半径作球面，将透过圆孔的波面截成若干个环带，相邻两个环带的对应边界点（如图中 M_2 与 M_3 点）到 P 点的光程差均为半个波长，称这些环带为菲涅耳半波带。

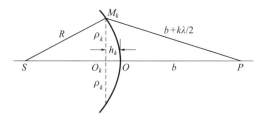

▲ 图3-4 波带半径及面积计算

图3-4是半波带半径及面积计算示意图。图中，R 是从点源 S 发出的球面波的波面半径，h_k 是第 k 个半波带外边沿 M_k 到波面顶点 O 的距离。注意，λ 甚小于 b，通过理论计算可以求出该球冠的面积，将通过 M_k 及 M_{k-1} 相邻两点的圆周确定的球冠的面积相减后，便得到第 k 个半波带的面积：

$$\Delta \Sigma_k = \frac{\pi R b \lambda}{R+b} \tag{3-1}$$

式（3-1）表明，由圆孔处波面分割出的面积仅仅由波面半径 R、场点到波面顶点的距离 b 以及照明光的波长 λ 确定，当三者给定后，该面积是常数。

可以看出，菲涅耳半波带具有如下特点：①相邻半波带的对应部分在 P 点引起的光振动相位相差 π，故在 P 点产生相消干涉；②所有半波带的面积近似相等，考虑到每一个半波带的横向宽度均很小，可以认为同一半波带上各点到 P 点的距离及半波带上各面元中心的法线与该面元中心到 P 点连线的夹角相等。因此，同一半波带上各面元在 P 点产生的光振动具有相同的振幅和相位，并且任一半波带

上各面元在 P 点产生的光振动的振幅 A_k 仅仅与该半波带到 P 点的距离及方向角有关，即随着半波带级次的增大而单调地减小，可表示为：

$$A_1 > A_2 > A_3 > \cdots > A_k > A_{k+1} \tag{3-2}$$

相应的光振动相位依次为：$\phi_0, \phi_0 + \pi, \phi_0 + 2\pi, \cdots \phi_0 + (k-1)\pi, \phi_0 + k\pi$。

于是，k 个半波带在 P 点引起的合振动振幅为：

$$A(P) = A_1 - A_2 + A_3 - A_4 + \cdots + (-1)^{k-1} A_k \tag{3-3}$$

上式中取奇数项：

$$A_1 = \frac{A_1 + A_1}{2}, A_3 = \frac{A_3 + A_3}{2}, \ldots$$

让偶数项近似为：

$$A_2 = \frac{A_1 + A_3}{2}, A_4 = \frac{A_3 + A_5}{2}, \ldots$$

代入式（3-3），并注意到奇数项与偶数项符号相反，可以得到：

$$A(P) = \begin{cases} \dfrac{A_1 + A_k}{2} & k \text{为奇数} \\ \dfrac{A_1 - A_k}{2} & k \text{为偶数} \end{cases} \tag{3-4}$$

式（3-4）表明，被圆孔限制的波面相对于场，P 点所能分割的半波带数 k 的奇偶性决定了 P 点的光强度的取值是极大或极小值，当波面相对于 P 点刚好可分为奇数个半波带时，P 点的合振动振幅约等于第 1 个半波带与第 k 个半波带引起的振幅的一半，强度取极大值：

$$I = I_{\max} = \frac{(A_1 + A_k)^2}{4} \tag{3-5}$$

反之，当半波带数 k 取偶数时，则强度取极小值：

$$I = I_{\min} = \frac{(A_1 - A_k)^2}{4} \tag{3-6}$$

当波面相对于 P 点不一定可分为整数个半波带时，P 点的合振动强度则介于极大值与极小极之间。

尚进禁不住赞叹："太棒了！这不就说明在光轴上的点有时会变成亮点，有时会变为暗点吗？"结合着刚刚听过的菲涅耳报告录音，尚进觉得惠更斯-菲涅耳原理的半波带法计算基本弄懂了。接着，他继续查看郝思给他发来的后续图片。看完后，他立刻拿起手机给郝思拨电话。

"郝老弟，谢谢你！我懂了。但是，由于听菲涅耳报告那天不方便拍照，如果能有大会报告时他展示的那些半波带法研究图像就好了。"

"噢！老尚，我忘了告诉你，肖教授刚刚给我们发了一个邮件，并附言说，为便于我们学习，他从菲涅耳1819年所写的回忆录影印本中截取了几幅图像。我刚刚看到，你不妨打开你的邮箱看看。"

尚进赶忙在电脑上打开邮箱，果然看到肖教授的邮件。

"是的，我看到了！我对泊松亮斑的研究很有兴趣，按照这个现象，我觉得不一定是圆盘，其他形式的遮挡物也应该观察到类似的现象。"他一边说，一边将一幅讨论遮挡物阴影区衍射的图像（图3-5）调到电脑屏幕上。

"郝同学，我觉得菲涅耳报告中的有遮挡物时光波衍射计算时的图像（图3-5）与上面赵老师教材中的图3-3很相似。只不过这幅图讨论的是遮挡物，而不是透光孔。"

"是的，"郝思回答后接着说："你再往下看，肖教授还给出了当他还是大学生时自己拍摄的遮挡物是圆盘时的泊松斑（图3-6）图像。"

"哦，看到了！我还看到肖教授的特别说明。阿拉果在1818年是用不透明的胶覆盖在透明玻片上形成直径2mm的圆盘，用通过小孔的太阳光为光源照明进行实验的。但肖教授采用的照明光是红色的氦氖激光，用墨汁滴在玻片上的方法形成圆盘。虽然要准确地形成直径2mm的圆盘十分困难，但仍然可以获得泊松斑图像。"

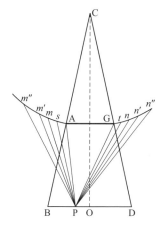

▲ 图3-5 遮挡物阴影区衍射

（摘自1819年菲涅耳撰写
的《光的衍射回忆录》）

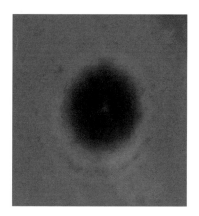

▲ 图3-6 泊松斑

尚进看着这个图像继续说道:"阿拉果也真厉害,我曾经想,如果我要做这个实验,怎么形成在空间悬浮的圆盘呢?"

郝思答道:"是的,这个实验构思巧妙,令人感慨。基础理论太重要了!菲涅耳在200年前提出的半波带法至今仍然可以在我们的大学教材中看到。但是,按照巴俾涅原理,赵老师教材中图3-3应该也能讨论遮挡物变成圆盘的问题。"

"什么是巴俾涅原理?"尚进忙问。

郝思回答道:"赵老师书上说,对于半径为不透明的圆盘衍射计算,其在 P 点引起的光振动的振幅,应等于自由波场在 P 点的光振动的振幅与该波场透过同样大小半径的圆孔后在 P 点所产生的振动的振幅之差。由于自由波场在 P 点的光振动的振幅即式(3-4)中 k 非常大,有 $A_k \to 0$ 的情况,因此有:

$$A(p) = \frac{1}{2}A_1 - \frac{1}{2}\left[A_1 + (-1)^{k-1}A_k\right] = (-1)^{k-1}\frac{A_k}{2} \tag{3-7}$$

郝思接着说:"你再往下看,书上还给出了圆盘菲涅耳衍射的实验及仿真图像(图3-7)。"

 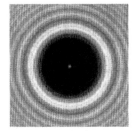 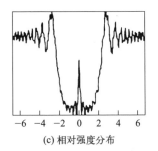

(a) 实验图样　　　　　　(b) 仿真图样　　　　　　(c) 相对强度分布

▲ 图3-7　圆盘的菲涅耳衍射

"真是的,理论模拟与实验吻合这么好!"尚进看着图像深为感叹。"书上说这个结论在历史上首先由泊松从理论上导出,故称为泊松点。赵老师写得虽然不错,但应该说,是泊松在1818年作为巴黎大会的组织者评审菲涅耳的论文时,按照菲涅耳发展的惠更斯理论计算出来的。"

"是的!"郝思回答道:"这个有趣的故事在我们高中的物理选修课本里也出现过,我记得是数学及物理学家泊松在审核菲涅耳的论文时,按照菲涅耳的理论假设,算出在圆盘投影中心出现亮斑时,他觉得是不可能的现象,本来打算用来质疑菲涅耳衍射理论的,但随后另一位科学家阿拉果进行的实验却反而验证了菲涅耳衍射理论的正确性。"

"是啊，我当时读到这个故事的时候笑得可开心了。"尚进回答后接着说，"早知道当时就该向肖教授提议，先穿越到那个现场去亲自见证这个历史性的时刻。"

3.3　学习与思考

放下手机，尚进还觉得意犹未尽，他觉得不妨按照赵老师书上讲述的理论用MATLAB软件来编写一个程序，看看是否能得到观测点不在光轴上的圆孔衍射强度图像。于是，他认真看了与该图对应的光路图3-8及相应的描述。

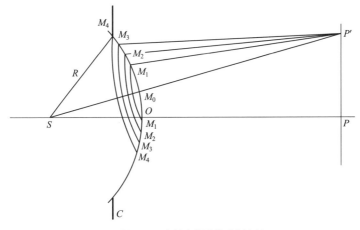

▲　图3-8　离轴点的波带分割方法

通过与图3-4比较，尚进发现，当偏离系统光轴的点P'位置确定后，只要将图中S到P'的连线视为新的光轴，则计算环带面积的公式与式（3-1）相同。但这时透光孔与新定义的光轴不垂直，则图中M_4之后的半波带被部分遮挡，是不完整的半波带。到达点P'的光能将逐渐随着往后分割的数目增加而减小。要严格计算每一个不完整半波带的面积十分复杂。

但仔细考虑后，对于不完整半波带，到达P'的距离相差半波长时，相邻两半波带的面积差别应该不大，也许可以近似认为仍然满足两两相消的规律。那么，对于任一偏离系统光轴的点P'的强度仍然可以按照式（3-5）及式（3-6）进行计算。只是邻近下边界的最后一个半波带的面积将随着点P'偏离光轴SP距离的增加而减小，无论最后一个半波带是奇数还是偶数，强度数值将趋于$A_1^2 / 4$。

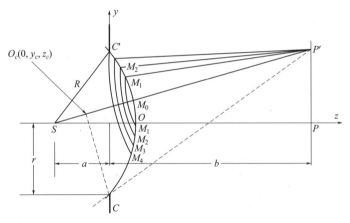

▲ 图3-9　菲涅耳半波带法计算圆孔衍射的坐标及参数设计

基于图3-8，尚进用图3-9建立了菲涅耳半波带法计算圆孔衍射的 $O\text{-}xyz$ 坐标，$z=0$ 平面为透光孔平面，纸面为 yz 平面，令 S 到透光孔平面的距离为 a，透光孔平面到 P 点距离为 b。以 S 为球心、半径为 R 的球面表达式为：

$$x^2 + y^2 + (z+a)^2 = R^2$$

若 P' 的坐标为 $(0, y_p, b)$，以 P' 为球心、半径为 $b+n\lambda/2$ 的球面表达式为：

$$x^2 + (y-y_p)^2 + (z-b)^2$$
$$= (b+n\lambda/2)^2$$

以上两球面的交线即第 n 个半波带的空间曲线。

但是，半波带环投影在圆孔内的部分才能对观测点照明有贡献。这样，不但计算比较困难，而且式（3-5）及式（3-6）的近似是否还可行？此外，每一半波带均是空间圆周曲线，其圆心还得逐一计算。

但尚进转念一想，菲涅耳报告中发光点到圆孔的距离曾经有4m之遥，孔的直径很小，不妨将到达小孔的波面视为与 z 轴垂直的平面，这时，对于观测点 P'，半波带边界将变化为以 P' 为球心的球面与 $z=0$ 平面的交线，成为 $z=0$ 平面的一序列同心圆。虽然当观测点偏离 z 轴较大时，会有许多半波带被圆孔外的区域部分遮挡，不妨仍然按照式（3-5）及式（3-6）进行计算，看看是什么结果。想到这里，一丝欣喜涌上尚进心头，他决定先导出计算公式再编程一试。

由于是圆对称的，只要在xy平面来讨论x正向一序列的点$(x_p, 0, b)$的振幅，综合其结果便能获得$z=b$平面上的光波振幅。于是，尚进用粗线绘出圆孔，在图3-10（a）及图3-10（b）画出观测点投影在圆孔内及圆孔外的两种情况。

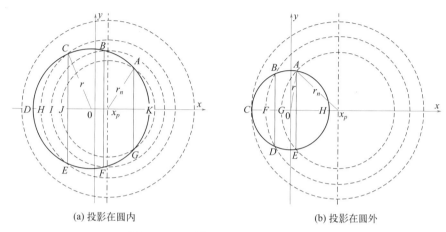

(a) 投影在圆内　　　　　　　　　(b) 投影在圆外

▲ **图3-10** 观测点投影在圆内及圆外的两种情况

由于以点$(x_p, 0, b)$为球心、半径为$b+n\lambda/2$的球面方程为：

$$(x-x_p)^2 + y^2 + (z-b)^2 = (b+n\lambda/2)^2$$

令式中$z=0$，则$z=0$平面第n个半波带内沿与圆孔边界的交点(x_n, y_n)由下列方程组确定：

$$\begin{cases} (x_n - x_p)^2 + y_n^2 + b^2 = (b+n\lambda/2)^2 \\ x_n^2 + y_n^2 = r^2 \end{cases} \tag{3-8}$$

求解，并只取y_n正值得：

$$\begin{cases} x_n = \dfrac{r^2 - (b+n\lambda/2)^2 + x_p^2 + b^2}{2x_p} \\ y_n = \sqrt{(b+n\lambda/2)^2 - (x_n - x_p)^2 - b^2} \end{cases} \tag{3-9}$$

按照图3-10（a），设圆孔的半径为r，最后一个不完整半波带内沿半径为r_n，该半波带内沿与圆孔的交点是A、G两点，设A点坐标为(x_n, y_n)，最后一个不完整半波带的面积S_n将是半径为r的圆切$ABCDEFG$的面积减去半径为r_n的圆切AJG的面积，即：

$$\begin{cases} s_{ABCDEFG} = \pi r^2 \dfrac{\pi + 2[\pi/2 - \arcsin(y_n/r)]}{2\pi} + y_n x_n \\ s_{AJG} = \pi r_n^2 \dfrac{\pi + 2[\pi/2 - \arcsin(y_n/r_n)]}{2\pi} + y_n(x_n - x_p) \\ \qquad\qquad s_n = s_{ABCDEFG} - s_{AJG} \end{cases} \qquad (3\text{-}10)$$

若最后一个波带内沿与圆孔的交点在第1象限B、F两点，B点在y轴正向的坐标为(x_n, y_n)，最后一个不完整半波带的面积S_n将是半径为r的圆切$BCDEF$的面积减去半径为r_n的圆切BIF的面积，即：

$$\begin{cases} s_{BCDEF} = \pi r^2 \dfrac{\pi + 2[\pi/2 - \arcsin(y_n/r)]}{2\pi} + y_n x_n \\ s_{BIF} = \pi r_n^2 \dfrac{2\arcsin(y_n/r_n)}{2\pi} - y_n(x_p - x_n) \\ \qquad\qquad s_n = s_{BCDEF} - s_{BIF} \end{cases} \qquad (3\text{-}11)$$

若最后一个波带内沿与圆孔的交点在第2象限C、E两点，C点在y轴正向的坐标为(x_n, y_n)，最后一个不完整半波带的面积S_n将是半径为r的圆切CDE的面积减去半径为r_n的圆切CHE的面积，即：

$$\begin{cases} s_{CDE} = r^2 \arcsin(y_n/r) + y_n x_n \\ s_{CHE} = r_n^2 \arcsin(y_n/r_n) - y_n(x_p - x_n) \\ \qquad\qquad s_n = s_{CDE} - s_{CHE} \end{cases} \qquad (3\text{-}12)$$

按照图3-10（b），最后一个不完整半波带内沿与圆孔的交点在第1象限A、E两点，设A点在y轴正向的坐标为(x_n, y_n)，最后一个不完整半波带的面积S_n将是半径为r的圆切AHE的面积与半径为r_n的圆切AGE的面积之和，即：

$$\begin{cases} s_{AGE} = \pi r_n^2 \dfrac{2\arcsin(y_n/r_n)}{2\pi} - y_n(x_p - x_n) \\ s_{AHE} = \pi r^2 \dfrac{2\arcsin(y_n/r)}{2\pi} - y_n x_n \\ \qquad\qquad s_n = s_{AGE} + s_{AHE} \end{cases} \qquad (3\text{-}13)$$

若最后一个波带内沿与圆孔的交点在第2象限B、D两点，B点在y轴正向的坐标为(x_n, y_n)，最后一个不完整半波带的面积S_n将是半径为r的圆切BCD的面积减去半径为r_n的圆切BFD的面积，即：

$$\begin{cases} s_{BCD} = r^2 \arcsin(y_n/r) + y_n x_n \\ s_{BFD} = r_n^2 \arcsin(y_n/r_n) - y_n(x_p - x_n) \\ \qquad s_n = s_{BCD} - s_{BFD} \end{cases} \tag{3-14}$$

得到上述数学公式，尚进大大地松了一口气。

本准备稍作休息就着手编程，尚进又检查了一遍整个推导过程，他忽然发觉还有一个重要问题需要讨论，不禁拍脑袋自语道："不妥，A_1 对应的波面也有可能不是完整圆面啊！以上诸式只是计算了 A_k，还没有考虑 A_1 的计算"。于是，他基于图3-10重新画了图3-11。

这时图3-11中的每一个虚线圆面代表半波带半径 r_1 取不同数值时 A_1 对应的中央波面。

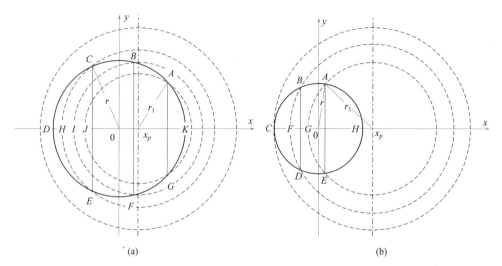

▲ 图3-11 观测点投影在圆内（a）及圆外（b）的两种情况中央波带面积的计算

以交点 $(x_p, 0, b)$ 为球心、半径为 $b + \lambda/2$ 的球面与圆孔的交点只需要在式（3-9）中令 n=1 即可计算，即：

$$\begin{cases} x_1 = \dfrac{r^2 - (b + \lambda/2)^2 + x_p^2 + b^2}{2x_p} \\ y_1 = \pm\sqrt{(b+\lambda/2)^2 - (x_1 - x_p)^2 - b^2} \end{cases}$$

按照图3-11（a），若中央波带边界与圆孔的交点是 A、G 两点，A 点在 y 轴正向的坐标为 (x_1, y_1)，这时 $x_p \leqslant x_1$，中央波带的面积 S_0 将是半径为 r 的圆切 AKG 的面积与半径为 r_1 的圆切 AJG 的面积之和，即：

$$
\begin{cases}
s_{AKG} = \pi r^2 \dfrac{2\arcsin(y_1/r)}{2\pi} - y_1 x_1 \\
s_{AJG} = \pi r_1^2 \dfrac{\pi + 2[\pi/2 - \arcsin(y_1/r_1)]}{2\pi} + y_1(x_1 - x_p) \\
\quad\quad s_0 = s_{AKG} + s_{AJG}
\end{cases}
\tag{3-15}
$$

若中央波带边界与圆孔的交点在第1、4象限 B、F 两点，B 点在 y 轴正向的坐标为 (x_1, y_1)，这时 $x_p > x_1$，中央波带的面积 S_0 将是半径为 r 的圆切 $BAKGF$ 的面积与半径为 r_1 的圆切 BIF 的面积之和，即：

$$
\begin{cases}
s_{BAKGF} = \pi r^2 \dfrac{2\arcsin(y_1/r)}{2\pi} - y_1 x_1 \\
s_{BIF} = \pi r_1^2 \dfrac{2\arcsin(y_1/r_1)}{2\pi} - y_1(x_p - x_1) \\
\quad\quad s_0 = s_{BAKGF} + s_{BIF}
\end{cases}
\tag{3-16}
$$

若中央波带边界与圆孔的交点在第2、3象限 C、E 两点，C 点在 y 轴正向的坐标为 (x_1, y_1)，这时 $0 \geqslant x_1 > -r$，中央波带的面积 S_0 将是半径为 r 的圆面积减去月牙形 $CHEDC$ 的面积，而月牙形 $CHEDC$ 的面积为半径为 r 的圆切 CDE 的面积减去半径为 r_n 的圆切 CHE 的面积，即：

$$
\begin{cases}
s_{CDEDC} = \pi r^2 \dfrac{2\arcsin(y_1/r)}{2\pi} + y_1 x_1 \\
s_{CHE} = \pi r_1^2 \dfrac{2\arcsin(y_1/r_1)}{2\pi} - y_1(x_p - x_1) \\
\quad\quad s_0 = \pi r^2 - (s_{CDEDC} - s_{CHE})
\end{cases}
\tag{3-17}
$$

如果 $r_1 \geqslant r + x_p$，即中央波带边界是图3-11（a）中最大的一个虚线圆，则实际面积 $s_0 = \pi r^2$。

按照图3-11（b），若中央波带边界与圆孔的交点在第1、4象限 A、E 两点，A 点在 y 轴正向的坐标为 (x_1, y_1)，这时 $x_1 \geqslant 0$，中央波带的面积 S_0 将是半径为 r 的圆切 AHE 的面积与半径为 r_1 的圆切 AGE 的面积之和，即：

$$
\begin{cases}
s_{AGE} = \pi r_1^2 \dfrac{2\arcsin(y_1/r_1)}{2\pi} - y_1(x_p - x_1) \\
s_{AHE} = \pi r^2 \dfrac{2\arcsin(y_1/r)}{2\pi} - y_1 x_1 \\
\quad\quad s_0 = s_{AGE} + s_{AHE}
\end{cases}
\tag{3-18}
$$

若中央波带边界与圆孔的交点在第2、3象限B、D两点，B点在y轴正向的坐标为(x_1, y_1)，这时$-r \leqslant x_1 < 0$，中央波带的面积S_0将是半径为r的圆面积减去月牙形$BFDCB$的面积，而月牙形$BFDCB$为半径为r的圆切BCD的面积减去半径为r_1的圆切BFD的面积，即：

$$\begin{cases} s_{BCD} = \pi r^2 \dfrac{2\arcsin(y_1/r)}{2\pi} + y_1 x_1 \\[2mm] s_{BFD} = \pi r_1^2 \dfrac{2\arcsin(y_1/r_1)}{2\pi} - y_1(x_p - x_1) \\[2mm] s_0 = \pi r^2 - (s_{BCD} - s_{BFD}) \end{cases} \tag{3-19}$$

如果$r_1 \geqslant r + x_p$，即中央波带边界是图3-11（b）中最大的一个虚线圆，则实际面积$s_0 = \pi r^2$。

又仔细检查所有公式后，尚进终于决定着手编写程序。第二天，他很早就起床，开始编程，经过十多个小时的不懈努力，终于在晚上将程序调通了。他假设圆孔半径$r = 2$mm，光波长$\lambda = 0.000532$mm，衍射距离$b = 2000$mm，图3-12为尚进第一次编写程序的执行结果。

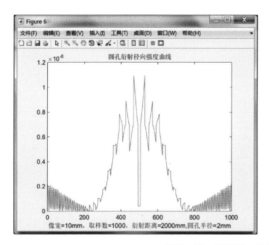 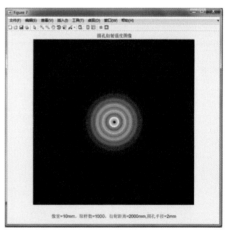

▲ 图3-12　尚进第一次编写程序的执行结果

3.4　第一次编程计算结果的讨论

带着成就感，尚进立即给郝思拨通了电话："郝老弟，我编了一个菲涅尔半波带法计算衍射的程序，现在已经成功了！我计算了圆孔衍射的图像。"

"真的吗？不愧是老尚！赶快发给我看看你的计算结果。"仿佛是两人的心灵感应，郝思也在尝试计算，但在严格计算不完整半波带的面积时遇到了瓶颈，这时接到师兄的电话，他非常高兴，但心中也有一丝不甘。

尚进回答道："老弟，我是采用了一种近似计算方法。我将程序发给你，再对照程序讲一下计算方法。"

郝思很快接到了师兄发来的程序，他将程序放到MATLAB软件的编辑框，执行程序后，郝思立即看到了计算图像。仔细考虑后，郝思给师兄发了一个微信："尚兄，收到了！真不错！我刚好也在推导这些公式，觉得比较复杂，也没想到像你这样用电脑解决。你先别直接告诉我过程，先把计算公式及光路图发给我，我要先想想你是采用怎样的近似及如何计算被部分遮挡的半波带面积的。"

"好的！菲涅耳报告中曾经将点光源放到4m开外，我觉得可以将照明光视为平行光，我是按照这个近似考虑的。采用的相关计算公式通过微信立即发给你。"

大约两小时后，尚进收到郝思的表彰电话"师兄真棒！我知道你是采用怎样的近似了。我将我的意见发给你。"

郝思给尚进发的微信内容如下：

"当照明小孔的光波近似为平行光后，则赵老师书中图3-3的S点变为无穷远，上面所有环带则变成在小孔平面的圆环。你将观测屏到小孔的距离视为b，建立直角坐标系后，让$z=0$为小孔平面，在xz平面讨论问题。按照圆对称性，你只计算沿x轴正向的一序列点的强度，最后通过程序会聚成二维强度图像。

"但是，我觉得你的计算公式应该进行化简，这样能增加计算速度。例如公式（3-10）中的$s_{ABCDEFG}$可以化简，我已经发到你的微信中。"

尚进打开微信一看，原来如此：

$$s_{ABCDEFG} = \pi r^2 \frac{\pi + 2[\pi/2 - \arcsin(y_n/r)]}{2\pi} + y_n x_n$$
$$= r^2 [\pi - \arcsin(y_n/r)] + y_n x_n$$

或者

$$s_{ABCDEFG} = \pi r^2 \frac{\pi + 2\arccos(y_n / r)}{2\pi} + y_n x_n$$
$$= r^2 \left[\pi / 2 + \arccos(y_n / r)\right] + y_n x_n$$

尚进给郝思回复道："你说得很对，用化简后的公式对程序做修改，这样能提高计算速度。应该说我是学半波带法后一时'心血来潮'，很想看看我学习的 MATLAB 是否能解决问题，因此采用了只计算初始波带及最后一个波带的近似。但认真对每一波带面积做计算必然要让问题变得更复杂。即便按照现在的计算结果，也有许多问题需要认真分析，例如，在计算的强度图像中，观测平面上离开衍射斑的强度会出现增加的趋势，这有点不合乎常理。"

郝思回答道："是的，我也发现这个问题，可能是只考虑最后一个波带的计算带来的问题。如果在程序中加入最后一个不完整半波带的面积变化计算，再给出面积变化曲线，也许能解释这个问题。"

"同意老弟的意见，我在程序中加入这个计算。有结果会发给你，我们再讨论。"

尚进对刚编写的程序较熟悉，大约两小时后便给郝思发出计算图像，并附了以下说明。

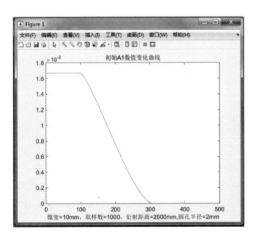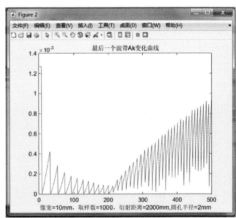

▲ 图3-13 公式（3-4）对应的 A_1 及 A_k 随观测点径向变化的曲线图

我将计算过程中公式（3-4）中 A_1 及 A_k 随观测点沿径向变化的曲线图画出来了（图3-13）。我觉得回顾上面的图3-11（a）、（b）可以较好地分析图3-13左边的曲线。当观测点投影邻近圆孔右侧时，对应的波带圆逐渐受到圆孔边界的遮挡，A_1 数值逐渐减小直到为 0，这是一个合乎逻辑的结果。而对于 A_k 曲线，当观测点投影 x_p 逐渐远离圆孔时，对应的波带面积是图 3-11（b）中的月牙形 BFDCB（或 ABCDGA），它是半径为 r 的圆切 BCD（或 ABCDE）的面积减去半径为 r_1 的圆切 BFD（或 AGE）的面积。然而，随着 x_p 的增加，r_1 的数值将增加，对于同一组交点，对应的圆切 BFD（或 AGE）的面积将减小，而圆切 BCD（或 ABCDE）的面积保持不变，于是牙形 BFDCB（或 ABCDGA）的面积会增加。至于其数值的周期性变化，应是半径为 r_1 的圆与圆孔的交点 (x_n, y_n) 随着 x_p 的增加，x_n 在 $-x_p$ 到 $+x_p$ 间的移动而形成。

还在苦苦思索，一直认真推算着球面波照明下的半波带法计算公式的郝思接到尚进的微信并认真阅读后给尚进回了电话。

"老尚，看到你的微信了，同意你的分析，你编写的程序应该是正确的。但从计算结果看，估计很难与实验测量进行比较，因为将 A_1 到 A_k 之间的半波带视为面积相等不太合理，我仍然期望将每一个半波带面积计算出来，然后按照公式（3-3）进行计算。"

尚进回答道："是的，但我觉得按照目前采用的平面波照明近似，即便能准确计算所有波带面积，按照式（3-3）重新编写程序的计算是否可行也还需要实验证明。我想，菲涅耳的圆孔衍射实验应该不难做，在一个不透明的板上打一个孔就行。我们都认真考虑一下，如果能在家里完成实验，岂不美哉！"

"完全赞同！"郝思回答后接着说："要不我们分工干活，基于师兄的工作，我对认真推导及计算每一波带面积很有兴趣，如果可能，我想还是直接采用球面波照明，这样会得到更便于使用的结果。因此，由我来继续做这个数学推导，你进行实验准备？"

尚进沉思后回答道："好的！我只是担心会太繁杂，就由你做严格的理论推导吧。我们保持联系！"

在后续的文章中我们将看到，两位年轻人自己动手在家里进行了非常有意义的实验。但要用这些实验来很好地验证他们开始学习的理论并非易事，他们还得补充不少知识。

麦克斯韦方程出现前的菲涅耳衍射积分

—

在1818年巴黎科学悬奖竞赛大会上菲涅耳获大奖的论文中，衍射积分并不是复函数表示的积分式。1831年诞生的英国科学家麦克斯韦（James Clerk Maxwell）创建了电磁场理论，光波事实上是波长较短的电磁波。忽略电磁场理论中电矢量及磁矢量之间的耦合关系便形成目前广泛使用的标量衍射理论。复函数表示的菲涅耳衍射积分事实上是标量衍射理论中光传播问题的一个傍轴近似解。

本章简要介绍光波的复函数表示及欧拉公式的数学推导过程。此后，不采用标量衍射理论，介绍直接利用1818年菲涅耳提出的衍射积分导出现在流行的光波复函数表示的菲涅耳衍射积分的数学方法。

4.1　肖教授的感慨

这次时空穿越之旅也让肖教授感慨万分。回到北京的那一天，他当晚便在电脑上打开菲涅耳1819年撰写的《光的衍射回忆录》中文译本，再次阅读这位科学伟人是如何用严谨的科学实验证明光的波动说，动摇微粒说理论的历史过程。

阅读《光的衍射回忆录》让肖教授回想起十多年前到巴黎参加一次国际学术会议的情景。大会结束后，他知道科学院离塞纳河大街（Rue de Seine）与美术大道（Rue des Beaux-Arts）的交汇处不远，便坐地铁前往。到达后，作为纪念，他用手机留下了他到达法国科学院前的场景。

现在，巴黎是世界上首屈一指的旅游胜地，每天经过法国科学院的匆匆过客中，不知有多少人会知道在这个科学殿堂中存放着物理光学的缔造者菲涅耳对光学发展史作出贡献的里程碑式的文献。

"科学技术是第一生产力！"祖国的科技进步有待于年轻一代的迅速成长。想到这里，肖教授决定不等学生寒假结束，通过微信先给郝思和尚进发去学习物理光学必须掌握的重要内容。

经过认真整理后，肖教授发出的全文如下：

小尚、小郝，你们都开始愉快的假期了。这次访问菲涅耳之行中，由于你们还不知道光波的复函数表示理论，较难将用复函数表示的菲涅耳衍射积分与菲涅耳大会报告中提出的两个积分联系起来。现在，我将光波的复函数表示理论先发给你们，应认真一阅。

　物理光学衍射计算理论及应用研究故事

4.2 光波的复函数表示

直角坐标系 o-xyz 表示的三维介质空间中，坐标为 (x,y,z) 的 P 点在 t 时刻的单色光振动可以用三角函数表示为[1, 2]：

$$u(x,y,z,t) = U(x,y,z)\cos[\varphi(x,y,z) - 2\pi vt] \tag{4-1}$$

式中，$U(x,y,z)$ 是 P 点的光振动的振幅；v 是光波的频率；$\varphi(x,y,z)$ 为 P 点的初相位。

按照信号的傅里叶分析理论，只有理想的单色光才能表示为上面的形式，因为它的定义域对于时间和空间都是无限的。由于实际的发光过程总是发生在一定的时间间隔内，这种理想的单色光波并不存在。

但是，实际上存在着包含某一频率为中心的频带很狭窄的光波，称为准单色光，激光便是一种这样的光波。理论及实验研究证明，单色光的有关结论可以十分满意地应用于准单色光，我们主要对单色光进行讨论。

按照欧拉公式，式（4-1）可以表示为：

$$u(x,y,z,t) = \mathrm{Re}\{U(x,y,z)\exp(-\mathrm{j}2\pi vt)\exp[\mathrm{j}\varphi(x,y,z)]\}$$

式中，$\mathrm{j}=\sqrt{-1}$；$\mathrm{Re}\{\}$ 表示对大括号 $\{\}$ 内的复数取实部。应该指出，由于余弦函数为偶函数，在用复数表示光振动的时候，用 $\exp(-\mathrm{j}2\pi vt)$ 和 $\exp(\mathrm{j}2\pi vt)$ 均可表示频率为 v 的单色光的时间因子，按照国内外流行的习惯，一般选择 $\exp(-\mathrm{j}2\pi vt)$。应用以上表达式时，通常将取实部的符号 $\mathrm{Re}\{\}$ 略去，但是必须记住实际波动由它的实部表示。

由于光振动的频率非常高，在对实际光振动的探测时间间隔内，通常测量到的是在探测时间内经历了大数量周期振动的光强度平均值，时间因子对描述光场的空间分布不起作用，因此，光波场的空间分布完全由

$$U(x,y,z) = |U(x,y,z)|\exp[\mathrm{j}\varphi(x,y,z)] \tag{4-2}$$

描述。这是一个与时间无关的复函数，它表征了光波场所存在空间中各点的振幅和相对相位，称为复振幅。我们看到，复振幅是以光振动的振幅为模、初相位为幅角 $\varphi(x,y,z)$ 的复函数，给定复振幅，就能将光波场的空间分布完全确定。

在光传播过程中，光的功率密度分布或强度分布是一个十分重要的参数。采用光波场的复振幅表示可以显著简化光功率密度分布的运算。例如，有 N 束不同的光波 $U_1(x,y,z), U_2(x,y,z), \cdots, U_N(x,y,z)$ 叠加时，合振动的振幅为所有分振动振幅之和：

$$U(x,y,z) = \sum_{k=1}^{N} U_k(x,y,z) \tag{4-3}$$

由于光振动的强度分布正比于振幅的平方，利用复数表示光振动时，光波的强度可以用它的复振幅与其共轭复量的积表示：

$$I(x,y,z) = U(x,y,z)U^*(x,y,z)$$

因此

$$I(x,y,z) = \sum_{k=1}^{N} U_k(x,y,z) \sum_{i=1}^{N} U_i^*(x,y,z) \tag{4-4}$$

在上式的计算中，积的运算过程将转化为幂指数和的计算过程，显著简化了采用三角函数表示波动时繁杂的三角函数运算。

以上内容来自于李老师所著《激光的衍射及热作用计算》一书[1]。应该说，这是国内第一部较系统地介绍衍射数值计算理论的专著。这本书第1版是20年前科学出版社出版的，现在较难找到，但估计能在网上购到2008年科学出版社出版的这本书的修订版[2]。修订版补充了许多衍射计算的应用实例，例如"二元光学"设计与计算。你们可以在网上查一下，从中可以较详细地看到不同形式的光波的复函数表示形式。

4.3 欧拉公式

高等数学应该已经学了下面的级数展开式：

$$e^x = 1 + \frac{x}{1!} + \frac{x^2}{2!} + \frac{x^3}{3!} + \cdots$$

$$\cos x = 1 - \frac{x^2}{2!} + \frac{x^4}{4!} - \frac{x^6}{6!} + \cdots$$

$$\sin x = \frac{x}{1} - \frac{x^3}{3!} + \frac{x^5}{5!} - \frac{x^7}{7!} + \cdots$$

现在，定义 $j = \sqrt{-1}$，我们来考查 $z = x + jy$ 的复数项级数：

$$1 + \frac{z}{1!} + \frac{z^2}{2!} + \frac{z^3}{3!} + \cdots$$

数学上已经证明，只要满足 $|z| < \infty$，复指数函数 e^z 的级数是存在的：

$$e^z = 1 + \frac{z}{1!} + \frac{z^2}{2!} + \frac{z^3}{3!} + \cdots$$

这样，当 $x=0$ 或者 $z=jy$ 时，我们得到：

$$e^{jy} = 1 + j\frac{y}{1!} - \frac{y^2}{2!} + j\frac{y^3}{3!} + \cdots$$

$$= \left(1 - \frac{y^2}{2!} + \frac{y^4}{4!} - \frac{y^6}{6!} + \cdots\right) + j\left(\frac{y}{1!} - \frac{y^3}{3!} + \frac{y^5}{5!} - \cdots\right)$$

$$= \cos y + j\sin y$$

这便是著名的欧拉公式。

"真想不到！"看到这里，尚进不觉自语道："我原先还以为自然数 e 的指数展开式中的指数是实数，原来指数为复数也成立。"

而郝思看到这里则若有所思，他在网上曾经查看过一些科学伟人的介绍，欧拉是瑞士的数学家和物理学家，记得是 1707 年出生的，1783 年去世。他 13 岁时便进入大学，15 岁大学毕业，16 岁获得硕士学位，平均每年写出八百多页的论文。想到这里，郝思不觉上网查询核对，他不但看到了欧拉的照片，而且知道了该公式是 1752 年欧拉导出的，该公式被认为是数学世界中最美妙的公式之一。

肖教授微信的后续讲述如下：

我第一次看到这个公式时，真难想象数值为 2.7182818 的自然数 e 能够与正弦及余弦函数如此奇妙地联系起来，欧拉公式真是一个极精彩的数学公式。下面，我们基于欧拉公式来讨论菲涅耳所做的工作。

肖教授文件中显示出图 4-1（摘自 1819 年菲涅耳写的《光的衍射回忆录》）。

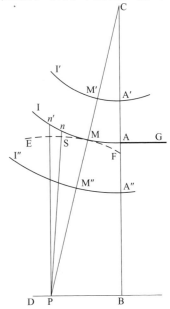

▲ 图 4-1 基于惠更斯原理讨论直边衍射的示意图

这是菲涅耳大会报告中基于惠更斯原理讨论直边衍射的示意图。图中，C 是发光点，实际观测点 P 距离光轴的距离 PB 远小于 CA 及 AB。菲涅耳令 a 和 b 分别表示 CA 和 AB 的长度，用 dz 表示 C 点发出的球面波上任意给定的小弧 nn'，用 z 表示它到 M 点的距离，当 z 甚小于 a 和 b 时，菲涅耳将点 C 到 P 的光程近似为 $\dfrac{z^2(a+b)}{2ab}$。他令光波长为 λ，并假设小弧 nn' 发出的光波可以写为以下两项：

$$\mathrm{d}z.\cos\left(\pi\frac{z^2(a+b)}{ab\lambda}\right), \quad \mathrm{d}z.\sin\left(\pi\frac{z^2(a+b)}{ab\lambda}\right)$$

对波面上其他元波的分量求积分，则得到：

$$\int \mathrm{d}z.\cos\left(\pi\frac{z^2(a+b)}{ab\lambda}\right), \quad \int \mathrm{d}z.\sin\left(\pi\frac{z^2(a+b)}{ab\lambda}\right)$$

菲涅耳提出，P 处光波的强度可以表示为：

$$\left[\int \mathrm{d}z.\cos\left(\pi\frac{z^2(a+b)}{ab\lambda}\right)\right]^2 + \left[\int \mathrm{d}z.\sin\left(\pi\frac{z^2(a+b)}{ab\lambda}\right)\right]^2 \tag{4-5}$$

该积分的运算在 AG 屏的平面进行，只对 AG 屏遮挡区域外的透光区域做积分运算。

菲涅耳所做的这些研究虽然源于惠更斯原理，但由小弧 nn' 发出的光波在 P 点引起的光振动强度直接假定为上面的两项积分的平方和，较难理解。为这个问题，我和李老师讨论过，李老师认为，从到达 P 点光振动能量角度看，我们去掉式（4-5）的积分号，即只考虑一个面元发出的光波，那么，其数值便是球面波上任意给定的小弧 dz 光振动振幅的平方，对应于该小弧或惠更斯元波面的强度。积分运算事实上引入了各面元光振动的相干叠加，这是菲涅耳发展惠更斯原理的最重要的定量表述。此外，由于元波面发出的光能量按照能量守恒将与距离元波面的距离平方成反比，后人按照菲涅耳的研究构成较完整衍射积分时，在积分号前的分母中就有距离这个量。"实践是检验真理的唯一标准，"事实上，式（4-5）并不只限于对直边衍射的计算，只要将积分范围定义为实际的发光面，例如圆孔和狭缝，其计算与实验观测均吻合，能够解释光的微粒说不能解释的衍射现象，这是菲涅耳论文获奖的最重要原因。菲涅耳衍射积分的严谨的物理依据应期待后人继续来研究和完善。

我想，你们的物理课要讲述麦克斯韦方程。菲涅耳衍射积分是麦克斯韦方程在特定近似条件下的解，你们的老师会给你们讲。今天，我基于菲涅耳的上述讨论，讲一下麦克斯韦方程出现前，人们是如何构成至今广泛使用的菲涅耳衍射积分的。至于当年菲涅耳是如何进行式（4-5）的积分计算，我将再给你们单独介绍。

$$\int dz.\cos\left(\pi\frac{z^2(a+b)}{ab\lambda}\right), \quad \int dz.\sin\left(\pi\frac{z^2(a+b)}{ab\lambda}\right)$$

$$\left[\int dz.\cos\left(\pi\frac{z^2(a+b)}{ab\lambda}\right)\right]^2 + \left[\int dz.\sin\left(\pi\frac{z^2(a+b)}{ab\lambda}\right)\right]^2$$

看到这里，郝思不觉拨通电话问肖教授："我听说菲涅耳衍射积分可以用快速傅里叶变换FFT计算，MATLAB软件中就有直接调用FFT的代码。"

"不！不！"肖教授微笑着回答道："快速傅里叶变换计算是1965年才研究出来的。那时，菲涅耳如果有一个现在已经当作电子垃圾的计算器，将不知要为他的计算提供多少方便呢！你们将看到菲涅耳是如何将积分转化为近似的代数运算式，然后进行计算的。"

肖教授短暂沉默后，在电话里接着说道："有趣的是，李老师1985年第一次进行菲涅耳衍射积分运算时，并不熟悉FFT。但他利用欧拉公式将菲涅耳衍射积分分解为实部和虚部后，却采用了与菲涅耳很相似的计算方法，借助计算机得到了很好的结果。他的计算方法没有详细写在他发表的著作中，今后有机会我会给你们做介绍。"

"谢谢肖伯伯，我知道了，我们还要学习很多知识。"听了肖教授的回答，郝思继续往后看肖教授之前发来的微信。

按照欧拉公式，可以将前面的菲涅耳表示 P 点光振动的复振幅公式用复函数重新写为：

$$\int dz.e^{j\pi \frac{z^2(a+b)}{ab\lambda}}$$

你们看！该式的模平方即变成式（4-5）。由于指数部分太复杂，印刷成文后字太小，通常较难看清，习惯上将它写为：

$$\int dz.\exp\left[j\pi \frac{z^2(a+b)}{ab\lambda}\right]$$

将菲涅耳衍射积分表示为上式后，可以较好地研究衍射条纹的分布规律，但还不能定量研究观测平面上的光波场。麦克斯韦方程出现后，光波是一种波长较短的电磁波，目前流行的衍射积分是在特定的条件下光传播的一个傍轴近似解。由于其解只与上式相差一个复常数，现在都将这个近似称为菲涅耳衍射近似，并将能够定量描述衍射场的这个积分称为菲涅耳衍射积分。

4.4 构建复函数表示的菲涅耳衍射积分

将光波用复函数表示后，对光传播及光的衍射及干涉运算会带来极大的方便，虽然菲涅耳当时的获奖论文并没有利用欧拉公式将其研究表示成这个数学形式，但后人将 dz 视为面元，按照菲涅耳提出的光振动的振幅与传播距离成反比的假定，则能重新构造出现在常用的菲涅耳衍射积分。下面是李老师给我讲的他研究出的一种构造方法。

在空间建立坐标 O-xyz，现研究 z=0 平面上复振幅为 $U_0(x,y)$ 的光波照射下距离 z=d 的平面上的衍射场。按照惠更斯-菲涅耳原理，衍射场可以表示为：

$$U(x_p,y_p)=Q\iint_\infty U_0(x,y)\frac{\exp(jkr)}{r}dxdy$$

式中，

$$r = \sqrt{(x - x_p)^2 + (y - y_p)^2 + d^2}$$

是观察点到积分面元的距离；$k = 2\pi / \lambda$，λ 是光波长；Q 为一待定常数。按照菲涅耳采用的傍轴近似：

$$r \approx d + \frac{(x - x_p)^2 + (y - y_p)^2}{2d}$$

上面的二重积分可以近似为：

$$U(x_p, y_p) = \frac{Q}{d} \exp(\mathrm{j}kd)$$

$$\times \iint_{\infty} U_0(x, y) \exp\left(\mathrm{j}\pi \frac{(x - x_p)^2 + (y - y_p)^2}{\lambda d} \right) \mathrm{d}x\mathrm{d}y$$

看到这里，两位年轻人都露出惊喜：“嗬！这不就差不多是菲涅耳衍射积分了。”

问题的关键是如何确定常数 Q，李老师是这样确定这个常数的。

设衍射距离 $z = \Delta z$ 足够小，衍射对 $z = 0$ 平面上光波场的变化可以忽略，以上积分可以写为：

$$U(x_p, y_p) = U_0(x_p, y_p) \Theta(x, y)$$

式中，

$$\Theta(x, y) = \exp(\mathrm{j}k\Delta z) \frac{Q}{\Delta z}$$

$$\times \iint_{\infty} \exp\left(\mathrm{j}\pi \frac{(x - x_p)^2 + (y - y_p)^2}{\lambda \Delta z} \right) \mathrm{d}x\mathrm{d}y$$

为满足 $U(x_p, y_p) = U_0(x_p, y_p)$，必须让 $\Theta(x, y) = 1$。

由于 Δz 足够小，可令 $\exp(\mathrm{j}k\Delta z) = 1$。此外，积分限无穷大，通过变量变换后可简化为：

$$\Theta(x, y)$$

$$= \frac{Q}{\Delta z} \int_{-\infty}^{\infty} \int_{-\infty}^{\infty} \exp\left(\mathrm{j}\pi \frac{x^2}{\lambda \Delta z} \right) \exp\left(\mathrm{j}\pi \frac{y^2}{\lambda \Delta z} \right) \mathrm{d}x\mathrm{d}y$$

$$= \frac{Q}{\Delta z} \int_{-\infty}^{\infty} \exp\left(\mathrm{j}\pi \frac{x^2}{\lambda \Delta z} \right) \mathrm{d}x \int_{-\infty}^{\infty} \exp\left(\mathrm{j}\pi \frac{y^2}{\lambda \Delta z} \right) \mathrm{d}y$$

$$= 1$$

令 $\dfrac{x^2}{\lambda\Delta z}=\dfrac{t^2}{2}$，式中关于 x 的积分则为：

$$\int_{-\infty}^{\infty}\exp\left(\mathrm{j}\pi\frac{x^2}{\lambda\Delta z}\right)\mathrm{d}x=\sqrt{\frac{\lambda\Delta z}{2}}\int_{-\infty}^{\infty}\exp\left(\mathrm{j}\pi\frac{t^2}{2}\right)\mathrm{d}t$$

$$=\sqrt{\frac{\lambda\Delta z}{2}}\left[\int_{-\infty}^{\infty}\cos\left(\pi\frac{t^2}{2}\right)\mathrm{d}t+j\int_{-\infty}^{\infty}\sin\left(\pi\frac{t^2}{2}\right)\mathrm{d}t\right]$$

$$=\sqrt{\frac{\lambda\Delta z}{2}}(1+\mathrm{j})$$

至此，两位同学都有些疑惑。尚进与郝思商量后，由他打电话请肖教授解惑。

尚进打电话问道："肖伯伯，虽然这里引用了欧拉公式，但为什么中括号里这两个积分的值是（1+j）？"

"噢！我得给你们解释一下。我将后面的文字做一些补充，马上重新发出。"教授放下手机，打开电脑。

半小时后，教授补充的文字是这样的：

菲涅耳这次报告的影响太大，后人将两积分式

$$\int_{0}^{x}\cos\left(\pi\frac{t^2}{2}\right)\mathrm{d}t,\quad \int_{0}^{x}\sin\left(\pi\frac{t^2}{2}\right)\mathrm{d}t$$

统称为菲涅耳函数，并且对它的运算进行了研究。理论研究表明，这两个积分无解析解。但是，当两式中积分限 x 为无穷时，

$$\int_{0}^{\infty}\cos\left(\pi\frac{t^2}{2}\right)\mathrm{d}t=\frac{1}{2}\ \text{及}\ \int_{0}^{\infty}\sin\left(\pi\frac{t^2}{2}\right)\mathrm{d}t=\frac{1}{2}$$

由于被积分的函数是偶函数，因此：

$$\int_{-\infty}^{\infty}\cos\left(\pi\frac{t^2}{2}\right)\mathrm{d}t=1\ \text{及}\ \int_{-\infty}^{\infty}\sin\left(\pi\frac{t^2}{2}\right)\mathrm{d}t=1$$

关于 y 的积分也做类似的运算便得到：

$$\Theta(x,y) = \frac{Q}{\Delta z} \times \frac{\lambda \Delta z}{2}(1+j)^2 = \frac{Q}{2}\lambda(1+2j-1) = jQ\lambda = 1$$

于是求得 $Q = \dfrac{1}{j\lambda}$。注意到 $k = 2\pi/\lambda$，将这两式代入上面 $U(x_p, y_p)$ 的表达式，并将 Δz 用 d 代替，便得到我们现在熟悉的菲涅耳衍射积分：

$$U(x_p, y_p) = \frac{\exp(jkd)}{j\lambda d}\iint_D U_0(x,y)\exp\left\{j\frac{k}{2d}\left[(x-x_p)^2 + (y-y_p)^2\right]\right\}dxdy$$

肖教授给两位年轻人发完上面微信内容后，特地补充了下面一段文字。

4.5　近代光学名著介绍

　　该公式事实上是标量衍射理论中相干光传播计算时的一个傍轴近似表达式，近代光学名著——顾德门教授的《傅里叶光学导论》（图4-2）中就阐述得非常清楚。1831年诞生的英国科学家麦克斯韦通过对电磁感应的研究，建立了描述电磁波的麦克斯韦方程。麦克斯韦方程建立后，当忽略方程中电矢量 **E** 和磁矢量 **B** 间的偶合关系后，便形成一种便于对光波传播求解的标量衍射理论。这样，只要我们研究的光学问题涉及的空间尺度远大于光波长，标量衍射理论能获得非常准确的解。

　　上面的菲涅耳衍射积分可以表示成傅里叶变换的形式，能用FFT进行计算。

▲　图4-2　《傅里叶光学导论》封面

但是，由于FFT是离散傅里叶变换的一种快速计算方法，正确的计算必须满足取样定理，否则会出错。你们可以去看李老师的专著《激光的衍射及热作用计算》，或者去看李老师与熊秉衡先生主编的《信息光学教程》，书中还配了许多MATLAB计算程序[3]。

　　不过应该给你们说，虽然MATLAB是非常好用的科学计算软件，但它是国外发达国家基于大量的科学研究积累，采用C语言为源代码编成的商业软件。你们应该学习从较底层的编程语言来编写程序，如果由于某种原因，你们没有MATLAB这一类的商用科学计算软件，这将为你们的科学研究形成极大的不便。国内相关部门已经在认真组织开发类似的科学计算软件，期望你们今后能为我国的科技发展作出贡献。

李老师认为，对于熟悉类似C++语言这样的编程代码的科技工作者来说，MATLAB编写的程序可以当作基于C++语言开发具有一定功能的软件时的编程框图，他之所以将MATLAB编写的程序附在书中，是为了让年轻人容易学习。事实上，他长期研究中的计算程序都是基于底层源代码写成的。

这次我还没给你们讲述菲涅耳在200年前是如何计算他建立的衍射积分的。虽然单积分的几何意义你们是清楚的，可以用梯形法或矩形法进行计算。但是，在200年前没有计算机，画一条准确的函数曲线大约只能手算出函数值后在坐标纸上逐一将计算的点连接出来。菲涅耳为了通过实验证明他的理论研究结果，最后是通过较繁杂的数学推导，将积分足够准确地表示成一序列的代数式之和来完成计算的。

我会通过邮件发给你们菲涅耳计算他提出的衍射积分时最后采用的代数式。事实上，对菲涅耳衍射积分的数学分析很有意义，李老师1985年在法国进修时，就是基于积分的几何意义对菲涅耳衍射积分认真研究后，自己找到计算方法，不但得到准确的积分数值，还得到许多有价值的理论成果。从此，他代表昆明理工大学（以下简称昆工）开始了30多年与法国许多大学的合作科学研究。

那一天，两位年轻人均愉快地看完了肖教授发来的微信，收获满满，十分高兴。

参考文献

[1] 李俊昌. 激光的衍射及热作用计算[M]. 北京：科学出版社，2002.
[2] 李俊昌. 激光的衍射及热作用计算[M]. 修订版. 北京：科学出版社，2008.
[3] 李俊昌，熊秉衡. 信息光学教程[M]. 2版. 北京：科学出版社，2017.

菲涅耳半波带法计算实例

—

菲涅耳半波带法是菲涅耳在1818年巴黎科学悬奖竞赛大会上获奖论文中提出的，由于半波带法能够简明地表述光的波动理论，时至今日，其科学内容在国内外的物理光学教材中仍然被广泛引用，但是，用半波带法进行实际衍射计算的研究鲜见报道。

本章介绍尚进和郝思自己动手进行200年前菲涅耳的衍射实验，并针对圆孔衍射，导出半波带法计算时必须采用的繁杂数学表达式。读者认真看完后，对半波带法计算实际衍射问题的复杂性可见一斑。

5.1 自己动手重做200年前菲涅耳的实验

利用假期，尚进和郝思都基于他们手中的材料，认真地回顾了1818年菲涅耳获得大奖的学术报告。尚进想，既然郝思已经在认真推导圆孔衍射的半波带法计算公式，报告中菲涅耳的衍射实验应该不难做，如果能在家里完成实验，岂不更好！于是，他给郝思拨通电话："老弟，200年前还没有激光，菲涅耳是用透过红玻璃的阳光进行实验的。正如我们已经商量好的，我觉得可以尝试在家里重复菲涅耳的几个衍射实验，例如圆孔、直边及狭缝衍射。"

"完全同意！"郝思回答后又补充道："我正认真地推导圆孔衍射的计算公式，一旦完成，我们共同编写程序，实验做好就能很好地验证理论结果。"

"好的，我们随时保持联系。"

随后，两人开始了各自的科学研究。

家在成都的尚进想："菲涅耳是用透过红玻璃的阳光进行实验的。实验中需要的小孔光阑，只要找一块不透明的板打个孔便可以了，至于红色玻璃……"他轻轻一拍桌子，自言道："真傻，为何不上网一查？"很快，他在网上找到商家，立即订购了红、绿、蓝三色透光片。

在等待快递的这几天，他设想了许多方案。例如，手机发出的光是发散光，可以用爷爷看书时的放大镜，将光会聚为平行光，不用暗室，在晚上便能做实验；又如，如果手机发出的光不够亮，可设法通过不同的镜子将阳光反射到室

内，再将窗子遮住，形成一个暗室做实验。至于小孔光阑，甚至可以用针在不透光的纸板上刺一个洞便行了。

尚进觉得也许可以用透过滤光片的光——手机上的"手电筒"照明光来做实验。只要能买到较好的滤色片就可以。于是，他将爷爷的放大镜拿来一试。

正当尚进用手机和放大镜考察所获得的平行光时，爷爷进客厅问道："小子，你在干啥？我正纳闷为什么老找不到刚才放在桌子上的放大镜呢！"

"抱歉！爷爷，我想在家做一个光学实验，想试试是否可以得到平行光。"

当爷爷知道他孙子要做的事情后，不觉笑道："我这里有一支激光笔，是很好的平行光吧？只是时间放久了，不知是否还能用？"

原来，尚进的爷爷曾经是中学物理老师，虽然已经退休十多年，但上课用的激光指示笔还保存在家。特别值得一提的是，尚爷爷是一名无线电爱好者，20世纪70年代曾经自己在家组装过黑白电视机。因此，电烙铁、手摇钻、手虎钳、钢锯及锉刀等各种工具应有尽有。现在，生活条件好了，家里已经有大屏幕的彩色电视机，但那些工具尚爷爷真舍不得丢，还保存在一个大木箱中。这为尚进在家中准备实验提供了很大方便。

"谢谢爷爷！激光笔当然是很好的平行光源，能找来我试试看就太好了。我也想过用激光笔作光源，但是，我很想重复一下200年前没有激光时法国物理学家菲涅耳做的一个重要的光学实验。"

正当尚爷爷回屋去找激光笔的时候，郝思的电话来了："尚进好！这几天实验有什么进展？我正在进行解析几何运算，没想到圆孔衍射的半波带法计算那么繁杂。但经过近两天的努力，应该是曙光在前了。"

尚进将自己的想法告诉郝思后，郝思大加赞扬，并表示："激光笔应该很好，我马上也网购一支，若你爷爷的激光笔已经不能用，你也可以上网订购。"

已经坐在客厅的尚爷爷等尚进放下手机，立即高兴地告诉孙子："激光笔还能用，只是型号太老，可能电池快报废，不很亮了。"尚进高兴地接过激光笔，立即面壁用手一按，墙上出现明亮的红斑。"太棒了！谢谢爷爷。"

5.2 圆孔衍射的半波带法计算和相关实验准备

功夫不负有心人，三天后，两人均有所成。郝思给尚进发来了他经过两天努力才获得的相关公式，并附文说道："真没想到这么繁杂！目前我还是采用了平面波照明近似，先将公式推导出来。我在四川大学郭永康教授的《光学》教材中看到，半波带在观测点引起的光振动还与波带面到观测点连线的方向有关，因此，在推导波带面积计算公式前，我引用了郭老师给出的计算观测点光波振幅的公式。现在，我的脑袋里全是大堆的数学公式，得到外面去放一下风，轻松一下了！"

"老弟辛苦！我现在就开始看。这几天我也没闲着，有不少实验结果。我看后会及时与你联系。"尚进回答了微信后，便将郝思发来的附件转到电脑上，开始认真阅读（有兴趣的读者请阅读本章附录）。

不知不觉一个多小时过去了。"该休息一下了！"这时传来尚爷爷的声音。

"好的，爷爷！可能我还得请您帮我看看这些复杂的数学推导是否正确呢？"

尚爷爷回答道："我看你已经在电脑前坐了两小时了！要注意休息，保护眼睛。你将推导公式的文件发到我的电脑上吧，我看看。"

尚进将郝思发来的文件传给爷爷后，拿起手机给郝思拨通电话："老弟，难为你做了这么多繁杂的解析几何题，我正在看，真得喝一杯咖啡清醒头脑后才能继续了。"

一场雪后的故宫中还吹着丝丝冷风，在寒风中漫步的郝思给尚进回话道："是的，真没想到会这么繁杂。虽然从形式上看没有太复杂的计算式，但不同情况要采用不同的公式，在推导过程中常常会将可能遇到的情况遗漏了。我几乎花了两个整天的功夫反复检查及补漏，现在才整理成文。希望老兄认真核对后我们再来编写程序。噢！今天真冷，现在满脑袋都是那些计算图像及公式，手冻得生疼，街上几乎没碰到行人，我也得回去了。"

半小时的休息后，尚进继续往后看。终于，又是一大堆繁杂的数学公式看完了，尚进长长地嘘了一口气。在仔细核对每一个计算步骤后，他拿起手机给郝思拨通电话：

"老弟真牛！做了这么繁杂的讨论。我暂时没发现问题，这是我们一个很好的合作。我将你发来的文件也给我爷爷发了，由于公式繁多，多一个核对者只有好处。今晚我再认真看一次。我想，也许200年前菲涅耳也进行了与这组公式相

似的推导研究，如果菲涅耳按照球面波照明进行讨论，其计算还要复杂得多。估计菲涅耳推导至此，面对数目庞大的繁杂的半波带计算公式，只能'望洋兴叹'，就此止步了。如果他有一个现在我们手机上的计算器，将为他的研究工作提供多少方便啊！"

郝思已经回到家里，回电话道："是的，为预测计算量，我曾假设光波长$\lambda=0.000532$mm、圆孔半径$r=0.5$mm、$x_p=3$mm以及衍射距离$d=1000$mm，估计了为完成一个观测点的强度计算，需要计算23个半波带！虽然衍射场是圆对称的，但如果要得到一个可以粗略看出分布变化的图像，至少在径向需要100个点，大约要上万次反正弦计算，当年的反正弦可以通过查表获得，但其他计算得完全在纸上手算，菲涅耳不可能完成这样繁杂的计算。我们现在有电脑真是幸事，编程计算前我们应再认真核对一下所有公式。"

郝思接着又说："虽然每组公式都不算复杂，但编程时认真设计好判断条件特别重要，否则计算会误入歧途，得到完全错误的结果。可能我们得一起编写程序，相互通气，形成正确的程序。"

"那是一定的！"尚进回答后接着说道："马上我给老弟发去我的家庭实验室照片，此外，还有不少实验结果，我在微信中会给你一一解释。我不但做了圆孔的衍射实验，还有我用奶奶的缝被针作为障碍物的衍射图。期望我们的理论计算能与实验对上号。"

很快，郝思收到尚进发来的图像（图5-1）及相应的说明。

"这是我的实验室。我从网上购买的三色滤镜也收到了，但是手机形成的光亮度较低，又不能准确知道这三片彩色滤镜透过光的波长。因此，最后还是用激光笔做实验。我用夹子夹住激光笔开关，便能单独做实验了。爷爷的激光笔太陈旧，更换电池太麻烦，我是用刚网购的一支非常棒的可以充电的绿色激光笔进行实验的，厂家没有标明该激光笔的光波长，我估计是532nm左右。这种激光笔附有两种出光镜头，一种是常见的准直镜，出来的是接近平行的一束指示光，另一种是万花筒式的多光点光。让我意外而高兴的是，平行光镜头可以转动，转动后能够变

▲ 图5-1 家庭实验室

成球面波式的散射光，不到1m距离便有较宽的照射面。我分别向爷爷和奶奶借了他们看书的放大镜，能够形成照射面积与放大镜面相同的平行光，应能方便地进行夹缝、直边或圆孔的衍射实验。

"但是，请老弟注意！当爷爷看到我的家庭实验室后，虽然对我的学习精神大加赞扬，但他特别嘱咐我注意眼睛的安全。他说，20世纪80年代激光还很新鲜，那时实验室只有腔长25cm的氦氖激光器，我现在买的这支激光笔发出的光差不多与那时的激光器相当了，他认识的一位物理老师的一只眼睛就是不小心让玻璃窗反射的激光直射到而失明了。因此，我们要特别注意安全防护。你注意看，这幅照片是做圆孔衍射实验，这是我用爷爷的手摇钻在一个瓶盖上打孔做成的小孔光阑。到达窗帘的瓶盖反射光还是足够强的，如果没有窗帘，则会反射到窗外或被窗玻璃反射回来。今后你我做实验时一定要注意，要在没有家人及放下窗帘的情况下做，切记！

"图5-2是三种不同障碍物在距离4m左右时的衍射图像。我在接收屏上附了标尺，只是受家里条件限制，要让每个元件很好地放到光轴上十分麻烦。希望这些照片今后可以用来验证我们编写的程序。当然，这只是一些初步的实验结果，我会认真调试光学系统，认真测量衍射距离，提高照明光的均匀度，然后才能与理论计算相比较。

 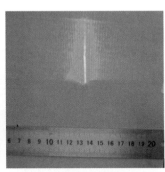 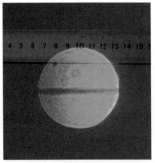

(a) 小孔衍射图像　　　　　(b) 狭缝衍射图像　　　　　(c) 钢针衍射图像

▲ 图5-2　三种不同障碍物在距离4m左右时的衍射图像

"我觉得狭缝和钢针的衍射图像很奇特，狭缝是两张卡片胶合形成的。用缝被子的针进行'窄带光阑'衍射实验后，在针的阴影区能够看到排列整齐的亮纹，这是以前难以想象的，真可以称为"泊松亮纹"。这让我联想到200年前为解释这类物理现象时光的微粒说遇到的困难及菲涅耳的出色工作，我打算用菲涅耳的半波带法来讨论这个实验结果。"

看完尚进的微信，郝思十分高兴，能够通过他们导出的那一大堆圆孔衍射的半波带法计算公式编写程序，通过计算得到与实验相吻合的结果就太好了。但是，他仔细思考后，还是觉得有些不放心。他觉得师兄的实验装置在家中用眼睛来判断平行光是非常粗糙的，能否可以很好地获得均的平行光是个大问题。他回想起曾经在实验室看到过研究生对激光器发出的光进行扩束及准直的实验，为得到均匀平行光，得用上空间滤波器及平晶等光学器件。因此，他下决心还是要导出球面波照明时对应的公式再编写程序，这样，今后在家中就能直接用激光笔发出的球面波进行实验证明了。于是，他拨通手机，将这个想法告诉师兄。

"好吧！那就得再辛苦老弟去做繁杂的数学推导了。"尚进表示同意后，接着说道："我对目前实验得到的泊松斑纹很有兴趣，记得菲涅耳在研究这个问题时用的是球面波，并且，按照菲涅耳的理论研究，无论是球面波照明还是平面波照明，泊松斑纹的分布变化不大。我直接用激光笔发出的球面波做实验，很想看看是否能用菲涅耳导出的公式来验证家中的实验结果，若有好的结果，我及时告诉你。"

附录　平面波照明圆孔衍射的半波带法计算公式

在空间建立直角坐标 $O\text{-}xyz$，令照明光沿 z 轴传播，$z=0$ 平面放上圆孔光阑，让圆孔中心作为坐标原点。设观测平面为 $z=d$，图 5-3 绘出观测点坐标为 $(x_p, 0, b)$ 圆孔平面上的各半波带示意图。

图 5-3 中，实线为圆孔，虚线代表不同的半波带边界，令紧邻 x_p 点的半波带面积为 A_1，能够透过圆孔的依次相邻的半波带面积为 A_2、$A_3 \cdots A_k$。

对于图 5-3 所示透过圆孔的菲涅耳半波带，由于光波长很小，半波带宽度极小，可以认为第 n 个半波带上各点到观测点的距离均为 d_n，各点到观测点的连线与 z 轴的夹角均为 θ_n，该半波带在观测点引起的

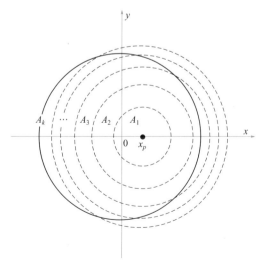

▲ 图 5-3　圆孔平面上的各半波带示意图

光振动振幅为 $A_n \dfrac{1+\cos\theta_n}{d_n}$。此外，相邻半波带在观测点引起的光振动相位相差 π，在观测点产生相消干涉，k 个半波带在观测点引起的合振动振幅为：

$$A(x_p,0,b) = \sum_{n=1}^{k} (-1)^{n-1} A_n \frac{1+\cos\theta_n}{d_n} \tag{5-1}$$

由于圆的对称性，只要在 xy 平面来讨论 x 正向一序列的点 $(x_p,0,b)$ 的振幅，综合其结果便能获得 $z=b$ 平面上的光波振幅。

依次将波带 A_1、中间波带 $A_2 \cdots A_{k-1}$ 及最后一个波带 A_k 的面积计算公式整理如下。

（1）波带 A_1 面积计算

图5-4是观测点投影在圆内及圆外时初始波带面积的计算图像，图中的每一个能够透过实线圆的虚线圆弧代表半波带半径 r_1 取不同数值时 A_1 对应的波面边界。

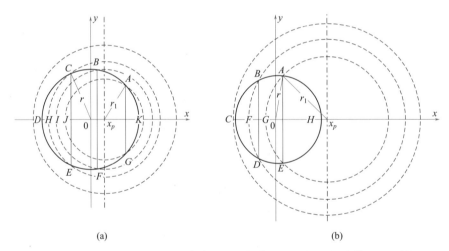

(a)　　　　　　　　　　　　　　(b)

▲ 图5-4　观测点投影在圆内（a）及圆外（b）的两种情况初始波带面积的计算

为计算透过圆孔的波带面积，首先得讨论以观测点 $(x_p,0,b)$ 为球心、半径为 $b+n\lambda/2$ 的球面与 $z=0$ 平面上圆孔边界的交点。球面方程为：

$$(x-x_p)^2 + y^2 + (z-b)^2 = (b+n\lambda/2)^2 \tag{5-2}$$

令式中 $z=0$，则 $z=0$ 平面第 n 个半波带内沿与圆孔边界的交点 (x_n, y_n) 由以下方程组确定：

$$\begin{cases} (x_n - x_p)^2 + y_n^2 + b^2 = (b + n\lambda/2)^2 \\ x_n^2 + y_n^2 = r^2 \end{cases} \quad (5\text{-}3)$$

求解得：

$$\begin{cases} x_n = \dfrac{r^2 - (b + n\lambda/2)^2 + x_p^2 + b^2}{2x_p} \\ y_n = \pm\sqrt{(b + n\lambda/2)^2 - (x_n - x_p)^2 - b^2} \end{cases} \quad (5\text{-}4)$$

式（5-4）在研究其他波带的计算时还要用到。为研究初始波带，式（5-4）中令 $n=1$，以点 $(x_p, 0, b)$ 为球心、半径为 $b + \lambda/2$ 的球面与圆孔的交点即为：

$$\begin{cases} x_1 = \dfrac{r^2 - (b + \lambda/2)^2 + x_p^2 + b^2}{2x_p} \\ y_1 = \pm\sqrt{(b + \lambda/2)^2 - (x_1 - x_p)^2 - b^2} \end{cases} \quad (5\text{-}5)$$

按照图5-4（a），若初始波带 A_1 边界与圆孔的交点是 A、G 两点，A 点在 y 轴正向的坐标为 (x_1, y_1)。这时 $x_p \leqslant x_1$，初始波带的面积 A_1 将是半径为 r 的圆切 AKG 的面积与半径为 r_1 的圆切 AJG 的面积之和，即：

$$\begin{cases} s_{AKG} = \pi r^2 \dfrac{2\arcsin(y_1/r)}{2\pi} - y_1 x_1 \\ s_{AJG} = \pi r_1^2 \dfrac{\pi + 2[\pi/2 - \arcsin(y_1/r_1)]}{2\pi} + y_1(x_1 - x_p) \\ A_1 = s_{AKG} + s_{AJG} \end{cases} \quad (5\text{-}6)$$

若初始波带 A_1 边界与圆孔的交点是 B、F 两点，B 点在 y 轴正向的坐标为（x_1, y_1）。这时 $x_p > x_1$，初始波带的面积 A_1 将是半径为 r 的圆切 $BAKGF$ 的面积与半径为 r_1 的圆切 BIF 的面积之和，即：

$$\begin{cases} s_{BAKGF} = \pi r^2 \dfrac{2\arcsin(y_1/r)}{2\pi} - y_1 x_1 \\ s_{BIF} = \pi r_1^2 \dfrac{2\arcsin(y_1/r_1)}{2\pi} - y_1(x_p - x_1) \\ A_1 = s_{BAKGF} + s_{BIF} \end{cases} \quad (5\text{-}7)$$

若初始波带边界与圆孔的交点是 C、E 两点，C 点在 y 轴正向的坐标为 (x_1, y_1)。这时 $0 \geqslant x_1 > -r$，初始波带的面积 A_1 将是半径为 r 的圆面积减去月牙形 $CHEDC$

面积，而月牙形 $CHEDC$ 面积为半径为 r 的圆切 CDE 的面积减去半径为 r_n 的圆切 CHE 的面积，即：

$$\begin{cases} s_{CDE} = \pi r^2 \dfrac{2\arcsin(y_1/r)}{2\pi} + y_1 x_1 \\ s_{CHE} = \pi r_1^2 \dfrac{2\arcsin(y_1/r_1)}{2\pi} - y_1(x_p - x_1) \\ A_1 = \pi r^2 - (s_{CDE} - s_{CHE}) \end{cases} \tag{5-8}$$

如果 $r_1 \geqslant r + x_p$，即初始波带边界是图5-4（a）中最大的一个虚线圆，则实际面积 $A_1 = \pi r^2$。

按照图5-4（b），若初始波带边界与圆孔的交点是 A、E 两点，A 点在 y 轴正向的坐标为 (x_1, y_1)。这时 $x_1 \geqslant 0$，初始波带的面积 A_1 将是半径为 r 的圆切 AHE 的面积与半径为 r_1 的圆切 AGE 的面积之和，即：

$$\begin{cases} s_{AGE} = \pi r_1^2 \dfrac{2\arcsin\left(y_1/r_1\right)}{2\pi} - y_1\left(x_p - x_1\right) \\ s_{AHE} = \pi r^2 \dfrac{2\arcsin\left(y_1/r\right)}{2\pi} - y_1 x_1 \\ A_1 = s_{AGE} + s_{AHE} \end{cases} \tag{5-9}$$

若初始波带边界与圆孔的交点是 B、D 两点，B 点在 y 轴正向的坐标为 (x_1, y_1)。这时 $-r \leqslant x_1 < 0$，波带面积 A_1 将是半径为 r 的圆面积减去月牙形 $BFDCB$ 面积，而月牙形 $BFDCB$ 面积为半径为 r 的圆切 BCD 的面积减去半径为 r_1 的圆切 BFD 的面积，即：

$$\begin{cases} s_{BCD} = \pi r^2 \dfrac{2\arcsin(y_1/r)}{2\pi} + y_1 x_1 \\ s_{BFD} = \pi r_1^2 \dfrac{2\arcsin(y_1/r_1)}{2\pi} - y_1(x_p - x_1) \\ A_1 = \pi r^2 - (s_{BCD} - s_{BFD}) \end{cases} \tag{5-10}$$

如果 $r_1 \geqslant r + x_p$，即初始波带边界是图5-4（b）中最大的一个虚线圆，则实际面积 $A_1 = \pi r^2$。

（2）中间半波带的计算式

图5-5是观测点坐标满足 $0 \leqslant x_p < r$ 时的计算示意图，实线圆周表示圆孔，虚线是计算中的半波带环。

设圆孔半径为 r，实际计算时第 n 个半波带是内外环半径分别为 r_n 及 r_{n+1} 的环

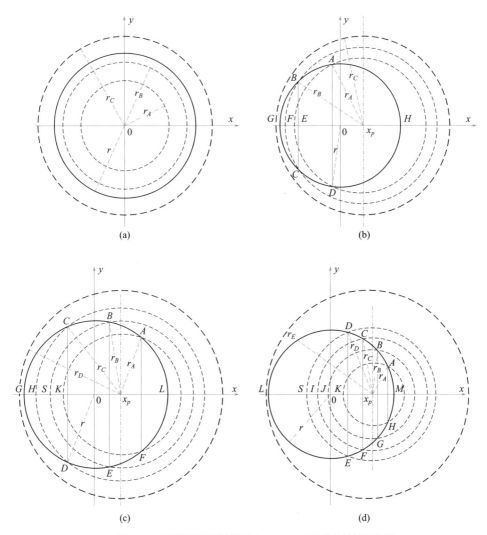

▲ 图5-5 观测平面观测点满足 $0 \leqslant x_p < r$ 半波带法计算示意图

带。为便于讨论，图中半波带环的半径分别用字母 r 加下标 A、B、C、D、E 的符号表示。根据观测点坐标进行半波带面积计算讨论时，半径为 r_n 及 r_{n+1} 的环带将与图中某两个虚线环相对应。

图5-5（a）是观测点 $x_p = 0$ 的情况。显然，第 n 个半波带面积 A_n 满足下式：

$$A_n = \begin{cases} \pi r_{n+1}^2 - \pi r_n^2 & r_{n+1} \leqslant r \\ \pi r^2 - \pi r_n^2 & r_{n+1} > r \end{cases} \tag{5-11}$$

图5-5（b）是观测点坐标满足 $r \geqslant x_p > 0$ 的情况。若 $x_p + r_{n+1} \leqslant r$，半波带内、外环不与圆孔相交，半波带面积为：

$$A_n = \pi r_{n+1}^2 - \pi r_n^2 \qquad (5\text{-}12)$$

当半径为 r_n 及 r_{n+1} ［图5-5（b）中 r_A 及 r_B］的环带与圆孔边界交点在第2、3象限时，令第 n 个半波带内外环与圆孔边界在 y 轴正向交点分别为 $A(x_n, y_n)$ 及 $B(x_{n+1}, y_{n+1})$，其半波带面积则为半径为 r 的圆切 $ABGCD$ 的面积减去半径为 r_A 的圆切 AED 的面积后，再减去半径为 r_B 的圆弧 BFC 与半径为 r 的圆弧 BGC 围成的月牙形面积，即：

$$\begin{cases} s_{ABGCD} = \pi r^2 \dfrac{2\arcsin(y_n/r)}{2\pi} + y_n x_n \\[2mm] s_{AED} = \pi r_n^2 \dfrac{2\arcsin(y_n/r_n)}{2\pi} - y_n(x_p - x_n) \\[2mm] s_{BGC} = \pi r^2 \dfrac{2\arcsin(y_{n+1}/r)}{2\pi} + y_{n+1} x_{n+1} \\[2mm] s_{BFC} = \pi r_{n+1}^2 \dfrac{2\arcsin(y_{n+1}/r_{n+1})}{2\pi} - y_{n+1}(x_p - x_{n+1}) \\[2mm] A_n = s_{ABGCD} - s_{AED} - (s_{BGC} - s_{BFC}) \end{cases} \qquad (5\text{-}13)$$

如果第 n 个半波带环的外环不与圆孔边界相交［图5-5（b）中的 r_C］或只有一个交点，即 $r_{n+1} \geqslant x_p + r$。这时，半波带面积是半径为 r 的圆切 $ABGCD$ 的面积减去半径为 r_A 的圆切 AED 的面积。利用式（5-13）有：

$$A_n = s_{ABGCD} - s_{AED} \qquad (5\text{-}14)$$

图5-5（c）是第 n 个半波带的内环及外环与圆孔边沿的交点 A、B 均在第1象限的两种情况（内环交点 A 代表 $x_n > x_p$，交点 B 代表 $x_n \leqslant x_p$）。按照上面讨论的方法，当交点为 A $(x_n > x_p)$ 时，其半波带面积为：

$$\begin{cases} s_{ABCGDEF} = \pi r^2 \left[1 - \dfrac{\arcsin(y_n/r)}{\pi}\right] + y_n x_n \\[2mm] s_{AKF} = \pi r_n^2 \left[1 - \dfrac{\arcsin(y_n/r_n)}{\pi}\right] + y_n(x_n - x_p) \\[2mm] s_{CGD} = \pi r^2 \dfrac{2\arcsin(y_{n+1}/r)}{2\pi} + y_{n+1} x_{n+1} \\[2mm] s_{CHD} = \pi r_{n+1}^2 \dfrac{2\arcsin(y_{n+1}/r_{n+1})}{2\pi} - y_{n+1}(x_p - x_{n+1}) \\[2mm] A_n = s_{ABCGDEF} - s_{AKF} - (s_{CGD} - s_{CHD}) \end{cases} \qquad (5\text{-}15)$$

如果第 n 个半波带环的外环半径是图 5-5（c）中的 r_D，即 $r_{n+1} > x_p + r$，这时半波带面积是半径为 r 的圆切 $ABCGDEF$ 的面积减去半径为 r_A 的圆切 AKF 的面积。利用式（5-15）有：

$$A_n = s_{ABCGDEF} - s_{AKF} \qquad (5\text{-}16)$$

而当实际计算时，第 1 象限的交点是图 5-5（c）中的 B 点，即 $x_p \geqslant x_n$，其半波带面积为：

$$
\begin{cases}
s_{BCGDE} = \pi r^2 \left[1 - \dfrac{\arcsin(y_n / r)}{\pi} \right] + y_n x_n \\[2mm]
s_{BSE} = \pi r_n^2 \dfrac{2\arcsin(y_n / r_n)}{2\pi} - y_n(x_p - x_n) \\[2mm]
s_{CGD} = \pi r^2 \dfrac{2\arcsin(y_{n+1} / r)}{2\pi} + y_{n+1} x_{n+1} \\[2mm]
s_{CHD} = \pi r_{n+1}^2 \dfrac{2\arcsin(y_{n+1} / r_{n+1})}{2\pi} - y_{n+1}(x_p - x_{n+1}) \\[2mm]
A_n = s_{BCGDE} - s_{BSE} - (s_{CGD} - s_{CHD})
\end{cases} \qquad (5\text{-}17)
$$

如果第 n 个半波带环的外环半径是 r_D，即 $r_{n+1} > x_p + r$，这时半波带面积是半径为 r 的圆切 $BCGDE$ 的面积减去半径为 r_A 的圆切 BSE 的面积。利用式（5-17）有：

$$A_n = s_{BCGDE} - s_{BSE} \qquad (5\text{-}18)$$

图 5-5（d）描绘了半波带的内环及外环与圆孔边界的交点均在第 1、4 象限的情况。根据内外环与圆孔边界交点在 x 轴坐标，有 3 种情况要分别讨论。

其一，内环及外环与圆孔边界的交点分别为 A（$x_{n+1} > x_p$）、B（$x_n > x_p$），半波带面积则为：

$$
\begin{cases}
s_{AKH} = \pi r_n^2 \left[1 - \dfrac{\arcsin(y_n / r_n)}{\pi} \right] + y_n(x_n - x_p) \\[2mm]
s_{BJG} = \pi r_{n+1}^2 \left[1 - \dfrac{\arcsin(y_{n+1} / r_{n+1})}{\pi} \right] + y_{n+1}(x_{n+1} - x_p) \\[2mm]
s_{AMH} = \pi r^2 \dfrac{2\arcsin(y_n / r)}{2\pi} - y_n x_n \\[2mm]
s_{BMG} = \pi r^2 \dfrac{2\arcsin(y_{n+1} / r)}{2\pi} - y_{n+1} x_{n+1} \\[2mm]
A_n = (s_{BJG} + s_{BMG}) - (s_{AKH} + s_{AMH})
\end{cases} \qquad (5\text{-}19)
$$

其二，内环及外环与圆孔边界的交点的x轴坐标均小于x_p（图中C、D点），即$x_{n+1} < x_p$，$x_n < x_p$，半波带面积则为：

$$
\begin{cases}
s_{CIF} = \pi r_n^2 \dfrac{2\arcsin(y_n/r_n)}{2\pi} - y_n(x_p - x_n) \\[2mm]
s_{DSE} = \pi r_{n+1}^2 \dfrac{2\arcsin(y_{n+1}/r_{n+1})}{2\pi} - y_{n+1}(x_p - x_{n+1}) \\[2mm]
s_{CMF} = \pi r^2 \dfrac{2\arcsin(y_n/r)}{2\pi} - y_n x_n \\[2mm]
s_{DME} = \pi r^2 \dfrac{2\arcsin(y_{n+1}/r)}{2\pi} - y_{n+1} x_{n+1} \\[2mm]
A_n = (s_{DSE} + s_{DME}) - (s_{CIF} + s_{CMF})
\end{cases}
\tag{5-20}
$$

其三，内环及外环与圆孔边界的交点分别为$A(x_{n+1} < x_p)$、$C(x_n > x_p)$，半波带面积则为：

$$
\begin{cases}
s_{AKH} = \pi r_n^2 \left[1 - \dfrac{\arcsin(y_n/r_n)}{\pi}\right] + y_n(x_n - x_p) \\[2mm]
s_{CIF} = \pi r_{n+1}^2 \dfrac{2\arcsin(y_{n+1}/r_{n+1})}{2\pi} - y_{n+1}(x_p - x_{n+1}) \\[2mm]
s_{AMH} = \pi r^2 \dfrac{2\arcsin(y_n/r)}{2\pi} - y_n x_n \\[2mm]
s_{CMF} = \pi r^2 \dfrac{2\arcsin(y_{n+1}/r)}{2\pi} - y_{n+1} x_{n+1} \\[2mm]
A_n = (s_{CIF} + s_{CMF}) - (s_{AKH} + s_{AMH})
\end{cases}
\tag{5-21}
$$

对于$x_p > r$的观测点，当$x_p - r_{n+1} > r$时，所有的半波带对观测点照明无贡献，不用计算。参照图5-6有几种情况讨论。

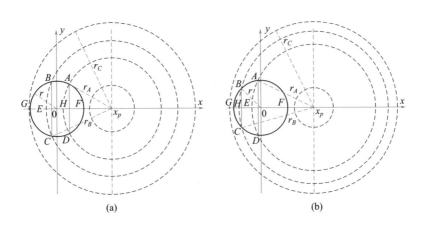

(a)　　　　　　　　　　　(b)

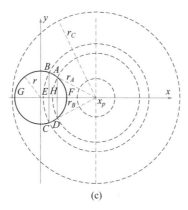

(c)

▲ 图5-6 当 $r < x_p$ 情况讨论

图5-6（a）：第 n 个半波带内外环与圆孔边沿的交点 A、B 分别在第1、2象限，即 $x_n > 0$ 及 $x_{n+1} < 0$。其波带面积为半径为 r 的圆切 $ABGCD$ 的面积减去圆弧 BEC 与圆弧 BGC 围成的月牙形面积后，再减去半径为 r_n 的圆弧 AHD 与半径为 r 的圆弧 AFD 围成的面积。然而，如果 $r_{n+1} - x_p > r$，即外环半径为 r_C 时，外环不与圆孔相交，其面积为半径为 r 的圆切 $ABGCD$ 的面积减去半径为 r_n 的圆切 AHD 的面积。因此有：

$$
\begin{cases}
s_{ABGCD} = \pi r^2 \dfrac{2\arcsin(y_n / r)}{2\pi} + y_n x_n \\[2mm]
s_{AHD} = \pi r_n^2 \dfrac{2\arcsin(y_n / r_n)}{2\pi} - y_n(x_p - x_n) \\[2mm]
s_{BGC} = \pi r^2 \dfrac{2\arcsin(y_{n+1} / r)}{2\pi} + y_{n+1} x_{n+1} \\[2mm]
s_{BEC} = \pi r_{n+1}^2 \dfrac{2\arcsin(y_{n+1} / r_{n+1})}{2\pi} - y_{n+1}(x_p - x_{n+1}) \\[2mm]
A_n = \begin{cases} s_{ABGCD} - s_{AHD} - (s_{BGC} - s_{BEC}) & r_{n+1} - x_p < r \\ s_{ABGCD} - s_{AHD} & r_{n+1} - x_p \geqslant r \end{cases}
\end{cases}
\qquad (5\text{-}22)
$$

图5-6（b）：第 n 个半波带内外环与圆孔边沿的交点 A、B 均在第2象限，即 $x_n \leqslant 0$ 及 $x_{n+1} < 0$。其波带面积为半径为 r 的圆切 $ABGCD$ 的面积减去圆弧 BHC 与圆弧 BGC 围成的月牙形面积后，再减去半径为 r_n 的圆切 AED 的面积。为简明地包含 $r_{n+1} - x_p > r$，即外环不与圆孔相交的情况，计算公式为：

$$\begin{cases} s_{ABGCD} = \pi r^2 \dfrac{2\arcsin(y_n/r)}{2\pi} + y_n x_n \\[2mm] s_{AED} = \pi r_n^2 \dfrac{2\arcsin(y_n/r_n)}{2\pi} - y_n(x_p - x_n) \\[2mm] s_{BGC} = \pi r^2 \dfrac{2\arcsin(y_{n+1}/r)}{2\pi} + y_{n+1}x_{n+1} \\[2mm] s_{BHC} = \pi r_{n+1}^2 \dfrac{2\arcsin(y_{n+1}/r_{n+1})}{2\pi} - y_{n+1}(x_p - x_{n+1}) \\[2mm] A_n = \begin{cases} s_{ABGCD} - s_{AED} & r_{n+1} - x_p > r \\ s_{ABGCD} - s_{AED} - (s_{BGC} - s_{BHC}) & r_{n+1} - x_p \leqslant r \end{cases} \end{cases} \quad (5\text{-}23)$$

图 5-6（c）：内环及外环在 y 轴正向的交点均在第 1 象限，其波带面积为半径为 r_{n+1} 的圆弧 BEC 与半径为 r 的圆弧 BFC 围成的面积减去半径为 r_n 的圆弧 AHD 与半径为 r 的圆弧 AFD 围成的面积。为简明地包含 $r_{n+1} - x_p > r$，即外环不与圆孔相交的情况，有：

$$\begin{cases} s_{BEC} = \pi r_{n+1}^2 \dfrac{2\arcsin(y_{n+1}/r_{n+1})}{2\pi} - y_{n+1}(x_p - x_{n+1}) \\[2mm] s_{BFC} = \pi r^2 \dfrac{2\arcsin(y_{n+1}/r)}{2\pi} - y_{n+1}x_{n+1} \\[2mm] s_{AHD} = \pi r_n^2 \dfrac{2\arcsin(y_n/r_n)}{2\pi} - y_n(x_p - x_n) \\[2mm] s_{AFD} = \pi r^2 \dfrac{2\arcsin(y_n/r)}{2\pi} - y_n x_n \\[2mm] A_n = \begin{cases} (s_{BEC} + s_{BFC}) - (s_{AHD} + s_{AFD}) & x_p + r \geqslant r_{n+1} \\ \pi r^2 - (s_{AHD} + s_{AFD}) & x_p + r < r_{n+1} \end{cases} \end{cases} \quad (5\text{-}24)$$

（3）最后一个波带面积的计算

图 5-7（a）及图 5-7（b）画出了观测点投影在圆孔内及圆孔外的两种情况。

按照图 5-7（a），设圆孔的半径为 r，最后一个不完整半波带内沿半径为 r_n，该半波带内沿与圆孔的交点是 A、G 两点，设 A 点坐标为 $(x_n,\ y_n)$，最后一个不完整半波带的面积将是半径为 r 的圆切 $ABCDEFG$ 的面积减去半径为 r_n 的圆切 AJG 的面积，即：

$$\begin{cases} s_{ABCDEFG} = \pi r^2 \dfrac{\pi + 2[\pi/2 - \arcsin(y_n/r)]}{2\pi} + y_n x_n \\[2mm] s_{AJG} = \pi r_n^2 \dfrac{\pi + 2[\pi/2 - \arcsin(y_n/r_n)]}{2\pi} + y_n(x_n - x_p) \\[2mm] A_n = s_{ABCDEFG} - s_{AJG} \end{cases} \quad (5\text{-}25)$$

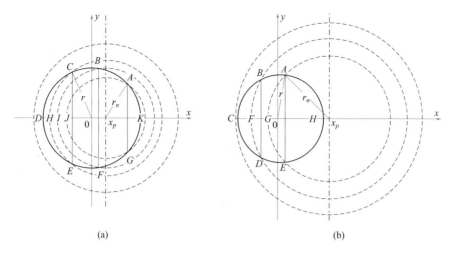

若最后一波带内沿与圆孔的交点是 B、F 两点，B 点在 y 轴正向的坐标为 (x_n, y_n)。这时，最后一个不完整半波带的面积将是半径为 r 的圆切 $BCDEF$ 的面积减去半径为 r_n 的圆切 BIF 的面积，即：

$$\begin{cases} s_{BCDEF} = \pi r^2 \dfrac{\pi + 2\left[\pi/2 - \arcsin(y_n/r)\right]}{2\pi} + y_n x_n \\ s_{BIF} = \pi r_n^2 \dfrac{2\arcsin(y_n/r_n)}{2\pi} - y_n(x_p - x_n) \\ A_n = s_{BCDEF} - s_{BIF} \end{cases} \qquad (5\text{-}26)$$

若最后一波带内沿与圆孔的交点是 C、E 两点，C 点在 y 轴正向的坐标为 (x_n, y_n)，最后一个不完整半波带的面积将是半径为 r 的圆切 CDE 的面积减去半径为 r_n 的圆切 CHE 的面积，即：

$$\begin{cases} s_{CDE} = r^2 \arcsin(y_n/r) + y_n x_n \\ s_{CHE} = r_n^2 \arcsin(y_n/r_n) - y_n(x_p - x_n) \\ A_n = s_{CDE} - s_{CHE} \end{cases} \qquad (5\text{-}27)$$

按照图5-7（b），最后一个不完整半波带内沿与圆孔的交点是 A、E 两点，设 A 点在 y 轴正向的坐标为 (x_n, y_n)，最后一个不完整半波带的面积将是半径为 r 的圆切 AHE 的面积与半径为 r_n 的圆切 AGE 的面积之和，即：

$$\begin{cases} s_{AGE} = \pi r_n^2 \dfrac{2\arcsin(y_n/r_n)}{2\pi} - y_n(x_p - x_n) \\ s_{AHE} = \pi r^2 \dfrac{2\arcsin(y_n/r)}{2\pi} - y_n x_n \\ A_n = s_{AGE} + s_{AHE} \end{cases} \qquad (5\text{-}28)$$

若最后一波带内沿与圆孔的交点是B、D两点，B点在y轴正向的坐标为(x_n, y_n)，最后一个不完整半波带的面积将是半径为r的圆切BCD的面积减去半径为r_n的圆切BFD的面积，即：

$$\begin{cases} s_{BCD} = r^2 \arcsin(y_n/r) + y_n x_n \\ s_{BFD} = r_n^2 \arcsin(y_n/r_n) - y_n(x_p - x_n) \\ A_n = s_{BCD} - s_{BFD} \end{cases} \tag{5-29}$$

当以上各种情况的半波带面积求出后，将第n个半波带内环到观测点的距离视为该半波带到观测点的距离d_n，半波带内环到观测点的连线与z轴的夹角视为θ_n，则能按照公式（5-1）获得观测点的振幅值。

由于振幅的平方则为观测点的强度，当x轴正向的足够多的点振幅值计算完成后，利用圆对称性就能综合计算出二维平面上衍射场的振幅及强度分布。

利用式（5-4）可以计算观测点坐标x_p给定后任意半波带环与圆孔的交点。为提高计算效率，应在编程中首先确定能够与圆孔相交的最大波带数n_{max}，进行$n=1$至$n=n_{max}$循环计算。

由于最大半波带环内环半径$r_{max} \leqslant x_p + r$，

$$\sqrt{d^2 + r_{max}^2} = d + n_{max}\lambda/2 \tag{5-30}$$

将$r_{max} = x_p + r$代入式（5-30），n_{max}是式（5-31）去除小数后的整数：

$$n_{max} = 2\left(\sqrt{(x_p+r)^2 + d^2} - d\right)/\lambda \tag{5-31}$$

至此，平面波照明的圆孔衍射的半波带法计算公式虽然已经初步形成，但是，利用这些繁杂的数学公式成功地编写计算程序，对年轻读者是一个考验。

菲涅耳的直边衍射条纹及泊松斑纹公式

—

1819年，菲涅耳在撰写的《光的衍射回忆录》中，采用他提出的半波带法简明地阐述了光的波动理论，并导出光波通过一些特殊形式障碍物后衍射条纹的分布公式。其中，在窄带阴影区内出现的"泊松斑纹"以及阴影区外的直边衍射条纹分布公式至今还鲜见报道。

"泊松斑纹"公式是一个具有实用价值的公式，可以足够准确地测量照明光的波长；直边衍射条纹公式是菲涅耳人为地在屏幕边缘引入一个光传播的半波长延迟而获得的，利用直边衍射条纹公式可以近似测量照明光的波面半径。本章基于尚进和郝思理论与实验相结合的学习过程，介绍菲涅耳导出的这两个公式。

6.1 菲涅耳的直边衍射条纹分布公式

在郝思推导圆孔衍射的半波带法计算公式期间，肖教授给他们发来了1819年菲涅耳撰写的《光的衍射回忆录》的中文译本。尚进从中找到了菲涅耳研究窄带光阑衍射的光路图，认真回顾了菲涅耳报告中与此相关的两段内容（注：以下内容摘自《光的衍射回忆录》，对文字做了删减）。

报告内容一：图6-1中，R 为点光源，AA' 为不透明体，FT' 为观测屏。RT 和 RT' 是与不透明体边缘相切的射线，T 和 T' 是几何光线与观测屏的交点。设点源到不透明物体的距离 $RB=a$，用 b 表示从这个物体到观测屏的距离 BC，用 c 表示不透明体的宽度 AA'。设 c 相对于

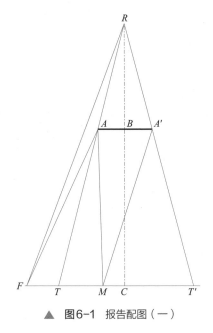

▲ 图6-1 报告配图（一）

a 和 b 足够小，这样人们就可以将垂直于 RT 或 RC 平面中条纹的间隔视为无差别。

设 F 为观测屏上几何阴影外的一个点，直射光线与不透明物体边缘的反射光线到达 F 点的光程差是 $RA+AF-RF$。令 x 表示 FT，忽略所有高与 x 或 c 相乘的高次幂项，其光程差近似为：

$$d = \frac{a}{2b(a+b)}x^2 \qquad (6\text{-}1)$$

因此

$$x = \sqrt{\frac{2db(a+b)}{a}}$$

如果用以太中波振动完全一致的两点之间的最短间隔 λ 来表示光波的长度，当间隔等于 $\lambda/2$ 时，两振动相遇时它们将完全抵消。利用以上讨论，对应于一阶暗带最暗点的 x 的值应为 $\sqrt{\frac{\lambda b(a+b)}{a}}$。

但实验结论是，上式计算的值对应于第一个亮纹。若假设反射在屏幕边缘的光线会产生半个波长的延迟，将 $\lambda/2$ 添加到光程差 d 中，出现暗纹的公式则变为

$$x = \sqrt{\frac{(2d + \lambda)b(a + b)}{a}} \, 。$$

将公式中的 d 依次替换为 $\lambda/2$，$3\lambda/2$，$5\lambda/2\cdots$，则将获得对应于第1、2、3、4$\cdots$阶暗带的 x 值。令 n 为条纹级次，该暗纹到投影边界的距离写为 x_n，可以重新写为：

$$x_n = \sqrt{\frac{2n\lambda b(a + b)}{a}} \tag{6-2}$$

由于对观测点 T 的研究并没有考虑来自 A' 方向的光的作用，事实上等价于遮挡物是半无限大屏，式（6-2）即菲涅耳导出的直边衍射条纹分布公式。

6.2 菲涅耳的"泊松斑纹"分布公式

几何阴影中的条纹是由 A 和 A' 处拐弯的两光束的叠加形成的。设 M 是在阴影内部的某点，光的强度取决于在那里相遇的光线 AM 和 $A'M$ 的振动之间的一致或不一致程度，即取决于行进路径差异 $d = A'M - AM$。用 x 表示点 M 到阴影中点 C 的距离，则有：

$$d = \sqrt{b^2 + (c/2 + x)^2} - \sqrt{b^2 + (c/2 - x)^2} \tag{6-3}$$

上式展开根号求解时，由于 x 与 b 相比甚小，忽略 x 的高次幂后得到 $d = \dfrac{cx}{b}$，即：

$$x = \frac{bd}{c} \tag{6-4}$$

将公式中的 d 依次替换为 $\lambda/2$，$3\lambda/2$，$5\lambda/2\cdots$，将获得对应于第1、2、3、4$\cdots$阶暗纹位置。因此相邻两个暗带之间的间隔是 $b\lambda/c$。

后面的实验研究将表明，这个与照明光波面半径 a 无关的结果与实验测量很吻合。

回顾菲涅耳的获奖报告至此，尚进觉得应该推导一下公式（6-1），因为这是进行后续讨论的基本公式。

按照表6-1，x 表示点 M 到阴影中点 C 的距离 MC，由于 $TC = \dfrac{a+b}{2a}c$，利用勾

股定律：

$$RF = \sqrt{(a+b)^2 + \left(x + \frac{(a+b)}{2a}c\right)^2} \approx (a+b) + \frac{x^2}{2(a+b)}$$

由于 $RA = \sqrt{a^2 + c^2/4} \approx a + \frac{c^2}{8a} \approx a$，于是有：

$$AF = \sqrt{b^2 + \left(\frac{b}{2a}c + x\right)^2} \approx b + \frac{\left(\frac{bc}{2a} + x\right)^2}{2b} \approx b + \frac{x^2 + \frac{bc}{a}x}{2b}$$

$$= b + \frac{x^2}{2b} + \frac{cx}{2a} \approx b + \frac{x^2}{2b}$$

因此：

$$RA + AF - RF = \frac{x^2}{2b} - \frac{x^2}{2(a+b)} = \frac{(a+b)-b}{2b(a+b)}x^2 = \frac{a}{2b(a+b)}x^2$$

尚进欣慰之余，觉得公式（6-2）倒很简单，只是物体边界引入半波长变化没有物理依据。也许该公式基于波动说足够好地解释了当年微粒说不能解释的问题，其物理原因后人已经补充完善。此外，公式（6-2）及公式（6-4）的推导中，菲涅耳并没有完全按照惠更斯原理讨论问题，只考虑光波从物体边界处光波源发出的光与特定光线的相干叠加问题，不知菲涅耳在后面的报告中是如何对此说明的？

很快，他从菲涅耳后面的报告中得到较好的答案。

报告内容二：图6-2中，C 为照明点光源，AG 是一个足够窄的不透明体截面，屏 BD 观测在物体阴影内的衍射条纹 [注：省略了附图Fig.4（即图6-2）之前菲涅耳表述的与窄带衍射计算不直接相关的内容]。

设 C 点发出的光波在 AG 两侧被分为小弧 Am，mm'，$m'm''\cdots$ 以及 Gn，nn'，$n'n''\cdots$，除窄带两侧的弧 mA 及 Gn 按照半波带划分外，其余相邻分割点到达阴影内部 P 点的光程差并不是半个波长，

而是让这些弧中的每一个小波元向P点发送的波振动都与相邻弧的另一波元向P点发送的波振动相互抵消。例如，弧mm'发出的光被弧m'm"发出的光相消，nn'发出的光被弧n'n"发出的光相消……

这一段描述让尚进深为感叹："按照这种波带划分方法，只需要计算弧mA及Gn的宽度以及两弧的中点s及t到达观测点P的光程差，便能近似计算到达P点的光振动振幅了！"

回顾公式（6-2）的推导过程，尚进觉得，图6-2中的AG及P与图6-1中的AA'及M相对应，如

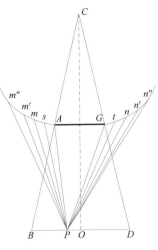

▲ 图6-2 报告配图（二）

果用图6-2中s及t到达观测点P的光程差d=tP-sP代替图6-1中的光程差d=A'M-AM，并且按照建立公式（6-2）的思路重新建立计算公式，并考虑照明光的波面半径，也许能获得更接近实验观测的表达式。

由于到达遮挡屏AG的光波是球面波，如果要准确给出到达观测点P的距离相等的波面曲线，必须计算以P及C点为球心的两个空间球面的交线。按照菲涅耳的假定，计算由两条空间曲面交线围成的曲面的面积在确定边界后还要进行面积的积分运算。为仔细分析这个问题，尚进画出两个沿光轴z（图6-2的C→O方向）看去的光波带图像。图6-3（a）是一序列波带曲线投影，该图是将观测点

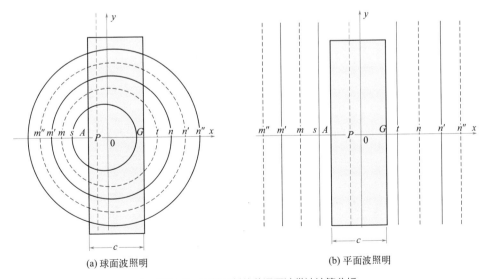

(a) 球面波照明　　　　　　　　　　(b) 平面波照明

▲ 图6-3 窄带衍射的菲涅耳波带法计算分析

放在x轴的特殊情况，从严格的理论上来看，观测点的强度似乎还与y坐标相关，对于观测平面上任意点，其计算将更繁杂。尚进想，如果改为平行光照明，这将大大简化邻近边界的波带宽度计算，于是，他又画出图6-3（b）。

对比两图后，尚进决定由浅入深，先按照图6-3（b）讨论平行光照明时的泊松斑纹计算问题。因为x轴上的任意点P的强度代表通过P点的y方向任意点的强度。根据图6-3（b），尚进用图6-4绘出xz平面的光传播示意图。

按照菲涅耳的波带划分方法，mA及Gn的宽度按照半波带宽度设计，设观测平面上观测点P到坐标原点距离为x，窄带宽为c，窄带平面到观测平面的距离为b，令$nP-GP=\lambda/2$，$mP-AP=\lambda/2$。如果让$tP=\dfrac{nP+GP}{2}$以及$sP=\dfrac{mP+AP}{2}$，这样的计算应该更合理。于是有：

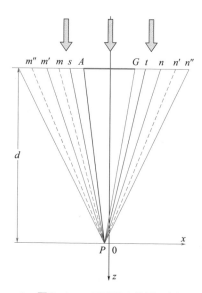

▲ 图6-4 xz平面的光传播示意图

$$sP-tP=\frac{mP+AP}{2}-\frac{nP+GP}{2}$$
$$=\frac{2AP+\lambda/2}{2}-\frac{2GP+\lambda/2}{2}=AP-GP$$

这个结果让尚进高兴而又惊奇："原来菲涅耳报告中虽然没有对光程差为什么选择为$AP-GP$进行详细介绍，但按照他提出的波带划分方法，事实上已经等价于$sP-tP$。然而，菲涅耳不是说公式（6-4）与实验还不很吻合吗？既然求解方程（6-1）菲涅耳采用了近似，不妨我来认真求解，也许能得到更接近实际的结果"。

于是，他展开式（6-1），认真化简后得：

$$(c^2-d^2)x^2 = b^2 + (c^2-d^2)/4 \qquad (6-5)$$

最后得到：

$$x = \pm d \sqrt{\frac{b^2+(c^2-d^2)/4}{c^2-d^2}} \qquad (6-6)$$

这个结果让尚进兴奋，由于 x 代表暗纹到原点的距离，上式计算时只取正号。令 $n=0,1,2,\cdots$，选择 $d=(n+1)\lambda/2$ 时，则得到原点两侧一序列暗纹的位置，但重要的是应得到实验证明。

6.3　"泊松斑纹"分布公式的实验证明

尚进立即拨通郝思电话："老弟，你好！向你报告一个好消息，记得上次给你发去的泊松斑纹图像吧，我似乎得到更准确的间距公式了，但还需要实验证明。我一会儿给你发去我对这个问题研究的思路及理论推导，但必须进行公式的实验证明。因此，我想请你专注于圆孔衍射的编程，我准备用实验来证明这个公式。"

"真的吗？祝贺老兄！我正认真编写圆孔衍射的程序呢，真繁杂！将你的计算发给我吧，也许我一时还不能认真看，我觉得再经过今天的努力，程序应该可以调整好了。那么，我们就分头做这两件事吧！"这是郝思的回答。

尚进开始认真进行理论模拟及实验研究。他想，菲涅耳给出的公式（6-4）表明，若窄带宽度 c 增加一倍，几何阴影中的泊松条纹间隔则缩小一倍，不妨用两种直径不同的金属丝作为"光阑"进行实验证明。

尚进从计算机上调出先前做的实验图像，总觉得照明光不均匀，实验图像不理想。由于没有合适的支架，将放大镜插入瓶子时，不但难以保证两个放大镜中心的高度一致，而且很难保证透镜平面与光轴垂直，调整出与激光笔发出光束的光轴相吻合的均匀平行光很困难，要做专门的支架才行。但仔细研究激光笔后，觉得激光笔的镜头旋转到尽头后能发出截面较大的发散光，在观测屏上的光斑有较大的区域看上去较均匀。"这不就是球面波嘛！只要知道波面半径，就能很好地重复菲涅耳的实验了。"这让尚进大为高兴。此外，公式（6-2）与照明光的波面半径无关，那就直接用激光笔发出的发散光为照明光，看看是什么结果。

尚进在家认真准备实验时，两种不同直径的金属丝一时没找到，最后用奶奶给他的一根缝被针及一根竹牙签完成了实验。后来，他从爷爷的工具箱中找到一段老式自行车轮的钢丝，但用钢丝做实验后，发现与激光照射牙签中部对应的衍射条纹基本没区别。这让他不禁想起菲涅耳报告中为否定微粒说而说的一段话："可以肯定的是，衍射现象不取决于遮挡光的物体的材质，而只取决于遮挡光的物体的空间的尺寸。我们必须否定将衍射现象归因于物体边界对光分子有吸引力或排斥力的假设……"

为能较好地知道实验参数，尚进将缝被针、牙签及钢丝与刻度尺放在一起拍了照片（图6-5），在计算机上调出图像，通过像素比较，得到缝被针中部直径约1.24mm，牙签直径约1.75mm、钢丝直径约2.07mm。他想："牙签截面不是很好的圆，今后重复实验不方便，牙签的实验就省略了。"

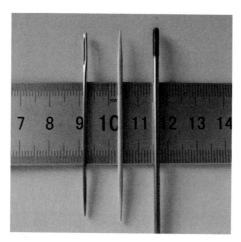

▲ 图6-5 缝被针、牙签、钢丝与刻度尺对比

于是，尚进先后将钢丝及缝被针放在距离激光笔出光口1m处并与光传播方向垂直，让观测屏在遮挡物前方2～5m处，每间隔1m用手机拍摄一幅衍射图。图6-6是他用激光笔照明直径2.07mm的钢丝及直径1.24mm的缝被针进行实验时，距离5000mm拍摄的两个图像。从图6-6可以看出，直径1.24mm的缝被针阴影中部"泊松条纹"的宽度的确比直径2.07mm的钢丝阴影"泊松条纹"的宽度要宽。并且，对于每一给定的衍射距离，"泊松条纹"的间隔基本相同，表6-1给出了泊松暗纹的实验测量与菲涅耳导出的泊松暗纹理论公式（6-4）计算的比较，理论计算与实验测量吻合甚好。

但让他百思不得其解的是，为什么球面波照明仍然能够得到平行的泊松斑纹？"有机会问问肖教授！"尚进决定暂且放下这个问题，开始进行理论计算及实验测量的比较。

(a) 钢丝衍射图

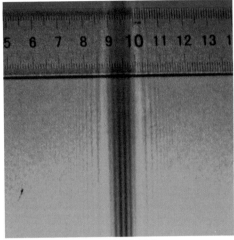
(b) 缝被针衍射图

▲ 图6-6 激光笔照明两种不同直径遮挡物的衍射图

令照明光波长$\lambda=0.000532$mm，表6-1是两种不同直径遮挡物的"泊松条纹"间距理论模拟与实验测量的比较。

表6-1 泊松条纹间距理论模拟与实验测量的比较

衍射距离 b /mm	钢丝直径 $c=2.07$mm/mm		误差 /mm	缝被针直径 $c=1.24$mm/mm		误差 /mm
2000	公式（6-4）	0.5140	−0.032	公式（6-4）	0.8581	−0.045
	公式（6-6）	0.5140	−0.032	公式（6-6）	0.8581	−0.045
	实验	0.4821		实验	0.8131	
3000	公式（6-4）	0.7710	−0.028	公式（6-4）	1.2871	0.042
	公式（6-6）	0.7710	−0.028	公式（6-6）	1.2871	0.042
	实验	0.7431		实验	1.3290	
4000	公式（6-4）	1.0280	0.005	公式（6-4）	1.7161	−0.078
	公式（6-6）	1.0280	0.005	公式（6-6）	1.7161	−0.078
	实验	1.0329		实验	1.6382	
5000	公式（6-4）	1.2850	0.003	公式（6-4）	2.1452	−0.038
	公式（6-6）	1.2850	0.003	公式（6-6）	2.1452	−0.038
	实验	1.3183		实验	2.1074	
	实验	1.3183		实验	2.1074	

尚进很快发现，在所计算的有效数字范围内，公式（6-4）与公式（6-6）的结果完全一致。按照公式（6-4），能够简明地分析相邻条纹的间隔是相等的，公式（6-6）则不能立即清楚地看到这个结果。但是，公式（6-6）中，由于 $b^2 + (c^2 - d^2)/4$ 通常不等于0，说明坐标原点的亮度通常高于暗纹的亮度。他想：这也许是公式（6-6）相对于公式（6-4）的一个较有意义的理论结果，让他得到一丝安慰。

这个实验比较让他看到菲涅耳导出的泊松斑纹的间隔公式很准确，如果能够精确地测量衍射距离及障碍物的宽度，照明光的波长则能被计算出来。虽然厂家没有提供激光笔的光波长，但将光波长视为0.000532mm应该是可行的。他准备今后在学校的实验室进行较好的实验，来进一步验证泊松斑纹间隔公式的正确性。

但是尚进始终心存疑问："激光笔发出的光波是发散波，为什么照明光波面半径对泊松斑纹的间隔会没有影响呢？"

6.4 波面半径及外部衍射条纹的测试

为能考查菲涅耳导出的阴影外侧的衍射暗纹分布公式，必须知道激光笔发出光波的波面半径。尚进想，按照几何光学来测量在激光笔发出的光照下不同距离物体投影尺寸的变化，应该就能算出照明光波面半径了。很快，他从爷爷的工具箱中取出手摇钻，在一个卡片上用手摇钻开了两个小孔。看着这两个孔，他高兴地想，只要记录下不同位置小孔衍射图中心间隔的变化，不难确定照明光的波面半径。

图6-7是他设计的照明光波面半径测试的实验研究图。图中，激光笔出光口到物平面的距离 $d_0=1000\text{mm}$，观测平面到物平面的距离分别是 $d_1=1000\text{mm}$，$d_2=2000\text{mm}$，$d_3=3000\text{mm}$，$d_4=4000\text{mm}$，尚进用附有标尺的白纸板作为接收屏，手机对每一衍射图像拍照，并按照照片中标尺在图像中的像素数，测得物体及物体投影的双孔中心距离分别是 $s_0=10.03\text{mm}$，$s_1=21.02\text{mm}$，$s_2=31.86\text{mm}$，$s_3=42.88\text{mm}$，$s_4=53.36\text{mm}$。

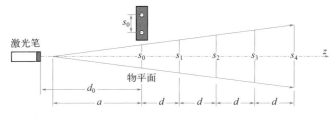

▲ 图6-7　照明光波面半径的几何光学测试

显然，按照几何光学理论，等效点源到物平面的距离a可以分别写为：

$$\frac{a+d}{s_1} = \frac{a+4d}{s_4} \rightarrow a = \frac{4s_1 - s_4}{s_4 - s_1} d = 949.91\text{mm}$$

$$\frac{a+d}{s_1} = \frac{a+3d}{s_3} \rightarrow a = \frac{3s_1 - s_3}{s_3 - s_1} d = 923.15\text{mm}$$

$$\frac{a+d}{s_1} = \frac{a+2d}{s_2} \rightarrow a = \frac{2s_1 - s_2}{s_2 - s_1} d = 939.11\text{mm}$$

$$\frac{a+d}{s_1} = \frac{a}{s_0} \rightarrow a = \frac{s_0}{s_1 - s_0} d = 912.65\text{mm}$$

"几个公式得到的结果怎么有这么大的差异？"尚进大为纳闷。他仔细检查，每一次测量均无问题，无奈之下，取其数值的平均值$a = 931.2\text{mm}$作为物平面的波面半径。由于实验中很难确定钢丝投影的边界，尚进觉得可以按照几何光学来计算边界位置，利用公式（6-2），衍射暗纹到投影中心的距离x_{nc}可以重新写为：

$$x_{nc} = \sqrt{\frac{2n\lambda b(a+b)}{a}} + \frac{c}{2} \times \frac{a+b}{a} \tag{6-7}$$

只要测量出图6-6中阴影两边对应级次暗纹间隔除以2就可以用x_{nc}考查公式（6-2）了。表6-2是他以2.07mm直径钢丝为光阑的考查结果。

"怎么实验测量总体偏小呢？"尚进有些困惑。他仔细检测波面半径测量的数据，没有发现错误。

表6-2　直径2.07mm钢丝投影中心到各级衍射暗纹距离的理论计算与实验测量的比较

衍射距离b /mm	1级暗纹 /mm		2级暗纹 /mm		3级暗纹 /mm	
	公式（6-7）	实验测量	公式（6-7）	实验测量	公式（6-7）	实验测量
2000	6.092	5.422	7.266	6.543	8.167	7.382
误差	0.670		0.723		0.785	

衍射距离 b /mm	1级暗纹 /mm		2级暗纹 /mm		3级暗纹 /mm	
3000	公式（6-7）	实验测量	公式（6-7）	实验测量	公式（6-7）	实验测量
	8.389	7.251	10.055	8.905	11.332	10.004
误差	1.138		1.15		1.328	
4000	公式（6-7）	实验测量	公式（6-7）	实验测量	公式（6-7）	实验测量
	10.680	9.461	12.833	11.698	14.486	12.945
误差	1.219		1.135		1.541	
5000	公式（6-7）	实验测量	公式（6-7）	实验测量	公式（6-7）	实验测量
	12.967	11.557	15.608	14.342	17.634	16.139
误差	1.410		1.266		1.495	

6.5　学姐的帮助

正当尚进还在苦思冥想时，爷爷敲门进屋了："喂！你可是两个小时没出门了，一直待在电脑前对身体不好。"

"好的，爷爷，很抱歉，我没想到时间过得这么快。"尚进赶快回答。

"你看，我和你奶奶昨天到商场给你买了一个定时铃，你自己动手可以设定响铃时间。你每次看书或用电脑不得超过1小时，最好设计成45分钟，快起来走动一下！"

尚爷爷接着又说："你爸妈工作忙，让你到爷爷奶奶家住几天，一是让我们管住你，当心你成天坐在电脑前伤了眼睛，二则希望你能陪着我们到外面走走。如果让你这样下去，我们可就失职了。"

带着一丝歉意，尚进赶快回答："好的，好的，我们下午去一趟乐山吧，几天没出门，我也真得放松一下头脑了。"接着他又说："爷爷，这两天的努力很有成效，但也有问题没有解决。一会儿我向你们汇报这两天的学习成果。"

参观乐山大佛之行不但让尚进履行了爸爸妈妈交给他陪同爷爷奶奶外出郊游的任务，而且去的路上他还向爷爷奶奶大致介绍了学习成果。特别让尚进意外惊喜的是他们在观光大佛的旅游船上遇到以前的老邻居——在四川大学物理学院任教的彭叔叔。当彭教授知道尚进在用菲涅耳波带法研究"泊松斑纹"时，对尚进褒奖后说："我们物理学院用的是郭永康老师的《光学》教材，书中对菲涅耳波带法也进行了较详细的讨论，可以作为参考。至于球面波照明为什么也能得到沿横向均匀分布的'泊松斑纹'问题，我想，可以让我家小彭给你较详细的回答。"

原来彭教授的女儿彭颖是昆明理工大学光学专业的硕士研究生，寒假刚好在家。彭教授很想借此问题考查一下女儿的水平。

通过微信，尚进得到了彭颖的帮助。彭颖就球面波照明能等价于平面波照明的计算问题给出了下面的回答。

按照菲涅耳衍射积分，若初始平面光波场为 $U(x_0, y_0, 0)$，经过距离 d 的传播后，观测平面的光波场表示为：

$$U(x, y, d) = \frac{\exp(\mathrm{j}kd)}{\mathrm{j}\lambda d}$$

$$\times \int_{-\infty}^{\infty} \int_{-\infty}^{\infty} U(x_0, y_0, 0)\exp\left\{\frac{\mathrm{j}k}{2d}\left[(x - x_0)^2 + (y - y_0)^2\right]\right\}\mathrm{d}x_0\mathrm{d}y_0$$

若 $U(x_0, y_0, 0)$ 是振幅为 $U_0(x_0, y_0)$、波面半径为 d_0 的球面波，上式可以写为：

$$U(x, y, d) = \frac{\exp(\mathrm{j}kd)}{\mathrm{j}\lambda d}$$

$$\times \int_{-\infty}^{\infty} \int_{-\infty}^{\infty} U_0(x_0, y_0)\exp\left[\frac{\mathrm{j}k}{2d_0}(x_0^2 + y_0^2)\right]\exp\left\{\frac{\mathrm{j}k}{2d}\left[(x - x_0)^2 + (y - y_0)^2\right]\right\}\mathrm{d}x_0\mathrm{d}y_0$$

将积分式中的e指数函数的幂指数合并，令 $M = \dfrac{d}{d_0} + 1$，通过运算可以得到衍射场强度（见本章附录）：

$$|U(x,y,d)|^2 = \left(\frac{1}{\lambda d}\right)^2 / M^4 \times \left| \int_{-\infty}^{\infty} \int_{-\infty}^{\infty} U_0\left(\frac{x_1}{M}, \frac{y_1}{M}\right) \exp\left\{\frac{jk}{2dM}\left[(x_1 - x)^2 + (y_1 - y)^2\right]\right\} dx_1 dy_1 \right|^2$$

因此，波面半径为d_0的球面波照明的衍射场强度计算，可以等价于衍射距离及物体宽度均放大M倍的平面波照明的衍射计算。

你测量照明光波面半径的方法是存在问题的。关于激光光束的特性，有许多专著都对它进行过认真讨论。如何进行激光束波面半径的测量，今后我会再向你介绍。但是，你发来的菲涅耳衍射条纹分布公式（6-2）我还是第一次看到，由于式中的a即为照明光的波面半径，按照这个公式，可以将波面半径表示为：

$$a = \frac{b}{\left[\dfrac{x_n - x_1}{\left(\sqrt{n} - 1\right)\sqrt{2\lambda b}}\right]^2 - 1}$$

由于实验测量有误差，可以用4～5级暗纹的测量结果取平均值。我想，你先按此进行测量，我会抽空将激光专著中测量波面半径的方法再发给你，比较一下两种方法哪种更好。

得到上述微信，尚进大为兴奋，也有一丝惭愧："我真傻！为什么自己没有想到公式（6-2）就能测量照明光的波面半径呢？"但他转念一想："对于衍射场的强度测量，将球面波照明等价于一个新的衍射距离的平面波照明不会有问题。我得将这个好消息告诉小郝，他不是还想导出球面波照明时圆孔衍射的半波带法计算公式吗？"很快，他将彭颖发来的微信转给了郝思。

接到师兄微信的郝思大为高兴，他立即中止了球面波照明时圆孔衍射繁杂的半波带法数学公式的推导，认真整理已经导出的平面波照明公式，开始编写程序。

尚进则按照彭师姐提供的激光束波面半径的测量方法，利用表6-2的实验数据重新确定了实验时的激光波面半径是994.78mm。按照新得到的波面半径，表6-3给出了直径c=2.07mm钢丝投影中心到各级衍射暗纹距离的菲涅耳的直边衍射条纹公式（6-7）理论计算与实验测量的比较。

表6-3 公式（6-7）理论计算与实验测量的新比较

衍射距离 b /mm	1级暗纹 /mm		2级暗纹 /mm		3级暗纹 /mm	
2000	公式（6-7）	实验测量	公式（6-7）	实验测量	公式（6-7）	实验测量
	5.530	5.422	6.629	6.543	7.472	7.382
误差	0.108		0.086		0.090	
3000	公式（6-7）	实验测量	公式（6-7）	实验测量	公式（6-7）	实验测量
	7.531	7.251	9.078	8.905	10.265	10.004
误差	0.280		0.173		0.261	
4000	公式（6-7）	实验测量	公式（6-7）	实验测量	公式（6-7）	实验测量
	9.524	9.461	11.515	11.698	13.042	12.945
误差	0.063		−0.183		0.097	
5000	公式（6-7）	实验测量	公式（6-7）	实验测量	公式（6-7）	实验测量
	11.514	11.557	13.946	14.342	15.813	16.139
误差	−0.043		−0.396		−0.326	

尚进将表6-3与表6-2对比后发现，暗纹分布的绝对误差明显减小了，说明原先用几何光学测量波面半径的方法的确是有问题的。但无论如何，通过这几天的努力能够取得理论计算与实验测量如此接近的结果，让他大为欣慰。

附录　球面波照明下的菲涅耳衍射积分运算

若 $U(x_0, y_0, 0)$ 是振幅为 $U_0(x_0, y_0)$、波面半径为 d_0 的球面波，菲涅耳衍射积分可以写为：

$$U(x, y, d) = \frac{\exp(jkd)}{j\lambda d}$$

$$\times \int_{-\infty}^{\infty} \int_{-\infty}^{\infty} U_0(x_0, y_0)\exp\left[\frac{jk}{2d_0}(x_0^2 + y_0^2)\right]\exp\left\{\frac{jk}{2d}\left[(x - x_0)^2 + (y - y_0)^2\right]\right\} dx_0 dy_0$$

将积分式中的 e 指数函数的幂指数合并，并进行配方运算。关于 x 方向的配方运算涉及：

$$\frac{1}{d_0}x_0^2 + \frac{1}{d}(x - x_0)^2 = \left(\frac{1}{d_0} + \frac{1}{d}\right)x_0^2 - \frac{2}{d}xx_0 + \frac{1}{d}x^2$$

$$= \frac{1}{d\left(\dfrac{d}{d_0}+1\right)}\left(\left(\left(\frac{d}{d_0}+1\right)x_0 - x\right)^2 + \frac{x^2}{(d+d_0)}\right)$$

对 y 方向做类似的讨论，令 $M = \dfrac{d}{d_0}+1$，引入变量变换 $Mx_0 = x_1$，$My_0 = y_1$，菲涅耳衍射积分变为：

$$U(x,y,d) = \frac{\exp(jkd)}{j\lambda d}/M^2 \times \exp\left[\frac{jk}{d_0+d}(x^2 + y^2)\right]$$

$$\times \int_{-\infty}^{\infty}\int_{-\infty}^{\infty} U_0\left(\frac{x_1}{M}, \frac{y_1}{M}\right)\exp\left\{\frac{jk}{2dM}\left[(x_1 - x)^2 + (y_1 - y)^2\right]\right\}\mathrm{d}x_1\mathrm{d}y_1$$

衍射场的强度则为：

$$|U(x,y,d)|^2 = \left(\frac{1}{\lambda d}\right)^2/M^4 \times \left|\int_{-\infty}^{\infty}\int_{-\infty}^{\infty} U_0\left(\frac{x_1}{M}, \frac{y_1}{M}\right)\exp\left\{\frac{jk}{2dM}\left[(x_1 - x)^2 + (y_1 - y)^2\right]\right\}\mathrm{d}x_1\mathrm{d}y_1\right|^2$$

半波带法及菲涅耳微波元法计算研究

—

200多年来，菲涅耳提出的衍射问题的半波带法计算被国内外物理光学专著及教材广泛引用。然而，对于复杂形状的衍射孔径，采用半波带法计算衍射十分困难。本章以圆孔衍射计算为例，给出半波带法计算结果。通过理论计算与实验测量的比较，对半波带法计算衍射存在的问题做简要讨论。最后，基于现代计算机技术及菲涅耳1818年获奖论文提出的衍射积分，介绍衍射场强度的菲涅耳微波元计算法，并给出实验证明。

7.1 圆孔衍射的半波带法计算

自从得到彭颖师姐关于球面波照明的菲涅耳衍射场强度计算，可以等效于另一衍射距离的平面波照明的菲涅耳衍射场强度计算的回答后，尚进和郝思均极为高兴。因为将照明光视为平行光，他们费尽心力导出的半波带法计算圆孔衍射的数学公式立刻变得有实际意义了。还让他们高兴的是，尚爷爷也对他们推导的数学公式进行了认真核对，觉得没有问题。尚爷爷也很想看看用这么繁杂的数学公式能够算出点什么新奇的结果。

通过两天的努力，尚进和郝思互相配合，用MATLAB软件将程序编写成功了。为庆祝这个成功，他们将其称为"半波带法准确计算"。为与先前尚进所编写的只计算初始波带及最后一个波带程序的近似计算相比较，他们用图7-1 ～

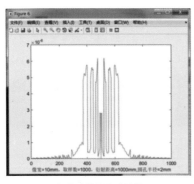
(a) 半波带法准确计算

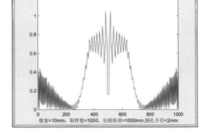
(b) 半波带法近似计算

▲ 图7-1 衍射距离1000mm时两种计算的衍射场轴上强度的比较

(a) 半波带法准确计算

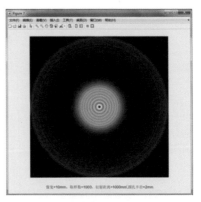
(b) 半波带法近似计算

▲ 图7-2 衍射距离1000mm时两种计算的衍射场强度分布的比较

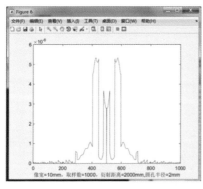

(a) 半波带法准确计算

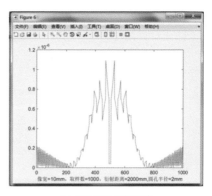

(b) 半波带法近似计算

▲ 图7-3　衍射距离2000mm时两种计算的衍射场轴上强度的比较

(a) 半波带法准确计算

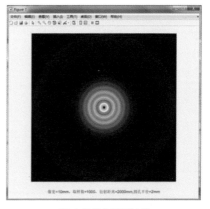

(b) 半波带法近似计算

▲ 图7-4　衍射距离2000mm时两种计算的衍射场强度分布的比较

图7-4给出平面波照明下衍射距离分别为1000mm及2000mm计算图像的比较。计算参数是：激光波长λ=0.000532mm，圆孔半径2mm，观测区域宽度10mm。

7.2　圆孔衍射的半波带法计算结果分析

两种计算竟然有如此大的差异？他俩通过认真讨论后一致认为，只考虑初始波带及最后一个波带的近似计算无疑是不对的，因为在衍射斑外出现随着距中心距离增加而强度增加的衍射场有悖常理。对于考虑了所有波带的"半波带法准确计算"程序也存在问题，因为尚进在家确定激光笔发出的发散光波面半径时，曾经在不同衍射距离记录下激光笔照射的两个圆孔的衍射图已经看到过实际圆孔衍射图像。圆孔衍射斑是一序列强度连续变化的同心圆，他们辛苦编程的"半波带法准确计算"并不准确。

带着浓厚兴趣的尚进爷爷看到计算结果后，也觉得有问题。经过认真思索后，尚爷爷对尚进说道："大孙子，看你们挺辛苦的，我觉得首先应考查程序是否编写正确。我有一个建议，计算一个观测点必须计算大量的不同形状的半波带，但无论如何，计算结束后所有半波带面积之和应该是圆孔面积。你们不妨在程序中加入这个考查功能，看看每一点的计算涉及的半波带是否都用上了。"

"哇！爷爷太厉害了，我怎么没想到这一点。"尚进抓着脑袋回答。

尚进谢过爷爷后立即与郝思接通电话："老弟！爷爷给我们提了一个很好的建议……"

郝思听后，也觉得应该补充上这个验证计算。很快，两人都得到了结果。每一观测点计算时涉及的总面积差异极小，其数值均邻近 πr^2，说明程序基本可靠。

郝思仔细考虑后给尚进说："我想，我们的准确计算不可能准确。半波带法事实上是将整个半波带到观测点的距离视为相同，实际上，半波带内的点到观测点的距离必然有差异，如果我们按照赵建林老师《光学》教材中说的办法去做，将半波带分解为更细的波带，让相邻细波带到观测点的距离之差比半个波长小很多，例如让它们之差是十分之一波长，这样应该能够得到强度平滑变化的衍射斑。"

"很赞同！这一定能得到平滑变化的结果，只是得再认真动脑筋修改程序了。再加把劲！我们共同努力，有问题再讨论。"尚进如此回答。

与郝思通话后，尚进心头突然浮现出一个新想法："用复杂的数学表达式细分波带，为的是得到一序列非常狭窄的到达观测点的距离相等的波带，程序的编写不但更繁杂，而且计算时间将会显著加长。按照同样的物理概念，不妨将圆孔视为大量微小方孔的拼接体，计算每一小方孔中心到观测点的距离非常简单，这是惠更斯原理的一种近似数学表示，应该能够获得便于编程计算的好结果。"

7.3 衍射场强度的菲涅耳微波元计算法

事不宜迟，有了这个想法后，为能动手编写程序，尚进立刻用数学语言认真地表达了他的计算及编程思想。

他仍然将光阑平面圆孔中心作为坐标原点，将圆孔放在宽度 $L=2r$ 的方形区内，选择较大的数N，方形区变为$N \times N$个边长为L/N的方形面元的集合。计算时，若(x_u, y_v) $(u, v = 1, 2, \cdots N)$为面元中心坐标，只要将中心落在圆外的小面元面积视为0，中心落在圆内的为方形面元面积，就能较好地模拟圆孔发出的光对观测点的贡献。

由于圆对称性，只需对观测平面上沿x轴正向的点$(x_p, 0, b)$进行计算，考虑到振幅数值与距离面元的距离$\sqrt{(x_p - x_u)^2 + y_v^2 + b^2}$成反比，强度$I(x_p, 0, b)$可以近似表示为求和运算，即：

$$I(x_p, 0, b) =$$

$$\left[\frac{L^2}{N^2} \sum_{u=1}^{N} \sum_{v=1}^{N} S_r(x_u, y_v) \frac{\cos\left(\frac{2\pi}{\lambda}\sqrt{(x_p - x_u)^2 + y_v^2 + b^2}\right)}{\sqrt{(x_p - x_u)^2 + y_v^2 + b^2}} \right]^2$$

$$+ \left[\frac{L^2}{N^2} \sum_{u=1}^{N} \sum_{v=1}^{N} S_r(x_u, y_v) \frac{\sin\left(\frac{2\pi}{\lambda}\sqrt{(x_p - x_u)^2 + y_v^2 + b^2}\right)}{\sqrt{(x_p - x_u)^2 + y_v^2 + b^2}} \right]^2$$

（7-1）

式中，

$$S_r(x_u, y_u) = \begin{cases} 1 & x_u^2 + y_u^2 \leqslant r^2 \\ 0 & x_u^2 + y_u^2 > r^2 \end{cases}$$

（7-2）

仔细分析上式后，尚进觉得没有问题。他想，上式的计算得到结果后，很容易通过程序综合出二维平面的衍射场强度分布。由于这种计算是基于惠更斯-菲涅耳原理获得的，计算机编程非常方便。"如果当年菲涅耳有计算机，那一定会这样求解！"尚进觉得不妨将该计算方法称为菲涅耳微波元法。

7.4 菲涅耳微波元法的初次实验证明

"实践是检验真理的唯一标准。"尚进编写好程序后，觉得应先做实验进行验证。不妨再认真地做一次圆孔衍射实验，如果得到实验证明，可以给郝思一个惊喜。

于是，他立即用手摇钻在一卡片上打了圆孔，附上标尺，拍了照片。按照图像像素测量得到圆孔的半径是$r=2.30$mm。

按照图7-5所示光路，$d_0=d=1000$mm。尚进用打孔卡片作为物平面光阑，依次在 $s_1\sim s_5$ 的位置放上附了标尺的接收屏进行实验，用手机拍摄了每一位置的衍射图像。

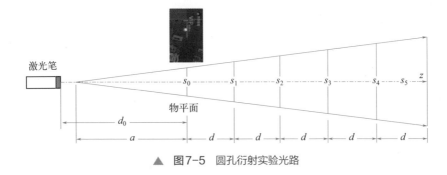

▲ 图7-5 圆孔衍射实验光路

为能让郝思编程的计算结果及时与实验对比，他立即将实验照片发给郝思，并附言道："郝老弟，我已经做了圆孔衍射实验，为便于今后与理论计算相比较，现发给你。期望修改后的程序能与实验对上号。"

发完微信，尚进立即利用公式（7-1）进行程序的编写。他采用彭师姐提供的球面波照明转换为平面波照明的计算方法，很快，菲涅耳微波元法的程序便完成了（见本书附录中的程序LM1.m）。计算时，他采用曾经用菲涅耳直边衍射条纹公式测量的照明光波面半径 $a=994.78$mm，其余参数是：光波长 $\lambda=0.000532$mm，圆孔半径 $r=2.30$mm，计算平面宽度 $L_0=40$mm。根据给定的衍射距离 b，他在程序中设放大率 $M=\dfrac{b}{a}+1$，让等效的圆孔半径 $r_b=Mr$，等效衍射距离 $d=Mb$。计算完成后，在实验拍摄的图像中截取40mm宽度区域的图像，得到的比较结果如图7-6所示。为便于考查结果，每一子图中标注了平面波计算时的等效圆孔半径 r_b 及等效衍射距离 d。

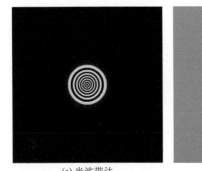

(a) 半波带法　　　　　　　(b) 实验拍摄图　　　　　　　(c) 微波元法
（i）$b=2000$mm，$d=6020.9$mm，$r_b=6.924$mm，图像宽度40mm

(a) 半波带法 (b) 实验拍摄图 (c) 微波元法

(ii) $b = 3000$mm, $d = 12047.0$mm, $r_b = 9.236$mm, 图像宽度40mm

 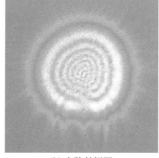 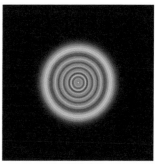

(a) 半波带法 (b) 实验拍摄图 (c) 微波元法

(iii) $b = 4000$mm, $d = 20083.6$mm, $r_b = 11.548$mm, 图像宽度40mm

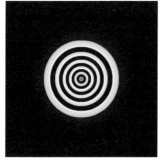 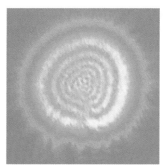 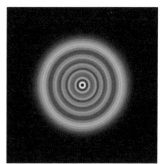

(a) 半波带法 (b) 实验拍摄图 (c) 微波元法

(iv) $b = 5000$mm, $d = 30130.7$mm, $r_b = 13.860$mm, 图像宽度40mm

▲ 图7-6 不同衍射距离圆孔衍射的两种理论计算与实验测量的比较

　　虽然自制的小孔不圆，但这个比较结果说明将球面波照明转换为平面波照明后的菲涅耳微波元法是正确的，尚进有些兴奋。很快，他整理了上述图像，形成文件发给郝思后，立即与郝思接通了电话。

　　接电话的郝思正为精细分割波带的圆孔衍射计算程序老调不通而弄得一头雾

水，当他明白师兄给他发的图像是如何得到时，给师兄的回话是："老兄，真是一个大惊喜！但你也是一个十足的、大大的坏蛋！为什么不早点告诉我你的想法？让我还在费尽心力地折腾这个复杂细分波带的程序。看来真没必要再去折腾了，你的聪明才智真让我嫉妒！"

"抱歉！抱歉！老弟莫生气。虽然我觉得我的这个突发奇想似乎是对的，但一切都得经过实验证明。因此，我先认真做了实验，然后再编程。如果实验证明我的想法有错，老弟做的程序就可以用上了。"

郝思事实上并未生气，听了尚进的解释后回答道："你用菲涅耳直边衍射条纹公式测量波面半径的方法应该没错，理论计算获得如此好的结果。我想，真得谢谢你的彭师姐。"

"好的，我会将现在的理论计算与实验测量的比较整理好后发给她，并致谢。"

放下电话，郝思仔细思考了尚师兄的"菲涅耳微波元法"，觉得可以将尚进发给他的公式重新改写一下，便能适用于任意形状的透光孔的衍射场强度计算。那就是将任意形状孔的透光性质用函数 $S_r(x,y)$ 来表示，对于观测平面上的点 (x_p, y_p, b)，其衍射场强度 $I(x_p, y_p, b)$ 按照下式表示：

$$I\left(x_p, y_p, b\right) =$$

$$\left[\frac{L^2}{N^2}\sum_{u=1}^{N}\sum_{v=1}^{N} S_r(x_u, y_v)\frac{\cos\left(\frac{2\pi}{\lambda}\sqrt{(x_p-x_u)^2+(y_p-y_u)^2+b^2}\right)}{\sqrt{(x_p-x_u)^2+(y_p-y_u)^2+b^2}}\right]^2$$

$$+\left[\frac{L^2}{N^2}\sum_{u=1}^{N}\sum_{v=1}^{N} S_r(x_u, y_v)\frac{\sin\left(\frac{2\pi}{\lambda}\sqrt{(x_p-x_u)^2+(y_p-y_u)^2+b^2}\right)}{\sqrt{(x_p-x_u)^2+(y_p-y_u)^2+b^2}}\right]^2$$

（7-3）

他将这个公式发给尚进，尚进看过后完全赞同，并建议郝思用这个公式编程计算一个复杂孔的衍射图。

为考查任意形状孔的计算，郝思基于图像处理软件设计了一个"龙"字的黑白图案。他令图像宽度 $L=20mm$，取样数 $N=200$，照明光是波长 $\lambda=0.000532mm$ 的平面波，衍射距离分别是1000mm、1500mm、2000mm、2500mm及3000mm，执行程序后，让他万万没有想到的是，得到图7-7所示的结果。

初始平面图像，宽 = 20mm，取样数 N = 200

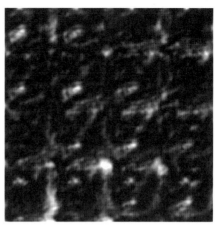

图像宽 = 20mm，N = 200，衍射距离 = 1000mm

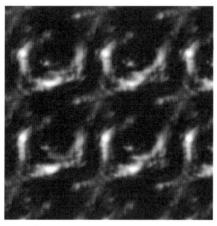

图像宽 = 20mm，N = 200，衍射距离 = 1500mm

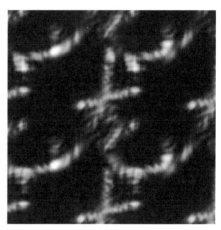

图像宽 = 20mm，N = 200，衍射距离 = 2000mm

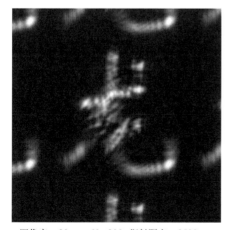

图像宽 = 20mm，N = 200，衍射距离 = 2500mm

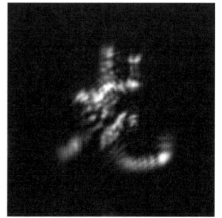

图像宽 = 20mm，N = 200，衍射距离 = 3000mm

▲ 图7-7 "龙"字透光孔及不同距离衍射的微波元法计算图像

这些计算结果让郝思大为纳闷，除了衍射距离3000mm的那幅图像有一定的可信度外，其余的衍射图难以置信。

百思不得其解后，他将程序发给尚师兄，两人仔细多次检查，确认程序无误。由于无法解释理论计算结果，尚进建议："我爷爷的工具箱里有刻刀，我在家刻一个字先做实验吧，实践是检验真理的唯一标准，看看究竟能得到什么结果。另外，我想再请教一次彭师姐，也许她能给个答案。"

认真整理他们所遇到的问题后，尚进给彭颖发了微信："师姐好！不好意思又来打扰。感谢上次您给我的解答。我和我的一个师弟对衍射计算很有兴趣，但我们都是初学者，又遇到我们解决不了的问题了，我将问题整理在附件中，期望能再次得到您的帮助。"

7.5　彭师姐的回答

尚进收到彭颖的回信是两天以后。事实上，他们提出的问题也让彭颖为难。彭颖是昆明理工大学本科毕业因学习优秀被直接保送读研究生的。虽然她本科曾学习过激光原理及信息光学，研究生学习期间主要从事衍射计算及数字全息研究，但衍射计算已经习惯用FFT完成。由于一时得不到答案，她向父亲讲了尚进遇到的问题……

彭教授听到两位年轻人正用半波带法计算圆孔衍射后，忽然哈哈一笑，对女儿说道："你到我屋里来，我给你看一本书。"

不一会儿，彭教授从自己书架上将找到的书给了女儿。彭颖一看，是郭永康教授主编的《光学》教材（图7-8）。

彭教授接着说："郭永康是我们川大物理学院的老教授，我用这本教材上过课。其中讲了菲涅耳半波带法。记得用半波带法计算圆孔衍射时，书中有那么一段话：从原则上讲，我们可以对圆孔内的那些半波带面积进行计算，从而得到它们对观测点振动的贡献。然而这是十分麻烦的，而且用处也不大……"

很快，肖教授和女儿一起在书中找到这段话。

彭教授说道："记得当年我上光学课看到郭永康老师书中这段话时，曾经想让学生去做一下计算。有几个学生做过，但给我的回答都说太繁杂，也没有编写程序去与实验对比。老尚的这个孙子还不错，有很好的学习精神，是可造之才。他说的微波元法计算很有意思，应该能够很好地解决半波带法难以计算的衍射问题。但是，为了能与菲涅尔衍射积分的FFT计算做定量比较，对于衍

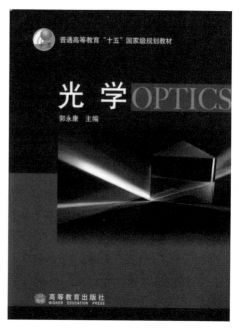

▲ 图7-8 《光学》教材封面

射场强度的计算，在计算公式前要除光波长的平方。"（见本书附录中的程序LM2.m）

"是的，他还真会动脑筋！"

彭颖回答后说道："但事实上，微波元法与现在数字全息3D显示的点源法相似，昆明理工大学我的一位师兄在做这方面的研究，只不过点源法计算的是从3D物体表面点发出的光波的复振幅，还考虑了光波的振幅和相位……"

彭教授沉思后说道："关于他们采用的微波元法计算遇到的问题，我也考虑一下。现在，衍射计算都基本用FFT了，他得到的这些图像很像FFT计算时频率空间的频谱混叠，估计与计算时面元的取样宽度有关系。另外，光束波面半径的测量可以通过平面波与光束干涉条纹的测量完成，但这必须在实验室才能完成。你给小尚介绍的测量是否可靠，还得认真研究。"

彭教授对上一次女儿彭颖能为尚进解答问题曾十分欣慰，他相信这类问题让女儿去补充点新知识后也可以解决。

为给女儿节省一点时间，彭教授对女儿说："关于激光笔发出光波的波面半径的测量，应认真了解激光光束的特性，在你本科的"激光原理"这门课中专门讲述过。估计你将激光光束特性的知识忘记了，应该去复习一下。现在我再给你看一本书，其中对激光谐振腔、激光束特性以及激光束波面半径的测试有简明的介绍，此外，对于FFT计算时的频谱混叠也做了较细致的分析，可以作为参考。"

很快，彭教授从书架上找到了这本书（图7-9）[1]。

彭颖接过父亲的书一看："哟！老爸，这是我们昆明理工大学李老师出版的书啊！我还没有见到过。我们研究生现在主要看的是李老师及熊老师编著的《信息光学教程》第2版。"

"是的，这本书现在已经很难找到了，20年前这本书出版时，因是国内第一部较系统地讨论衍射数值计算的专著，第一次印刷的书不到3个月便销售一空。那时，我们川大物理学院的年轻教师及研究生买了不少，我也认真读过。我们学院的郭永康教授2003年在美国旧金山召开的一次国际全息会议上认识李老师后，请李老师来我们川大做过好多次讲座，我通过参加讲座也认识了李老师。"

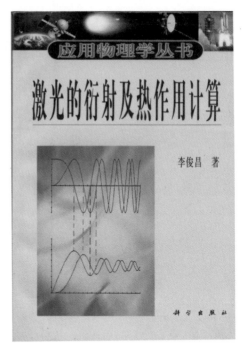

▲ 图7-9 《激光的衍射及热作用计算》封面

彭教授接着说："你现在读研究生，应该扩展自己的知识面，虽然你学位研究的选题是彩色数字全息检测，小尚给你提出的问题似乎不直接与你的研究相关，但对你是一个考验。你硕士毕业后，无论参加工作还是继续读博士，都会遇到新问题，要学会自己查找相关资料去解决问题。"

为能让女儿尽快了解相关内容，彭教授接着又说："关于激光束波面半径的测量，我从李老师那里知道，他曾经基于他导出的直边衍射条纹的间距公式，发表过一篇测量激光波面半径的论文，他将这个研究成果写在书中了。你先看看书中高斯光束特性及方孔菲涅耳衍射部分，有问题我和你一起讨论。"

通过两天的努力，对于激光束波面半径的测量，彭颖得到了答案。其间，为验证她的回答是否可靠，她不但让尚进发来在不同距离放置接收屏用手机拍摄激光笔发出的光束强度图像，而且让尚进发来用激光笔进行实验的不少图像，例如钢丝及圆孔在不同距离的衍射斑。为确认她的解答是否妥当，她将发给尚进的微信内容先给父亲看。全文如下：

小尚，谢谢你对我的信任，关于你们遇到的微波元法计算的问题，容我再仔细看看你们的程序再回答。下面是我对你提出的测量激光束波面半径问题的新回答，供参考。

由激光笔出来的激光是经过激光谐振腔出射的光束，不同结构的谐振腔会有不同的模式输出，但都不会是理想的平行光。从你给我发来的光束图像上看，可以近似为基横模高斯光束讨论。在直角坐标系 xyz 中，基横模高斯光束由下式定义[1]：

$$U(x,y,z) = \exp\left(-\frac{x^2+y^2}{w^2(z)}\right)\exp\left[j\frac{k}{2\rho(z)}(x^2+y^2)\right] \tag{7-4}$$

式中，$j=\sqrt{-1}$；$k=2\pi/\lambda$，λ 是光波长，它表示的是一个沿 z 轴传播的球面波，球面波的波面半径为 $\rho(z)$，球面波的振幅是半径为 $w(z)$ 的高斯分布，波面半径和光束半径均为坐标 z 的函数。波面半径 $\rho(z_0)=\infty$ 对应于光束半径的极小值，通常用 w_0 表示，该位置称为高斯光束的光腰。选择合适坐标让 $z_0=0$，并令 $z_0=\frac{\pi w_0^2}{\lambda}$，高斯光束半径随 z 坐标的变化可以写为双曲线方程的形式：

$$\frac{w^2(z)}{w_0^2}-\frac{z^2}{z_0^2}=1 \tag{7-5}$$

下面是高斯光束半径随传播距离 z 变化的示意图（图7-10）。

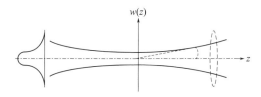

▲ 图7-10　高斯光束半径随传播距离 z 变化的示意图

你使用的激光笔发出的光就是这样的光束，因此，你先前按照几何光学来设计实验测量给定位置的波面半径$\rho(z)$是得不到正确结果的。激光笔上的那个可以调节输出光束发散角的镜头实际上是一个焦距较小的透镜。激光笔厂家将这个镜头（图7-10中虚线）放在激光笔的激光谐振腔出光口前，如果透镜左边焦点刚好与激光光腰重合，穿过透镜的光将在无穷远处成光腰的像，事实上透过镜头的就是一束平行度极高的光，用来作指示光。你实验时旋转镜头事实上是让这个透镜往右移。由于透镜左边焦点随透镜右移后，在透镜右边焦点后某一位置则会形成放大的光腰的像。因透镜焦距较小，透镜右方焦点后则明显形成发散光。由于实验时的激光并不是你设想的从某一点光源发出的球面光波，所以，你用几何光学的概念来测量物平面照明光的波面半径是不准确的。

上一次我给你们的微信中，曾经说过用菲涅耳导出的直边衍射条纹公式来测量波面半径，你们已经取得较好的测量结果。但是，昆明理工大学李老师1986年导出过球面波照明的直边衍射条纹的间距公式，该公式发表在当年法国的《应用物理评论》期刊上[2]。究竟该公式与菲涅耳导出的公式哪一个更准确，我没有进行过实验比较。但是，李老师基于所导出的公式于1993年用于激光波面半径的测试，相关论文也在法国的《光学》杂志发表了[3]。虽然这两篇文章都是用法文写的，但利用该公式测量激光束波面半径的研究已经写在他发表的《激光热处理优化控制研究》一书中[4]。你们不妨比较一下哪种方法较好。李老师导出的公式如下：

若波面半径为R，衍射距离为d，从半无限大物的几何投影边界算起，第n个衍射亮纹到投影边界的距离为：

$$D_{\max}(n) = \frac{\sqrt{2n+1}+\sqrt{2n+1/2}}{2}\sqrt{\lambda d\left(\frac{d}{R}+1\right)} \qquad (7\text{-}6)$$

$$(\,n=0,1,2,\cdots\,)$$

第n个衍射暗纹到投影边界的距离为：

$$D_{\min}(n) = \frac{\sqrt{2n+2}+\sqrt{2n+3/2}}{2}\sqrt{\lambda d\left(\frac{d}{R}+1\right)} \qquad (7\text{-}7)$$

$$(\,n=0,1,2,\cdots\,)$$

你用钢针作为障碍物测量的是衍射条纹的暗纹到物体投影中心的距离。虽然你实验研究的不是半无限大体，但上面这个公式应该近似成立。由于物体的几何投影边界不容易在衍射图上确定，但第n个衍射暗纹与零级暗纹间隔$d_{\min}(n)$是容易测量的。按照上式有：

$$d_{\min}(n) = \left(\frac{\sqrt{2n+2} + \sqrt{2n+3/2}}{2} - \frac{\sqrt{2} + \sqrt{3/2}}{2} \right) \sqrt{\lambda d \left(\frac{d}{R} + 1 \right)} \qquad (7\text{-}8)$$

上式中只有R是未知数，建议你们按照上式采用以前的实验结果来确定照明光的波面半径，期望能得到满意的结果。以上讨论涉及李老师所写的两本书，我标为参考文献，若有问题，我们再联系。

彭教授很高兴地在计算机前和女儿一起仔细看了女儿两天来的学习结果。他对女儿说："我还没有看到过李老师1995年的这本书呢。你怎么找到的？"

"我上网读的。"彭颖回答后接着说："这本《激光的衍射及热作用计算》让我回想起以前学习的高斯光束的传播特性知识，书中的球面波直边衍射实验一节给出了高斯光束波面半径及利用公式测量波束半径的理论研究与实验测量的比较，其中引用了李老师1995年出版的《激光热处理优化控制研究》一书的实验结果。因此，我上网找到这本书并在网上阅读了。"

"不错！不错！现在充分利用互联网获取知识是进行科研的必要手段。"彭教授对女儿的学习方法及认真的探索精神大为满意。

彭教授接着又说："关于微波元法计算中出现的问题，我认真考虑过，这种计算事实上是将物平面上的光场分布用一定间隔的取样点来表示。我用你给我的程序计算过，当取样间隔变小后，近距离的衍射计算也可以得到正确的结果。例如，在衍射距离为1500mm时，我将取样数增加一倍，得到了与FFT计算完全一致的图像，只是计算时间显著加长了。你不妨上机试一下。我觉得，通过理论研究，应能找到一个规律性的结果。"

彭教授说完后，让彭颖看了他在计算机上已经计算的两幅图像（图7-11）。

"谢谢老爸！我想我能够找到答案的。"得到父亲的肯定与褒奖后，彭颖就激光波面半径测量的问题，给尚进发了微信。

接到彭颖微信的尚进如获至宝，虽然菲涅耳微波元法计算的问题彭颖表示今后会给他们一个答案，但她对如何测量激光笔发出光束波面半径已经有了新的回答，他立即给郝思转去这则信息。

两个年轻人虽然一时还不能搞懂师姐发来的直边衍射条纹公式的理论由来，但觉得不妨按照彭颖的建议利用暗纹公式确定照明光的波面半径。

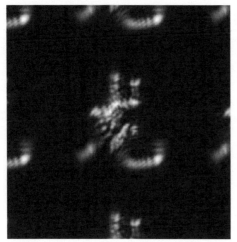
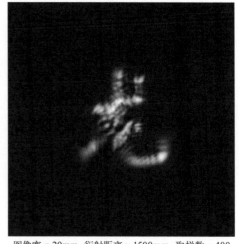

图像宽 = 20mm, 衍射距离 = 1500mm, 取样数 = 300　　　　　图像宽 = 20mm, 衍射距离 = 1500mm, 取样数 = 400

▲ 图7-11　计算图像

他们令 $M=\dfrac{d}{R}+1$，按照暗纹公式得到：

$$M=\left[\frac{d_{\min}(n)}{\left(\dfrac{\sqrt{2n+2}+\sqrt{2n+3/2}}{2}-\dfrac{\sqrt{2}+\sqrt{3/2}}{2}\right)\sqrt{\lambda d}}\right]^{2} \tag{7-9}$$

通过实验测量得到 M 后，按照 $R=d/(M-1)$ 便能确定照明光在物平面的波面半径。

采用钢丝的衍射图像，将外沿衍射条纹视为直边衍射条纹，取多个条纹测量的平均值后得到的数值是 $R=1123.7$mm。显然，这个结果与菲涅耳直边衍射公式测量得到的结果 994.78mm 不相同。他们将 $R=1123.7$mm 代入编写的圆孔衍射程序中，理论计算与实验测量的比较没有明显区别，似乎采用波面半径 994.78mm 得到的结果还更好一些。但李老师的直边衍射公式及利用公式测量激光光束波面半径的研究却是 30 年前在法国《应用物理评论》及《光学》杂志上发表的啊！两人认真讨论后，觉得家中的实验比较粗糙，较难作为实验依据。究竟哪一个公式是准确的，今后到学校再通过认真的实验来比较。

但无论如何，看着几天以来的努力取得的成果，两位年轻人都很高兴。他们商量后，决定通过微信给肖教授汇报他们取得的学习成果。同时，也发微信感谢彭颖。

肖教授没有给他们及时回信，但彭颖的回信让他们大为惊喜，因为他们自己琢磨出的菲涅耳微波元法事实上与国内外当今的热点研究课题——数字全息3D显示研究中采用的点源法相似。菲涅耳微波元法是能够计算衍射场振幅和相位的方法，但进行计算时，为获得正确的结果，不产生衍射场的混叠，必须遵循一种优化的取样条件。

参考文献

[1] 李俊昌. 激光的衍射及热作用计算 [M]. 北京：科学出版社，2002.

[2] J.C.Li, J. Merlin et J. Perez, Etude comparative de différents dispositifs permettant de transformer un faisceau laser de puissance avec une répartition énergique gaussienne en une répartition uniforme[J]. Revue de Physique Appliquée, 1986 (Vol.21): 425-433.

[3] Li Junchang et al., Utilisation des franges de diffraction induites par un bord droit pour caracteriser un faisceau laser de puissance[J]. Journal of Optics, 1993, 4, (24): 41-46.

[4] 李俊昌. 激光热处理优化控制研究 [M]. 北京：冶金工业出版社，1995.

菲涅耳衍射积分离散计算时的光场克隆研究

在计算机技术飞速发展的时代，尽管实际衍射问题基本无解析解，将菲涅耳衍射积分通过离散后编写程序获得数值解并不困难。然而，数值计算表明，不遵从特定规律的离散计算，除在光轴附近的观测平面上获得较准确的衍射场外，还将围绕光轴在观测平面周期性地克隆出一序列与光轴附近光波场完全相似的光波场，不能获得正确的计算结果。

本章将通过几位虚拟年轻人学习和研究的故事，从理论上研究二维克隆光场的分布周期与照明光波长、衍射距离及方形面元宽度的关系。

8.1 菲涅耳衍射积分的微波元算法

由于衍射积分对于实际问题基本无解析解，为解决计算的困难，在1818年获得大奖的论文中，菲涅耳不得不采用两种近似来获得数值解：

其一，将积分函数按照幂级数在计算点邻近区域展开，取前两项作为新的近似积分函数求出积分的解析解。此后，再采用特殊的数值分析逼近计算点的准确值。利用该方法准确地计算直边衍射条纹的分布。

其二，采用半波带法近似讨论光的传播。从严格的理论意义上分析，半波带法事实上就是将积分表达式中的微面元 ds 或 dxdy 用半波带代替，将半波带上发出的光波到达观测点的光振动相位视为等同，并且让相邻半波带发出光波到达观测点的光振动相位相差 π，将积分运算转换为近似的求和运算。

很明显，半波带法对初始光场分布进行了比较粗糙的近似，虽然能较定量地获得障碍物后衍射条纹极大或极小值的分布位置，但不能描述条纹极值之间的光波场变化。

若要解决这个问题，必须对半波带再进行细分[1]，形成到达观测点有相同距离的极微细带，确定微细带发出的光波在观测点的相位，按照微细带的面积及光传播距离确定振幅值，再对所有微细带发出的光波复振幅进行叠加。显然，对于形状复杂的透光孔，半波带再进行细分的计算不但非常繁杂，而且，当照明光是具有一定振幅和相位的光波时，这种计算仍然面临困难。

如果将菲涅耳衍射积分式中微面元 ds 或 dxdy 用物理尺寸足够小的方形面元取代，将连续变化的光波场离散为方形面元拼接而成的光波场，让面元光振动的复振幅是原光波场在面元中心点的取样值，这样，菲涅耳衍射积分便近似为二维的求和运算，现将这种方法称为菲涅耳微波元法。

目前，不用显示介质的3D显示是国内外的一个研究热点，其中，基于惠更斯-菲涅耳原理的"点源法"是空间曲面光源衍射场的一种重要计算方法[2]。数值计算表明，若不正确选择曲面上点源的采样间隔，也会在观测平面光轴附近出现克隆光场。当克隆光场与光轴附近的光场混叠时，基于混叠场编码将不能正确重建三维图像。

8.2 克隆场周期的归纳法研究

在父亲彭教授的鼓励下，彭颖对两位小兄弟琢磨出的微波元法进行了认真研究。她首先利用已经编写好的程序，重复了她老爸曾经给出的计算，即对同一距离的衍射用不同采样数计算时的衍射场强度图像比较。

利用Photoshop软件，图8-1是彭颖用字符"光"做成宽度L_0=20mm的二值图像。可以将其视为波长λ=0.000532mm的单位振幅平面波照明的初始平面光波场振幅图像。

▲ 图8-1 初始平面光波场振幅图像

为便于讨论，她令初始平面由$N\times N$个边长为$\Delta=L_0/N$的微方形构成，其光波场振幅由$U_0(s\Delta,r\Delta)$表示，按照菲涅耳衍射积分的卷积形式，微波元法的计算公式则为：

$$
\begin{aligned}
U(p\Delta,q\Delta)=&\frac{\exp(\mathrm{j}kd)}{\mathrm{j}\lambda d}\Delta^2 \\
&\times\sum_{s=1}^{N}\sum_{r=1}^{N}U_0(s\Delta,r\Delta)\exp\left\{\mathrm{j}\frac{k}{2d}\Big[(p\Delta-s\Delta)^2+(q\Delta-r\Delta)^2\Big]\right\}
\end{aligned}
\tag{8-1}
$$

她开始编程，进行衍射距离为d=1000mm时不同取样数N的计算。

由于基于角谱衍射理论的D-FFT计算程序可以获得足够准确的结果，她在《信息光学教程》第2版中找到书附程序LMX6.m[3]，让微波元法与D-FFT方法进行比较，以便判断计算的正确性。得到的结果及计算用的时间示于图8-2。

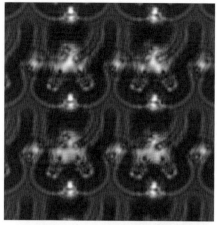

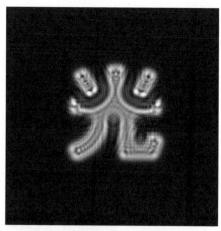

微波元法：$N = 300$，计算时间748s   D-FFT方法：$N = 300$，计算时间<1s

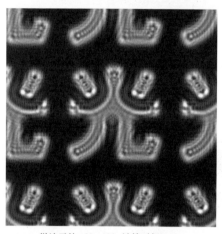

微波元法：$N = 400$，计算时间1158s   D-FFT方法：$N = 400$，计算时间<1s

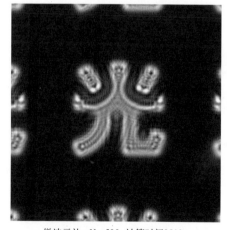

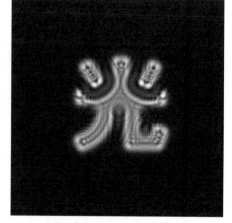

微波元法：$N = 500$，计算时间2810s   D-FFT方法：$N = 400$，计算时间<1s

▲ 图8-2　不同取样数N得到的计算结果与D-FFT计算的比较

归纳以上结果可以看出，增加取样数，在观测平面上将得到正确的衍射图像。

彭颖寻思："很明显！取样数量不足，则不能得到正确的结果。但从计算结果看，在正确的衍射光场周围将周期性地产生完全相同的光场。对于给定的计算宽度，应该存在一个优化的取样间隔，如果让周期等于计算平面宽度，那么就不会产生衍射场的混叠了。"

由于克隆周期的宽度与取样间隔Δ成反比，她觉得不妨先假定周期$T=Cd/\Delta$。关键是如何来确定参数C。

来回踱步认真思考后，彭颖觉得不妨固定采样数，变换衍射距离，看看是什么计算结果。于是，她重新坐下来修改程序进行计算。

图8-3是她令$N=200$，选择衍射距离$d=1000\text{mm}$、2000mm及3000mm用微波元法计算的强度图像。为便于了解计算结果的正确性，她同样在每幅图像的右边放上D-FFT计算的图像。

结果表明，随着衍射距离的增加，衍射场克隆周期的宽度也增加。看着两组图像，彭颖发现克隆周期的宽度与衍射距离d成正比，与微波元宽度Δ成反比。她想："那么是否可以将克隆周期重新表示为$T=Cd/\Delta$呢？重新确定常数C即可。也许克隆周期T还与光波长有关，应该在同一计算参数下改变光波长进行计算。"

$T = Cd/\Delta$

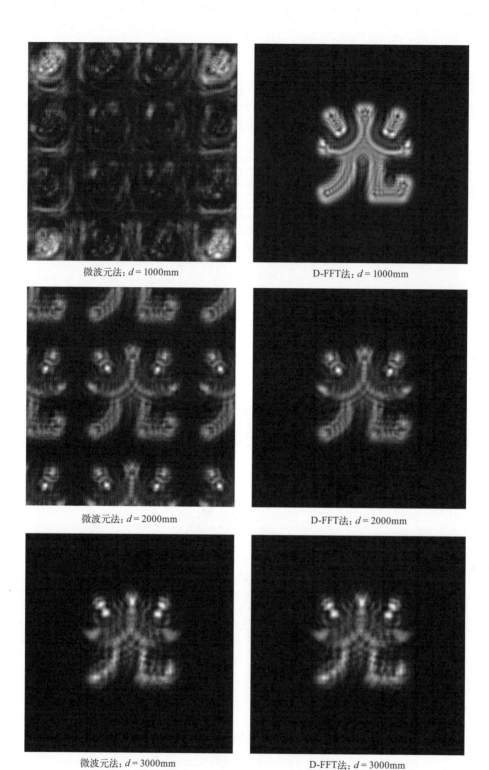

微波元法：$d = 1000\text{mm}$　　　　D-FFT法：$d = 1000\text{mm}$

微波元法：$d = 2000\text{mm}$　　　　D-FFT法：$d = 2000\text{mm}$

微波元法：$d = 3000\text{mm}$　　　　D-FFT法：$d = 3000\text{mm}$

▲ 图8-3　固定取样数N=200时不同衍射距离两种计算方法的比较

通过两天的努力，彭颖按照这个思路利用程序认真分析和归纳了研究结果，最后得到的待定常数 C 却是光波长 λ，即：

$$T = \lambda d/\Delta \tag{8-2}$$

她反复计算验证后，确信式（8-2）无误，于是十分高兴地将这个结果告诉了老爸彭教授。当然，她立即得到老爸的表扬。

高兴之余，她忽然想到："在昆明理工大学的师兄王超不是正在做数字全息3D显示的研究吗？也许，这个结果师兄们已经知道。因二维平面光场不过是3D物体表面光场的一种特殊情况，小尚他们琢磨出的这个计算方法事实上与空间曲面光源的点源法衍射计算相似。"

于是，她拨通师兄的电话，向师兄询问。

师兄的回答真如她所料。原来，数字全息3D显示研究中必然遇到三维面光源的衍射计算，多年前昆明理工大学的李、宋、桂三名老师便开始了研究[5]。关于点源法计算中克隆出衍射场的问题，李老师和桂老师进行过讨论，从理论上导出了 $T = \lambda d/\Delta$ 的克隆周期公式。后来，李老师还专门给研究生进行过一次讲座。

王师兄最后说道："我设法与桂老师联系，也许桂老师还会找到当年讲座的内容。"

"那太感谢师兄了！得到回答请及时告诉我。现在，我不过是通过数值计算归纳出这个克隆周期的公式，基于严谨的光学理论得到的才是更有价值的结果。"

很快，彭颖得到好消息。师兄给他发来桂老师整理的"微波元法计算二维场必然产生克隆光场"的文件（见本章附录）。

看过师兄转来的微信，彭颖觉得可以给尚进回信了。为了不让两个小兄弟在复杂的数学公式下为难，她给他们介绍了她用归纳法得到的结果。然后，借用师兄发来文件中的克隆场示意图，重新绘图（图8-4）并补充说明如下：

这是微面元法计算时会产生克隆光场的示意图。图8-4中橙色的圆形图案代表观测平面的衍射场，如果观测平面宽度为 L，初始平面取样宽度 Δ 满足公式 $L = T = \lambda d/\Delta$，那么，微面元法计算后的观测平面上将会以 T 为周期，在周边克隆出一序列的光场（左图）。若观测平面宽度 $L = T$，可以足够好地获得衍射场。然而，当选择的观测平面宽度大于 T 时，例如左图中白线框，则克隆场必然会部分地出现在观测区域周围，这正是你们上次发微信给我说到的情况。

你们参看右图，当初始平面取样宽度 Δ 较大，克隆场周期 T 变小。由于 T 小于 L 时会出现周边的克隆场向中央会聚而混叠的现象。因此，当观测平面光场宽

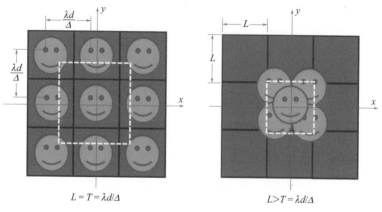

$L = T = \lambda d/\Delta$ $L > T = \lambda d/\Delta$

▲ 图8-4　克隆场图像示意图

度L给定后，应按照$L=\lambda d/\Delta$的公式确定初始平面取样宽度：

$$\Delta = \frac{\lambda d}{L} \tag{8-3}$$

则能获得正确的计算结果。

　　你们琢磨出的微面元法实际上与目前3D显示研究中计算三维物体表面发出光波的点源法相似。例如，一个3D物体表面发出的光波可以用一序列垂直于光轴但间隔较小的截面进行分割，在截面与物体表面的交线上取一序列间隔较小的点，综合计算点源发出的光波，便能进行空间曲面光源衍射场的计算，这就是"点源法"。

　　对于二维平面的衍射计算，你们按照菲涅耳衍射积分的卷积形式整理的微面元法可以利用两次快速傅里叶变换的D-FFT方法计算。昆明理工大学李、熊两位老师在《信息光学教程》第2版中对此进行了认真的介绍[3]，D-FFT方法计算程序就是该书所附程序LXM6.m。由于D-FFT计算是比较成熟的衍射计算方法，你们在进行不同形式的衍射计算研究时，可以与该程序的计算结果进行比较。

　　彭师姐的回信让两位年轻人大为惊喜，没想到他们自己琢磨出的菲涅耳微波元法事实上与国内外当今的热点研究课题——数字全息3D显示研究中计算空间曲面光源衍射时采用的"点源法"相似。为获得正确的结果，不产生衍射场的混叠，必须遵循$\Delta=\lambda d/L$的取样条件（见本书附录中的程序LM2.m）。

　　"我们上网购买一本《信息光学教程》第2版吧？我曾听到在清华的一位师兄讲，这是国内目前将衍射数值计算作为专门一章认真讲述的教材。"郝思看完彭师姐的微信后和尚进通了电话。

"好的！"尚进立即回答，然后说道："我觉得可以在家做实验来验证彭师姐提供的信息，在一张卡片上刻一个字不难，我立即去做。"

8.3   自制物平面光阑的实验证明

很快，一个"光"字孔在一卡片上刻成了，尚进附上标尺拍了一张照片，并按照图8-5进行了实验。图中，d_0=1000mm，d=2000mm，沿光传播方向在s_1及s_2处放置带标尺的观测屏接收衍射图，用手机拍摄下附有标尺的衍射图像。

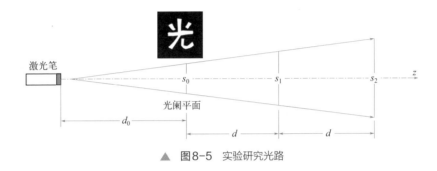

▲ 图8-5   实验研究光路

由于波面半径为R球面波照明后，衍射距离d的衍射场强度计算可以简化为初始平面光波场横向扩大$\frac{d}{R}$+1倍，衍射距离也扩大同样倍数后的平面波照明的计算。尚进想：他曾经用菲涅耳及李老师的直边衍射条纹公式测量得到两个不同的波面半径，究竟哪一个更准确？还需要确认。

经认真考虑后，他决定选择两波面半径平均值R=1059.24mm，并令$M_n=\frac{d_n}{R}+1$，衍射距离$d_n=ndM_n$，观测平面宽度$L_n=M_n$（$\lambda d_n/\Delta$）完成计算。

图8-6诸图是观测屏置于s_1及s_2处用手机拍摄衍射图像与微波元法计算的比较。图中，L_1、L_2是初始平面图像宽度；N_1、N_2是图像的取样数；d_1、d_2是等效衍射距离。

尚进深知，拍摄照片时，为了不让手机遮住衍射光，不但要离开一段距离拍摄，而且拍摄方向与光传播方向还不平行。此外，为能记录放在衍射图像下方的标尺，手机事实上使用了广角镜，"光"字图像没有在拍摄图像中央，由下而上产生了尺度扩大的畸变。因此，他觉得理论计算与实验应该是比较吻合的。很快，尚进将图像发给郝思。

接到微信的郝思看着这个比较结果大为兴奋，立即给师兄拨通电话："老尚，

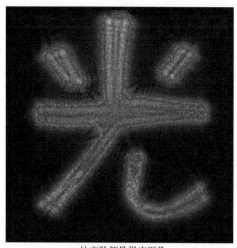 

s_1处实验测量强度图像　　　　　　　s_1处微波元法计算强度图像

$L_1 = 43.32\text{mm}$，$N_1 = 608$，$d_1 = 5776.3\text{mm}$

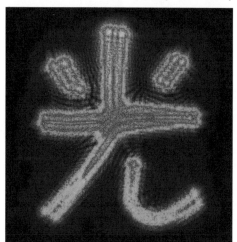 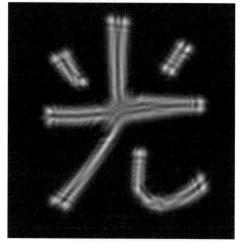

s_2处实验测量强度图像　　　　　　　s_2处微波元法计算强度图像

$L_2 = 71.64\text{mm}$，$N_2 = 496$，$d_2 = 19105.1\text{mm}$

▲ 图8-6　观测屏置于两个不同位置时的衍射场强度图像与微波元法计算的比较

太棒了！将程序发过来我再看看。"

"好的，我对上面的理论计算与实验测量的比较十分满意，说明菲涅耳微波元法的计算的确要满足合适的取样间隔才能得到正确结果。"

结束与师兄的电话后，郝思很快收到尚进发来的程序。郝思想："不妨再考查一次克隆场周期$T = \lambda d / \Delta$的正确性。"他让图8-7最后一图中s_2位置的物平面取样数间隔扩大为原计算的4/3倍，即令$N_2 = 372$，看看是什么计算结果。

"真慢！"经过约两个半小时的等待，终于得到结果。的确，$N_2 = 372$的微波元法得到的是具有混叠衍射的图像。D-FFT的计算不但没有混叠，而且完成计算的时间不到1s。图8-7是他从计算机上截下的图像。

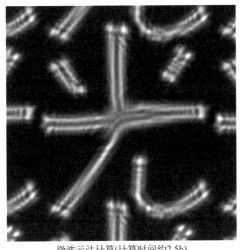

微波元法计算(计算时间约2.5h)　　　　　　　　D-FFT计算(计算时间<1s)

$L_2 = 71.64mm$, $N_2 = 372$, $d_2 = 19105.1mm$

▲ 图8-7　观测屏置于s_2位置时采用小克隆周期的微波元法与D-FFT计算的比较

面对计算结果，郝思十分感叹："尽管惠更斯-菲涅耳原理是最富成效的衍射计算方法，但用微波元法计算时，若不按照克隆场周期取样进行计算，不但计算时间太长，还会产生衍射图像混叠啊！用D-FFT计算菲涅耳衍射积分真牛，但还不知道是什么道理呢！看来我得立即网购讲述菲涅耳衍射积分数值计算的书籍才行。"

由于菲涅耳的直边衍射条纹分布公式与李老师的公式不一致，究竟在计算时用哪一个公式确定的照明光波面半径更准确？两位年轻人一时难下结论，便将他们的问题整理成文，并通过微信发给肖教授。

很快，他们收到肖教授的肯定回答："菲涅耳在1819年的回忆录中已经指出，他的直边衍射条纹公式不能与实验测量准确吻合。但是，基于他提出的衍射积分的数值计算，可以准确地计算他所进行的25次直边衍射实验的条纹分布。

"李老师的公式不但在同一精度下能准确地计算菲涅耳获大奖论文的那25次直边衍射实验的条纹分布，而且基于公式的理论研究，还提出一种测量激光光束波面半径的方法，其论文1993年在法国《光学》（*Journal of Optics*）杂志[4]发表了，详细内容将抽空再给你们介绍。"

最后，肖教授在微信中补充说道："实践是检验真理的唯一标准！菲涅耳的那 25 次直边衍射实验是在巴黎综合理工大学（l'Ecole polytechnique）的光学实验暗室中进行的，他为了得到准确的实验结果，对实验测量进行过多次精心改进。例如，由于实验室是木地板，尽管地板很坚固，但他发现身体的重心移动时测量数据有微小偏移。为了让测量更可靠，他最后将观测衍射条纹的测微螺旋放在一个质量很大的保险柜上。应该说，你们在假期理论与实验相结合地学了不少基本的衍射理论，这种学习精神很值得赞扬。但你们在家中的实验是比较粗糙的，例如，用手机拍摄图像时，不但手机正对观测屏会产生倾斜投影失真，而且还有镜头失真。利用不准确的实验来确定你们用的激光笔的波面半径，得不到正确的结果。今后的实验研究应到学校实验室去再认真做。很快就开学了，你们好好休息几天吧。"

附录 微波元法计算的克隆场研究

在空间建立直角坐标系 O-xyz，$z=0$ 平面的光波场为 $U_0(x_0, y_0)$，若光波场存在区域为 D，$z=d$ 平面的衍射场可由菲涅耳衍射积分表示出：

$$
U(x,y) = \frac{\exp(jkd)}{j\lambda d}
$$
$$
\times \iint_D U_0(x_0, y_0)\exp\left\{j\frac{k}{2d}\left[(x-x_0)^2 + (y-y_0)^2\right]\right\}dx_0 dy_0 \tag{8-4}
$$

令区域 D 由 $N \times N$ 个边长为 Δ 的微方形构成，式（8-4）离散后变为：

$$
U(p\Delta, q\Delta) = \frac{\exp(jkd)}{j\lambda d}\Delta^2
$$
$$
\times \sum_{s=1}^{N}\sum_{r=1}^{N} U_0(s\Delta, r\Delta)\exp\left\{j\frac{k}{2d}\left[(p\Delta - s\Delta)^2 + (q\Delta - r\Delta)^2\right]\right\} \tag{8-5}
$$

现在考查观测平面上点 $(p\Delta + x_n, q\Delta)$ 的表达式：

$$
U(p\Delta + x_n, q\Delta) = \frac{\exp(jkd)}{j\lambda d}\Delta^2
$$
$$
\times \sum_{s=1}^{N}\sum_{r=1}^{N} U_0(s\Delta, r\Delta)\exp\left\{j\frac{k}{2d}\left[(p\Delta - s\Delta + x_n)^2 + (q\Delta - r\Delta)^2\right]\right\} \tag{8-6}
$$

上式可以写为：

$$U(p\Delta + x_n, q\Delta) = \frac{\exp(\mathrm{j}kd)}{\mathrm{j}\lambda d}\Delta^2 \exp\left(\mathrm{j}\frac{k}{2d}x_n^2\right)$$

$$\times \sum_{s=1}^{N}\sum_{r=1}^{N} U_0(s\Delta, r\Delta)\exp\left\{\mathrm{j}\frac{k}{2d}\left[(p\Delta - s\Delta)^2 + (q\Delta - r\Delta)^2\right]\right\}\exp\left[\frac{k}{2d}2x_n(p\Delta - s\Delta)\right]$$

令：

$$\frac{k}{2d}2x_n(p\Delta - s\Delta) = 2n_x\pi \quad (n_x = \pm1, \pm2, \cdots) \tag{8-7}$$

求解得 $x_n = \dfrac{n_x\lambda d}{(p-s)\Delta}$。由于 $p-s=0$ 没有研究意义，按照 n_x 的取值范围，令：

$$n_x = m_x(p-s) \quad (m_x = \pm1, \pm2, \cdots) \tag{8-8}$$

可得：

$$x_n = m_x\frac{\lambda d}{\Delta} \tag{8-9}$$

于是有：

$$U\left(p\Delta + m_x\frac{\lambda d}{\Delta}, q\Delta\right) = \exp\left(\mathrm{j}\frac{\pi}{\Delta^2}\lambda d m_x^2\right)U(p\Delta, q\Delta) \tag{8-10}$$

按照同样的讨论，令 $m_y = \pm1, \pm2, \cdots$，可以得到：

$$U\left(p\Delta, q\Delta + m_y\frac{\lambda d}{\Delta}\right) = \exp\left(\mathrm{j}\frac{\pi}{\Delta^2}\lambda d m_y^2\right)U(p\Delta, q\Delta) \tag{8-11}$$

$$U\left(p\Delta + m_x\frac{\lambda d}{\Delta}, q\Delta + m_y\frac{\lambda d}{\Delta}\right) = \exp\left(\mathrm{j}\frac{\pi}{\Delta^2}\lambda d\left(m_x^2 + m_y^2\right)\right)U(p\Delta, q\Delta) \tag{8-12}$$

以上结论表明，在观测平面上将在横向及纵向以 $\lambda d/\Delta$ 为周期"克隆"等同的衍射场，其区别只是差一个相位因子，对能量测量无影响。图8-8为"克隆"场强度示意图。

按照图8-8，理论上要得到不被克隆场混叠的理想衍射场，只能让面元宽度 $\Delta \to 0$。

对于实际情况，观测平面上远离光轴的光

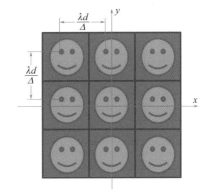

▲ 图8-8 "克隆"场强度示意图

场强度通常较弱，可以忽略克隆场混叠带来的影响。对于平行光照明，在观测平面的计算区域宽度 L 等于 $\lambda d / \Delta$ 时，则能较好地得到正确的计算结果。如果计算区域 L 略大于 $\lambda d / \Delta$，则会在正确的衍射场周边出现部分克隆场；如果计算区域 L 小于 $\lambda d / \Delta$，则只能计算部分衍射场。

然而，特别值得注意的是，当取样宽度 Δ 较大时，$\lambda d / \Delta$ 变得较小，会产生克隆场与光轴中心的衍射场的混叠，不能得到正确的衍射图像。

以上研究结果可以推广于数字全息 3D 显示研究中的点源法计算，图 8-9 是研究示意图。

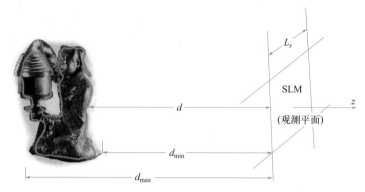

▲ **图8-9** "克隆"场研究应用于全息 3D 显示的示意图

图 8-9 左边是一个 3D 物体，"点源法"将空间曲面物体表面发出的光波视为物体表面一序列点源发出的光波来计算物体表面发出的光，这些点可以视为与光轴垂直的一序列平面与物体表面交线上取样间隔为 Δ 的点，图中用粉红色线表示与观测平面相距 d 的一个平面与物体表面的交线。

数字全息 3D 显示是将到达观测平面的光波场经过特殊编码后，计算机控制空间光调制器 SLM 的复振幅透过率，用光照 SLM 后，能在原物体位置重建出物体实像[3, 5]。

设 SLM 的窗口宽度为 L_s，若沿光轴看去，物体表面取样点的间隔 Δ 相同，最靠近 SLM 的那组点源所在平面与 SLM 的距离为 d_{min}，最远离 SLM 的那组点源所在平面与 SLM 的距离为 d_{max}，那么，必须选择合适的取样点的间隔 Δ，让 $L_s = \lambda d_{min} / \Delta$ 得到满足，才能较好地利用 SLM 所容纳物光场的衍射信息，准确重建三维物体像。

物体实像的重建可以视为一序列交线上点的实像重建，只有每一交线上的点能正确重建，才可以构成原物体实像。现以图8-9粉红线上点的重建考查取样点间隔取值的重要性，图8-10是这条交线的图像。

设SLM的宽度L_s=15mm，光波长λ=0.000532mm，d=1000mm，由于克隆周期公式$L_s = \lambda d / \Delta$，取样间隔应为Δ=0.035mm。按照这个取样间隔，利用公式（8-5）可以求得在空间光调制器SLM平面（图8-9的观测平面）光波场的复振幅。

▲ 图8-10　交线图像

由于重建像的质量可以通过衍射的逆运算模拟[3]，利用公式（8-5）计算的光波场复振幅，通过衍射逆运算重建的这条交线实像振幅由图8-11给出。

从图像可以看出，由于到达SLM的衍射场没有出现克隆场的干扰，交线像被圆满重建。可以想象，如果物体表面每一条交线上的点的取样间隔均满足要求，则能够由一序列交线上的点的实像构成3D物体。

然而，基于上述参数，让取样宽度放大一倍，点源法计算将出现克隆场混叠。图8-12是相应的模拟计算图像。不难看出，由于理论计算的衍射场出现克隆场的混叠干扰，不能正确重建原交线实像，这些混叠的交线像已经不可能实现原3D物体像的重建。

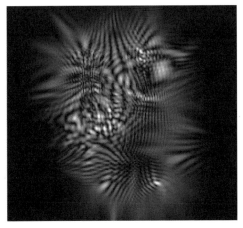 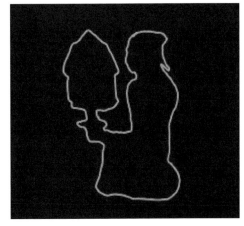

▲ 图8-11　取样间隔0.035mm的衍射场振幅图像（左）及交线重建像（右）

▲ 图8-12　取样间隔0.07mm的衍射场振幅图像（左）及交线重建像（右）

　　数字全息3D显示的应用研究中，由于点源法计算时间较长，人们后来采用三角形面元法提高计算速度[3]。三角形面元法是将三维物体表面由不同尺寸的三角形面元拼接构成的方法，由于倾斜三角形面元的频谱有解析解，将所有面元的频谱按照频谱的传递计算规则在特定平面叠加后，可以较好地计算曲面光源的衍射[2]，能显著提高计算速度。然而，对于形状复杂的物体，三角形面元的选择十分繁杂。

　　将物体按成像时的景深逐层分剖，按照衍射理论将分割面间的曲面光带衍射变换为平面光带衍射，按照频谱的传递计算规则在特定平面叠加每一光带频谱，通过角谱衍射理论可以实现更快速的计算，其计算速度可以比三角形面元法再提高两个数量级[2, 5]。

参考文献

[1] 赵建林. 光学[M]. 北京:高等教育出版社, 2006.

[2] 李俊昌. 衍射计算及数字全息[M]. 北京:科学出版社, 2016.

[3] 李俊昌, 熊秉衡. 信息光学教程[M]. 2版. 北京:科学出版社, 2017.

[4] Li Junchang et al., Utilisation des franges de diffraction induites par un bord droit pour caractériser un faisceau laser de puissance[J]. Journal of Optics, 1993, 4(24) : 41-46.

[5] Junchang Li, Han-Yen Tu, Wei-Chieh Yeh, et al. Holographic three-dimensional display and hologram calculation based on liquid crystal on silicon device [J]. Applied Optics, 2014, 9(53): G222-G231.

数字全息简介及
衍射数值计算的
理论补充

———

在信息数字化时代，数字全息是传统全息理论与衍射的
现代计算机数值计算相结合而形成的新技术，在光学精
密检测中有重要应用。衍射的数值计算有多种方法，基
于角谱衍射理论的快速傅里叶变换是一种较精确的衍射
数值计算方法，然而，目前的计算理论还不完善。由于
角谱衍射传递函数是模为1的复函数，计算平面的物理
宽度是确定值，初始平面发出的许多高频角谱事实上不
能到达计算平面，被错误传递的这部分角谱形成对衍射
场的高频角谱干扰。

本章对传统全息与数字全息理论做简要介绍后，通过故
事中虚拟人物彭颖对郝思和尚进两位年轻人衍射计算时
遇到问题的解答，对角谱衍射数值计算理论进行补充和
完善。

9.1 彭颖其人

彭颖曾是昆明理工大学光电信息工程专业的本科生，因学习成绩优异被保送到该专业光学工程硕士点攻读硕士学位。她父亲曾是改革开放后四川大学物理系的毕业生，出国留学后回四川大学任教。本来彭颖父母都有让女儿考四川大学或成都电子科技大学光学专业的硕士生愿望，无奈女儿大学期间深知昆明理工大学在全息显示及数字全息研究领域别具特色，特别是在数字全息研究领域还与法国知名专家保持联合培养博士生的合作。她很想在完成昆明理工大学的硕士学业后，争取再到法国深造。知道这种情况后，彭颖父母最终支持了女儿的选择。彭颖父亲还特别说道："当年我在大学学习时，便知道昆明理工大学熊秉衡先生领导的团队在大景深全息拍摄方面取得非常出色的成果，现在，他们那里的数字全息研究又有很好的研究团队，你在那里不但可以很好地学习，而且你老妈是老昆明，常常抱怨成都夏天太热，今后热天我和你妈妈到昆明避暑，乘坐高铁不过几个小时。你在那里好好学习吧！"

作为二年级的研究生，彭颖在硕士点宋庆和教授指导下攻读学位，她的研究方向是物体微形变的彩色数字全息对检测。新学期快开学了，为了能够较好地完成实验研究，不与师兄弟们的实验安排相冲突，她决定提前一周返回学校。

返校途中，彭颖接到尚进的感谢微信，尚进代表郝思以两人的名义对她在衍射计算理论方面给予的帮助表示感谢。

旅途很顺利，但让她没想到的是进校门后，没走多远便遇上师兄王超。

"小彭！回来了？"王超笑着走来，接下彭颖的双肩包。原来，这几天已经有几个师妹及师兄在指导老师的指导下在做实验了。

王超在送师妹回宿舍的路上告诉她："今天是桂老师带着上学期刚进校的研究生熟悉实验

室，我要到实验室配合桂老师向学生讲解实验注意事项。"

彭颖为了解是否能在近日安排她考虑的实验，在宿舍对行李稍作整理后，便也到了实验室。

两位师妹看到师姐后非常高兴。在学习交流间隙，当桂老师从彭颖那里知道有那么两个好学的年轻人时，告诉她给尚进和郝思好好回一封邮件，对昆明理工大学在信息光学研究领域的工作做一些介绍，希望今后他们能来昆明理工大学攻读学位。

9.2　彭颖给两位年轻人的微信

遵照桂老师的建议，彭颖给尚进回了下面的微信。

小尚，你好！

我能够为你和你师弟的学习提供帮助，非常高兴，不用言谢！

我已经提前返回昆工，当我们的指导老师知道你和郝思在学习半波带法并自己琢磨出微波元法的学习精神后，让我向你们介绍一下昆明理工大学在信息光学研究领域的特色，如果今后你们有攻读研究生的愿望，昆明理工大学欢迎你们。

我本科就是在昆工的光电信息科学与工程专业学习的，该专业2021年获国家"一流本科专业"建设点。在学习期间我就知道昆工在全息显示、衍射计算及数字全息方面在国内外极有特色。昆工的熊秉衡及李俊昌两位老先生出版的《全息干涉计量——原理和方法》[1]以及《衍射计算及数字全息》[2]是较能代表昆工在该领域研究水平的专著。为适应研究生教学，昆工钱晓凡教授出版的《信息光学数字实验室》[3]是一部基于计算机技术将衍射数值计算用于模拟典型光学实验的研究生教学用书。这本教材较系统地介绍了大量得到实验证明的计算实例，受到国内研究生的广泛欢迎。基于该领域的国际合作，2012年，李老师与法国数字全息专家P. Pascal教授先后在法国巴黎及英国伦敦知名科技出版社出版了法文及英文版的《数字全息》专著[4, 5]。2023年1月，我们光学点的张亚萍教授与美国学者潘定中（Ting-Chung Poon）教授合著的《现代信息光学》一书也出版了[6]，该书与时俱进地介绍了许多信息光学新知识，显著拓宽了我们对现代信息光学的学习研究视野。

在物理光学研究领域中，衍射理论是最基础的理论，如果要定量描述实际问题，几乎都涉及到衍射计算。按照顾德门教授名著《傅里叶光学导论》所总结的标量衍射理论，衍射计算可以采用多种积分公式完成。由于实际的衍射问题几乎无解析解，必须借助计算机做数值计算。长期以来，国内教材没有对此进行专门讨论。由于衍射数值计算理论的重要性，光学名著《傅里叶光学导论》第4版将其列为专门章节进行讨论[7]。

实际上，昆工李、熊两位老师2011年主编的《信息光学教程》[8]便从光传播的物理概念出发，通过对不同形式衍射积分的研究，对目前流行的计算方法进行了认真总结，将衍射计算及数字全息分别列为单独的章节进行介绍。特别应该指出的是，2017年出版的《信息光学教程》第2版[9]对目前国内外流行50多年的相干光成像的近似计算理论进行了补充和完善。我国《光学学报》及《激光与光电子学进展》还对与该成果的相关研究进行了报道[10-12]。

你们都是国内知名大学光学专业的大学生，随着学习内容的深入，相信你们会看到上面我说到的昆工这几部专著、教材及研究论文。应该说，当我在本科学习期间看到昆工近年来在信息光学研究领域取得的成果后，才对在昆工继续攻读学位有了强烈的愿望。

现在，就我所知向你们简要介绍昆工在这几方面的研究工作。由于你们已经知道菲涅耳衍射积分公式的由来，下面的讲述应该能够理解。尽管许多知识是今后你们的课堂教学要学习的，我的讲述算是给你们的预习。

9.3 三维物体的传统全息拍摄及显示

你们都应该看到过全息图像。据我所知，国内拍摄全息图像水平较高的是北京邮电大学（以下简称"北邮"）徐大雄院士团队及昆明理工大学的熊秉衡教授研究团队。图9-1是2009年李俊昌老师在北京邮电大学一次学术讲座后，北邮的桑新柱老师陪李老师参观北邮全息陈列室时，在一幅全息图下李老师在三个不同角度拍摄的全息图重现的假面具像。

图9-2是李俊昌老师在昆明理工大学全息陈列室拍摄的一幅白炽灯照明时全息图三个不同角度重现的土星模型像。

从两组图像可以看出，从不同的视角能够看到物体的不同侧面。那么，为什么一幅全息图能显示出如此奇妙的三维图像呢？

(a) 右视图像　　　　　　(b) 正视图像　　　　　　(c) 左视图像

▲　图9-1　北京邮电大学全息陈列室白炽灯照明重现的假面具像

(a) 右视图像　　　　　　(b) 正视图像　　　　　　(c) 左视图像

图9-2　昆明理工大学全息陈列室白炽灯照明重现的土星模型像

　　和所有的近代光学理论或技术成果一样，全息技术是基于最基本的物理光学理论的学习和研究逐步形成的。下面，我就用你们已经熟悉的惠更斯-菲涅耳原理及菲涅耳衍射积分对全息图的拍摄及3D显示做定量描述。

　　为简明起见，我只讲单色光的全息图拍摄及物体的重现。对于彩色图的重现，特别是彩色数字全息图的重现，当你们深入学习了衍射计算理论后，我再与你们一起讨论。

　　图9-3是用照相感光板拍摄传统全息图的示意图。图中的唐三彩马为物体，当物体被一束光照明后，从物体表面散射或反射的光（称物光）将到达感光板。如果利用与照明光相干的光波（称为参考光）同时投向感光板，那么，就如用胶片拍摄照片的相机一样，感光板上将拍摄到物光和参考光干涉的强度图像。通过

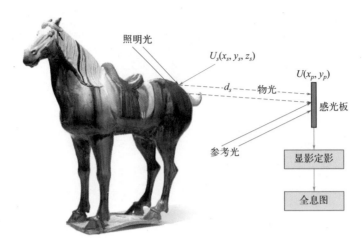

▲ 图9-3　照相感光板拍摄传统全息的示意图

对感光板的显影及定影等化学处理，便形成传统的全息图。

全息技术涉及的物理光学理论可以通过严谨的数学理论描述。在空间建立直角坐标系$O\text{-}xyz$，令z为光轴。空间曲面S上的光场分布$U_0(x,y,z)$已知后，沿光轴方向经过距离d在另一个垂直于光轴的平面(x_p,y_p)的衍射场可以按照惠更斯-菲涅耳原理表示为：

$$U(x_p,y_p)=\iiint\limits_{s}U_0(x,y,z)\frac{\exp(\mathrm{j}kr)}{r}\mathrm{d}s \tag{9-1}$$

式中，$\mathrm{j}=\sqrt{-1}$；$k=2\pi/\lambda$，λ为光波长；r为曲面上的点(x,y,z)到观测平面上的点(x_p,y_p)之间的距离。

$$r=\sqrt{(x-x_p)^2+(y-y_p)^2+(z-d)^2} \tag{9-2}$$

当空间曲面S转换为垂直于光轴z且分布范围为D的平面时，式（9-1）的傍轴近似表达式即你们已经熟悉的菲涅耳衍射积分：

$$U(x_p,y_p)=\frac{\exp(\mathrm{j}kd)}{\mathrm{j}\lambda d}$$
$$\iint\limits_{D}U_0(x,y)\exp\left\{\mathrm{j}\frac{k}{2d}\left[(x-x_p)^2+(y-y_p)^2\right]\right\}\mathrm{d}x\mathrm{d}y \tag{9-3}$$

利用式（9-1），若要计算曲面光源 S 上发出的光到达接收平面的光波场，可以将曲面视为量值极大的 N 个小面元的组合。令 $r_s = \sqrt{(x_s-x_p)^2+(y_s-y_p)^2+(z_s-d_s)^2}$ 为空间坐标为 (x_s,y_s,z_s) 的第 s 个面元到观测平面的距离，该面元的面积设为 Δs，光波复振幅为 $U_s(x_s,y_s,z_s)$，感光板平面坐标为 (x_p,y_p)，到达感光板的光波场可以写为这 N 个面元的衍射场之和：

$$U(x_p,y_p) = \Delta s \sum_{s=1}^{N} U_s(x_s,y_s,z_z) \frac{\exp(jkr_s)}{r_s} \tag{9-4}$$

从严格的理论意义上看，每个面元发出的光波在感光板上引起的光振动值与该面元的法线方向还有关系[7]，但为简明起见，这里视为只与面元到达感光板的距离相关。

设投到感光板的参考光为 $U_r(x_p,y_p)$，到达感光板的光波场则是两光波场的叠加：

$$U_h(x_p,y_p) = U_r(x_p,y_p) + U(x_p,y_p) \tag{9-5}$$

由于感光板只能记录下叠加场的强度分布，经显影及定影后形成的全息图可以表示为：

$$\begin{aligned}
H(x_p,y_p) &= U_h(x_p,y_p)U_h^*(x_p,y_p) \\
&= U_r^2(x_p,y_p) + U^2(x_p,y_p) \\
&\quad + U_r(x_p,y_p)U^*(x_p,y_p) + U_r^*(x_p,y_p)U(x_p,y_p)
\end{aligned} \tag{9-6}$$

如果我们用与拍摄全息图时的参考光方向相反的光 $U_r^*(x_p,y_p)$（称重现光）照明全息图，按照式（9-6），透过全息图的光波场则为：

$$\begin{aligned}
U_t(x_p,y_p) &= U_r^*(x_p,y_p)H(x_p,y_p) \\
&= U_r^*(x_p,y_p)\left[U_r^2(x_p,y_p) + U^2(x_p,y_p)\right] \\
&\quad + \left|U_r(x_p,y_p)\right|^2 U^*(x_p,y_p) + U_r^{*2}(x_p,y_p)U(x_p,y_p)
\end{aligned} \tag{9-7}$$

式（9-7）看上去很复杂，但认真分析后，每一项都有十分清晰的物理意义。

等式右边第 1 项的方括号中的项是一实函数，第 1 项代表重现光振幅受到该实函数调制的沿着重现光照明方向传播的光波。

对于等式右边第 2 项，由于 $\left|U_r(x_p,y_p)\right|^2$ 代表重现光的强度，$U^*(x_p,y_p)$ 代表

与沿原物光反方向传播的光波。如果重现光是强度均匀的平面波，在原物体位置将重现由各微小面元构成的三维曲面S。

等式后边第3项的光传播方向取决于重现光的具体形式，这里我们不详细讨论它，可暂时称为对重现像有干扰的光波。

应用研究中，为了分离出对重现像干扰的第1项和第3项光波，通常在拍摄全息图时将参考光设计为与光轴z有一定角度的平面波，这样拍摄出的全息图称为离轴全息图。正确选择重建光的倾角，在原物体位置上将能看到清楚的物体像。

如何理解图9-1及图9-2所示的重建像呢？事实上，这两幅全息图称为像面全息图。拍摄时让物体和感光面间放置一成像透镜，让三维物体的各小面元在感光面邻近区域成实像。这样，当重建光照明全息图时，重现像则是原物体在感光面邻近区域的所有小面元的像。这些小面元不但构成物体实像的表面，而且每一面元可以视为一新的发光源，在不同的角度则能看到三维物体的不同形状。理论及实验研究证明[1]，当物体或物体的像靠近全息图或邻近全息片时，全息图的横向色差和纵向色差都趋于零，可以用白光再现出清晰的彩色图像。

上面简要介绍的事实上是传统全息，下面我还将介绍数字全息的最基本理论。随着计算机技术的进步，虽然数字全息理论及技术均获得飞速发展，但所有的研究都离不开这些基础理论。如果今后你们从事这方面的深入学习和研究，熊秉衡及李俊昌两位老师编著的《全息干涉计量——原理和方法》[1]是很好的参考书。

由于讨论彩色全息涉及较多你们目前还未学习的知识，这里暂不介绍。

9.4　三维物体的数字全息图拍摄及显示

随着科学技术的进步，利用微计算机控制的光电耦合器件CCD或CMOS代替图9-3中的照相感光板，可以形成数字全息图。图9-4是用CCD记录数字全息图的示意图。

沿用上面定义的参数，数字全息图 $H(x_p, y_p)$ 的理论表示仍然可以利用公式（9-6）。然而CCD记录的是物光与参考光干涉场的强度图像，是由0～255数字等级归一化的二维数字阵列形成数字图像存入计算机。

长期以来，重现图像是通过计算机程序设计数字重现光，通过计算机编程并

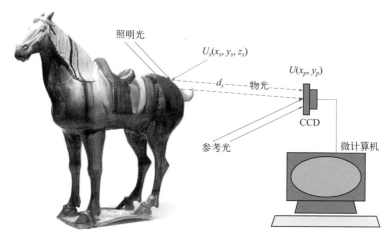

照明光

$U_s(x_s, y_s, z_s)$

$U(x_p, y_p)$

d_s — 物光

参考光

CCD

微计算机

▲ 图9-4 数字全息图记录示意图

采用特殊的数字分离技术，从式（9-7）中分离出等式右边第2项的 $U^*(x_p, y_p)$ 或第3项的 $U(x_p, y_p)$，通过衍射的数值计算在计算机屏幕上显示重建像 $U_0(x, y, z)$。

然而，由于计算机屏幕只能清晰地显示二维图像，对于一个三维物体，只能逐一地显示物体曲面与垂直于光轴平面相交的截线邻近区域面元的像，物体曲面上的其余面元则形成不清晰的离焦像，对三维曲面重建像显示形成干扰。因此，利用计算机屏幕不能获得类似图9-1和图9-2的三维重建像，面向实际的三维显示屏的研究是当今的研究热点。据我所知，北京邮电大学桑新柱老师团队、苏州大学的陈林森老师团队及北京理工大学王涌天老师等的研究团队已取得出色的研究成果。

但是，计算机屏幕显示数字全息重建的三维物体彩色像仍然是非常不错的。由于真彩色可以由红、绿、蓝三种色光组成，同时包含三种不同波长色光的全息图可以由计算机分别重建出红、绿、蓝三种图像，最后在计算机上合成真彩色图。我们昆工与法国知名数字全息专家Picart教授有联合培养博士生的关系，图9-5是宋庆和教授在法国攻读博士期间用国外质量较好的三色CCD拍摄及重建的陶瓷京剧面具重建像。

在数字全息研究领域，如何获得优质的重建像，昆工李老师与法国Picart教授合作取得许多重要的研究成果。例如，设计特殊的数字球面波高效率地重建物体像[2,13]，充分利用CCD的分辨率显示需要重建的局部物体像[2,14]。

由于数字全息图的记录和再现可以通过计算机控制完成，显著简化了传统全息需要对感光板进行显影及定影等复杂的操作。随着科学技术的进步，利用重建

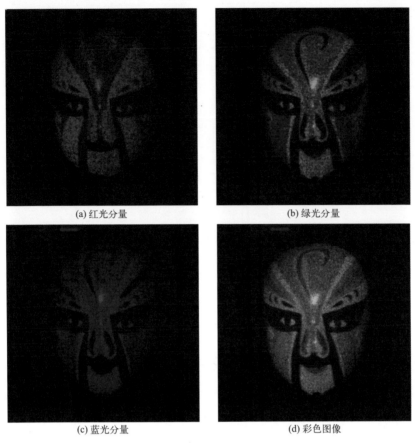

(a) 红光分量 (b) 绿光分量

(c) 蓝光分量 (d) 彩色图像

▲ 图9-5 三种色光分量的重建京剧面具图像及合成的彩色图像

光照明计算机控制的空间光调制器，在空间重现3D物体的像在国内外成为一个重要的研究领域。昆明理工大学主要进行三维物体的衍射计算及用空间光调制器重现三维物体像的理论及实验研究。如果你们今后在该研究领域深入学习，建议先看李老师2016年出版的《衍射计算及数字全息》第9章。图9-6是李老师书中基于一个古希腊青年头像雕塑的数据群，对数据群做旋转操作后显示的不同视角的四幅图像。

正如该书第9章所总结的："全息3D动画的'角色'可以是数学建模的虚拟物体，也可以是数字全息记录的实际物体，将数字全息波前重建获得的物平面二维光波场视为'物'，则能通过经典的衍射计算公式计算由该物体在新的光波照明下在任意给定位置的光波场。回顾本章3D物体表面衍射场计算的'光源变换法'知，将一个物体表面发出的光波变换为邻近物体并与光轴垂直的平面光波场后，虚拟3D物体的发光特性也可以完全由二维光波场表示。不难想象，当编辑

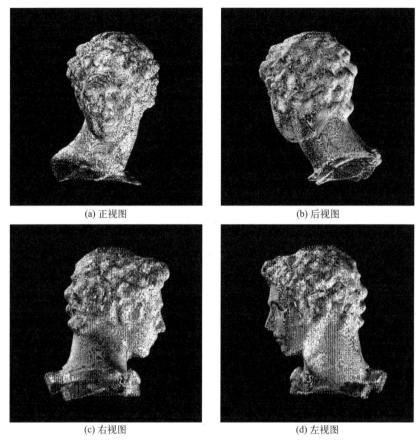

(a) 正视图 　　　　　　　　　　　(b) 后视图

(c) 右视图 　　　　　　　　　　　(d) 左视图

▲ 图9-6　对雕塑头像数据群做旋转操作后不同视角的图像

或导演一个全息3D动画时，可以预先将动画角色对应的二维光波场复振幅以二维数组的形式存储于计算机，形成可以调用的3D全息元件，基于衍射理论建立了相关的调用及控制这些角色运动的技术后，便能像传统3D动画一样，同时进行这两类物体3D像的混合显示，形成生动活泼的全息动画。

"当3D物体表面的空间坐标点群知道后，物体表面的颜色及光照特性可以参照目前流行的许多3D建模软件技术进行多种形式的渲染及变换。

"例如，选择一个色调，让物体表面的亮度由最接近观察者向离开观察者的方向逐渐减小，有效增强3D物体的体积感（图9-7左）；或者，让所设计的3D物体表面附着一幅精美的图画，使最终全息3D显示图像的内容更丰富多彩（图9-7右）。

"建立了在空间中代表三维物体的坐标点群的概念后，将不同的物体作为动画角色放置于动画场景中便不再困难。并且，通过计算机编程，按照设计者或导

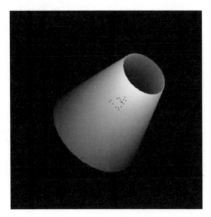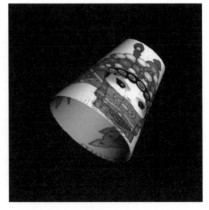

▲ 图9-7　虚拟3D物体的色彩渲染实例

演的意图，对每一点群分别进行旋转、平移及变形的控制，便能让场景中的动画角色上演出生动活泼的全息3D动画。图9-8给出将图9-7右边的物体缩小后引入图9-6场景的两个动画瞬间图像。

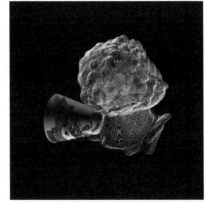

▲ 图9-8　动画建模的两个瞬间图像

　　"尽管目前相息图的计算速度还达不到25帧/秒，但预先将表示动画的一序列相息图计算好存入计算机内存，将相息图以大于25帧/秒的速率加载于空间光调制器，便能进行全息3D动画的演示。

　　"全息3D显示研究领域还存在许多期待着科学工作者开垦与耕耘的'处女地'，进一步研究与全息3D动态显示相关的理论及技术具有重要意义。"

　　图9-9是李老师得到科技部资助的图书，在数字全息及全息3D显示研究领域我们与法国的科学家有着很好的合作。有好几位师兄和师姐在进行研究[15]，有机会我会再给你们详细介绍。

图9-9 《衍射计算及数字全息》封面

　　由于你们在家做衍射实验很难正确测量实验参数及记录实验结果，我请两位师妹和我一起做了直径为1mm的圆孔光阑在不同距离的衍射实验，照明光是经过认真调整的平行光。现附上相关参数并将实验结果发给你们，可以再次验证你们的微波元法程序。由于距离较远时的衍射图像超过CCD的接收窗口，实验图像是用坐标纸附在平板上作为接收屏，虽然是用手机拍摄的，但利用坐标纸的背景较好地消除了拍摄时的倾斜失真，是一个较好的实验依据。要注意的是，在所拍摄的图像中，为了能够得到较弱的衍射条纹，光强较大的图像区域因手机响应饱和呈现为一白色区域，你们计算比较时要注意。

　　为能简明地判断所写程序的正确性，建议你们从网上下载《信息光学教程》第2版[9]的程序，关于二维场的衍射计算，可以用这本教材的程序LXM6.m做比较。

　　我和两位师妹做实验的那天，她们的指导老师樊教授也在实验室。樊老师对你们俩的学习精神很赞扬，让我的两位师妹补充做了另外一些衍射实验，她们是上学期刚进校的研究生。樊老师认为，可以作为她们刚学习完《信息光学教程》课后是否能正确应用理论知识的检验，让她们利用所学到的理论自己编写程序进行计算。此外，为便于你们今后的学习，按照樊老师的建议，我为你们网购了《衍射计算及数字全息》上下册，请注意查收。

就写这些，昆明是个好地方，期望今年暑假约上郝思来昆明，我带你们参观我们的实验室，一起到附近的风景胜地一游。

这篇微信的内容丰富多彩，尚进一时还不能全部看懂，为能较好地与郝思展开讨论，他立即将这封微信转给郝思。

郝思已经从网上购买了《信息光学教程》第2版。看过师兄微信后，他从网上下载了程序LXM6.m，立即对彭颖发来的圆孔衍射实验图像做模拟计算。由于理论计算与实验吻合甚好，他禁不住给尚进发了一条微信："老兄，彭颖建议下载的程序太好了！我们还将得到她的赠书，真得谢谢她。"

程序LXM6.m是基于角谱衍射理论及快速傅里叶变换编写的，是否真能准确计算衍射问题呢？下面我们将看到，其数值计算理论还需要补充和完善。

9.5　角谱衍射计算程序引起的困惑

两位年轻人通话的话题很快便转到对彭颖发来的微信内容的讨论。

尚进认为，球面波照明圆孔衍射的问题按照彭颖这次发来的公式（9-4）进行"微波元法"计算应该是可以的，只要将取样点放在透过圆孔的球面波前上，并且按照上次彭颖来信说到的取样规则，就不会产生克隆光场干扰，获得正确的结果。至于全息3D显示及动画，图像很好看，待收到彭颖的赠书后可以认真学习研究。

郝思则觉得应该看一下程序LXM6.m对应的理论，这样才能较好地知道这个程序的由来。讨论结束后，二人分头学习研究。

很快，尚进将球面波照明圆孔衍射的想法按照式（9-4）编写成程序，计算完成后取模的平方得到强度图像。他与自己曾经在家的实验图像比较后，非常吻合。他将程序及实验测量整理成文立即发微信给师弟。

然而，正当他为所取得的学习成果欣慰之时，郝思的电话来了。

"老尚，我已经看了你的微信，将透过圆孔的球面波前视为新的曲面波源，这事实上就是惠更斯-菲涅耳原理的一个实际应用。数值计算时，按照彭师姐提供的取样宽度规则，在球面波前上合理取样，不产生克隆场干扰就会得到正确的结果。但是，我用网上下载的程序LXM6.m对她发来的圆孔衍射实验进行了计算，觉得有一些问题不好解释。我将所遇到的问题整理成一个文件，用附件发给你。你最好是将文件中的图像放到电脑上，我们一起讨论。"

很快，尚进在电脑上看到了图像，并立即给郝思拨通视频通话："好啦，我看到了，请讲！"

"老兄请看，这是三种不同距离的理论计算及实验测量的比较结果（图9-10）。"

"是的，我看到了。"

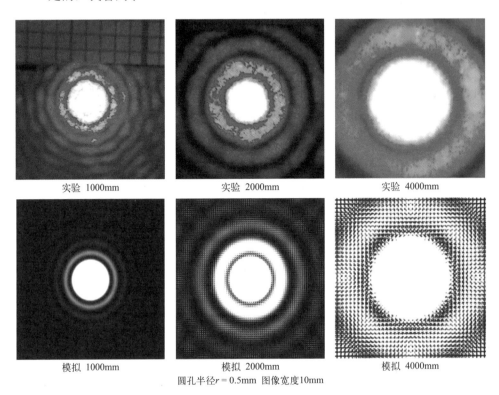

实验 1000mm　　　　　实验 2000mm　　　　　实验 4000mm

模拟 1000mm　　　　　模拟 2000mm　　　　　模拟 4000mm

圆孔半径 $r = 0.5$mm　图像宽度10mm

▲ 图9-10　圆孔衍射的D-FFT算法与实验测量的比较

"应该说网上下载的程序是不错的，我已经注意到光强较大的图像区域因手机响应饱和，呈现为一白色区域，特地对图像的显示进行了限幅处理。现在图像中央的白色区域事实上包含了相对强度为最大强度1/100的所有区域。从总体上看，理论计算与实验测量吻合较好，但随着衍射距离的增加，理论计算的衍射斑上会出现不平滑变化的毛刺。"

"是的，我看到了。"尚进也陷入深思。

郝思接着说："虽然李老师的书上讲，这个程序对衍射距离较近的计算合适。但书中涉及的是快速傅里叶变换理论，我们都没学过，我一时还看不懂。要不你再请教一下你的彭师姐？看看你的那位高人有什么高见。"

"好吧，我再问问。"尚进将问题整理后立即又给彭颖发了微信。

9.6　角谱衍射的数值计算理论补充

没想到，还不到1小时，尚进便收到彭颖的电话回复。

"很抱歉！我忘记告诉你，这个计算程序的理论已经被修改或者说补充了，这是不久前李老师参加我们课题组讨论时说到的。他和宋老师都认为，按照角谱衍射理论，当利用衍射传递函数计算衍射时，初始光场的取样平面与计算后的观测平面是同样的宽度，一旦计算区域的宽度及衍射距离选定，初始平面发出的许多高频角谱不能到达计算区。在编程计算时必须删除那些不能到达计算区的高频角谱，否则，那部分角谱就形成对计算结果的干扰。李老师表示，今后再版《信息光学教程》或衍射计算专著时，要将这部分内容补上。

"由于角谱衍射理论及衍射的D-FFT算法你们都未学习过，一时较难向你们认真解释。现在，我将要补充在LXM6.m程序中的几个语句发给你，你们补上就能较好地完成运算。"（见本书附录中的程序LM3.m）

很快，尚进收到这位好心师姐发来的语句，按照师姐的说明对程序进行了修改，计算图像果然大为改观。为能较直观地看出程序修改前后所计算得到的衍射场强度的变化，尚进还补充了每一图像沿横轴的强度曲线，见图9-11。

整理计算结果后，他通过电话对彭师姐表示感谢，并给郝思发了计算图像及下面的说明文字。

"老弟，我收到彭颖的回信了，LXM6.m程序的计算理论已经被补充或完善，只是还没有形成论文发表，彭颖给我发来了程序的修改语句。关于LXM6.m程序

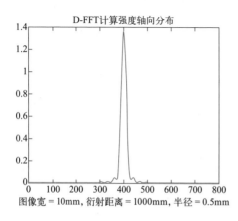

图像宽＝10mm，衍射距离＝1000mm，半径＝0.5mm

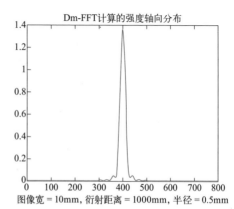

图像宽＝10mm，衍射距离＝1000mm，半径＝0.5mm

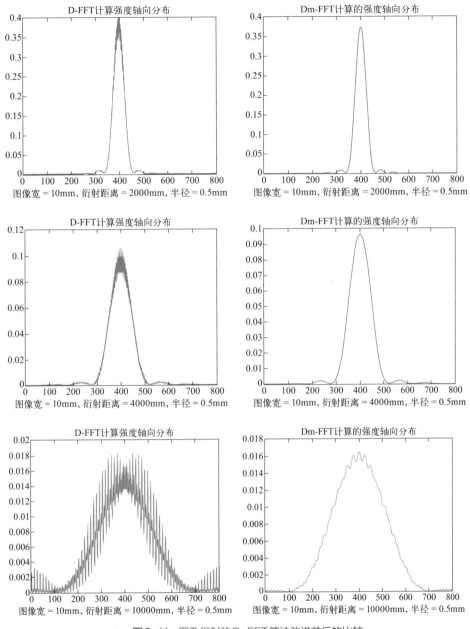

▲ **图9-11** 圆孔衍射的D-FFT算法改进前后的比较

的计算理论及目前为什么要做修改，涉及角谱衍射数值计算理论，今后我们再学习。按照彭颖的建议，我对程序修改后，已经能够较理想地获得与实验相一致的结果。下面是程序修改前后的几幅衍射斑的轴向强度曲线比较。修改前的图像我标注为D-FFT，修改后的标注为Dm-FFT。

可以看出，随着衍射距离的增加，彭颖所说的高频角谱的干扰逐渐增加。如果不对程序进行修改，网上下载的D-FFT计算程序LXM6.m只能较好地计算距离比较近的衍射场。但按照补充和完善后的计算理论，对衍射距离较远的衍射计算也能够足够好地得到与实验观测相吻合的结果。"

郝思看了尚进发来的微信，并仔细研究发来的Dm-FFT程序，觉得一时难以弄懂，便打算今后认真看看《信息光学教程》这本书后再与尚进讨论。

他给尚进回了微信：

"谢谢师兄，虽然现在我和你一样，一时还不能弄懂D-FFT或Dm-FFT程序涉及相应的衍射数值计算理论，既然我们都是光学专业的，今后要认真学习。

我觉得应该将我们这个假期学习的大体情况给肖教授汇报一次，师兄意下如何？"

尚进读了他的回信后表示，向肖教授发这样一封信很必要。但由于他的好几个老同学假期约他的几次聚会都没去，同学们"罚他做东"明天组织一次聚会。因此，他建议郝思先执笔，写好后一起讨论。

两天以后，尚进和郝思认真地整理了假期学习心得发给了肖教授。让他们没想到的是，肖教授对他们的学习成果加以褒奖后，给他们讲述了两个故事：

一是在没有计算机的时代，菲涅耳是如何计算衍射积分的。菲涅耳用他总结的计算方法准确地计算了1818年获得大奖论文中他进行的25次直边衍射条纹的分布。

二是介绍昆工李老师3年前从法国合作者那里得到菲涅耳这25次直边衍射的实验数据后，意外地发现，他30年前导出的直边衍射条纹的间距公式，能够准确地计算菲涅耳获得大奖论文给出的所有直边衍射实验的条纹间距分布。

参考文献

[1] 熊秉衡,李俊昌.全息干涉计量——原理和方法[M].北京:科学出版社,2009.

[2] 李俊昌.衍射计算及数字全息[M].北京:科学出版社,2014.

[3] 钱晓凡.信息光学数字实验室[M].北京:科学出版社,2015.

[4] Jun-Chang Li, Pascal Picart.Holographie Numérique[M]. Paris: Lavoisier, 2012.

[5] Pascal Picart, Jun-Chang Li.Digital Holography[M]. London: WILEY, 2012.

[6] 张亚萍,潘定中.现代信息光学[M].北京:高等教育出版社,2023.

[7] Joseph. W. Goodman.傅里叶光学导论[M].陈家璧,等,译.北京:科学出版社,2020.

[8] 李俊昌,熊秉衡.信息光学教程[M].北京:科学出版社,2011.

[9] 李俊昌,熊秉衡.信息光学教程[M].2版.北京:科学出版社,2017.

[10] 李俊昌, 罗润秋, 彭祖杰, 等. 相干光成像系统传递函数的物理意义及实验证明[J]. 光学学报, 2021, 41 (12): 1207001.

[11] 李俊昌, 彭祖杰, 桂进斌, 等. 傍轴光学系统的相干光成像计算[J].激光与光电子学进展, 2021, 58(18): 181.

[12] 李俊昌, 桂进斌, 宋庆和, 等. 像面数字全息物体像的完整探测及重建[J]. 光学学报, 2022, 42(13): 1309001.

[13] Jun-chang Li, Patrice Tankam, Zu-jie Peng, et al.Digital Holographic Reconstruction of Large Objects Using a Convolution Approach and Adjustable Magnification. Optics Letters,2009, 5(34)572-574.

[14] Li, Jun-chang, Peng, Zu-jie, Tankam, Patrice, et al. Digital Holographic Reconstruction of a Local Object Field Using an Adjustable Magnification. Journal of the Optical Society of America A, 2011, 6, (28): 1291-1296.

[15] Ma X, Gui J, Li J, et al. A Layered Method Based on Depth of Focus for Rapid Generation of Computer-Generated Holograms [J]. Applied Sciences, 2024, 14(12): 5109.

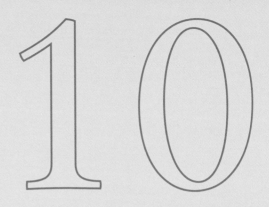

菲涅耳函数的
菲涅耳算法

——

目前，菲涅耳衍射积分的运算基本采用快速傅里叶变换（FFT）。然而，不同的FFT算法是1965年后才逐渐研究出来的，200年前还没有计算机，这篇动摇微粒说的获大奖论文中菲涅耳如何计算他提出的积分表达式，乃是当今科技界鲜为人知的故事。当照明光为均匀球面波时，直边衍射的计算事实上转换为后人命名的菲涅耳函数的计算。本章将介绍菲涅耳1818年获大奖论文中计算该函数的繁杂数学方法及用于验证计算结果的直边衍射实验。

基于对菲涅耳函数的数学分析，我们将看到，不但可以利用计算机技术准确计算菲涅耳函数，而且能够导出简明的直边衍射条纹分布公式。该公式的计算结果与菲涅耳当年的计算结果完全相同，可以准确计算菲涅耳1818年获大奖论文中25次直边衍射条纹的分布。

10.1 何为菲涅耳函数

新学期很快开始，肖教授在接到两位年轻人的微信后，给尚进和郝思发来了下面的微信：

两位年轻人好！你们利用假期学习了许多知识，特别是能动手做实验来证明菲涅耳的衍射理论值得赞扬。但是，一是要注意对激光的安全防护，二则也应利用假期好好休息，迎接新学期的到来。

现在我们有了计算机，许多复杂的光学计算问题可以用计算机编程求解。但是，任何计算程序都是基于相应的物理及数学知识编写的。衍射计算是光学研究中一个非常复杂的问题，在没有计算机的时代，衍射计算问题就更为复杂，只能直接面对衍射积分的数学式直接求解。

菲涅耳在1818年获大奖的论文中，将惠更斯原理用他提出的衍射积分表示，如果他不能用衍射积分定量描述大会组织者提出的议题，那么就不可能在这次大会上让波动说获得胜利。

现在，我们来回顾菲涅耳讨论直边衍射问题时，如何利用他提出的数学方法求解衍射积分的数学过程。

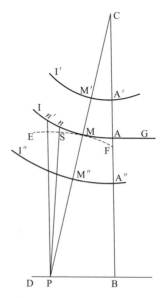

▲ 图10-1　菲涅耳用微波带法研究直边衍射的图像

在他获大奖的论文中有如图10-1所示图像（摘自1819年菲涅耳撰写的《光的衍射回忆录》图8）。

图中，C 是发光点。实际观测点 P 距离光轴的距离 PB 远小于 CA 及 AB。菲涅耳令 a 和 b 分别表示 CA 和 AB 的长度，用 $\mathrm{d}z$ 表示 C 点发出的球面波上任意给定的小弧 nn'，用 z 表示它到 M 点的距离，当 z 甚小于 a 和 b 时，菲涅耳将点 C 到点 P 的光程近似为 $\dfrac{z^2(a+b)}{2ab}$。他令光波长为 λ，并假设小弧 nn' 发出并到达 P 点的光波有两个光振动分量：

$$
\mathrm{d}z.\cos\left(\pi\frac{z^2(a+b)}{ab\lambda}\right),\quad \mathrm{d}z.\sin\left(\pi\frac{z^2(a+b)}{ab\lambda}\right)
$$

对波面上所有光波的两分量求积分，菲涅耳提出 P 点处的光波的强度可以表示为：

$$
\left[\int \mathrm{d}z.\cos\left(\pi\frac{z^2(a+b)}{ab\lambda}\right)\right]^2+\left[\int \mathrm{d}z.\sin\left(\pi\frac{z^2(a+b)}{ab\lambda}\right)\right]^2 \tag{10-1}
$$

上述讨论可以视为菲涅耳基于惠更斯原理而形成的"微波带法"计算，因此，我将图10-1标示为菲涅耳用微波带法研究直边衍射的图像。

按照图10-1，菲涅耳假定屏足够宽，只对屏 AG 左侧的透光区域做积分运算。

他令 $q=\pi/2, v=\sqrt{\dfrac{2z^2(a+b)}{ab\lambda}}$，将式（10-1）简化为以下两积分：

$$
\begin{cases}
S(x)=\displaystyle\int_0^x \sin\left(\frac{\pi}{2}v^2\right)\mathrm{d}v \\[3mm]
C(x)=\displaystyle\int_0^x \cos\left(\frac{\pi}{2}v^2\right)\mathrm{d}v
\end{cases} \tag{10-2}
$$

由于菲涅耳的获奖论文在光学发展史上具有重要意义，这两个积分在现在的数学手册中称为菲涅耳函数[1]。

长期以来，虽然大量科技工作者对菲涅耳函数的计算进行了研究，然而，至今仍然没有得到解析结果，按照数学手册上提供的信息，菲涅耳函数只能表示成无穷级数[1]：

$$
\begin{cases}
S(x)=\displaystyle\sum_{k=0}^{\infty}\frac{(-1)^k}{(2k+1)!}\left(\frac{\pi}{2}\right)^{2k+1}\frac{x^{4k+3}}{4k+3} \quad (|x|<\infty) \\[3mm]
C(x)=\displaystyle\sum_{k=0}^{\infty}\frac{(-1)^k}{(2k)!}\left(\frac{\pi}{2}\right)^{2k}\frac{x^{4k+1}}{4k+1} \quad (|x|<\infty)
\end{cases}
$$

10.2　菲涅耳函数的菲涅耳算法

很明显，即便当年有这个级数式，利用级数表达式来讨论衍射问题也是很不方便的。为此，菲涅耳对两积分做了近似计算。由于式（10-2）中积分的函数值

随积分变量 v 的增加会产生周期很短的急剧正负交替变化，他将积分视为一序列积分范围很小并相互衔接的积分之和。他令 i 和 $i+t$ 是其中某一积分的下限和上限，再令 $v=i+u$，让 t 的宽度始终小于积分函数正负变化周期的 $1/20$（t 的取值将随着 v 的增加而急速减小）。由于 $v^2=i^2+2iu+u^2$，忽略 u^2 后他得到两组积分的近似公式：

$$\begin{cases} \int_{i}^{i+t}\cos(qv^2)\mathrm{d}v\approx\dfrac{1}{2q(i+t)}\Big\{\sin\big[q(i+t)(i+3t)\big]-\sin\big[q(i+t)(i-t)\big]\Big\} \\ \int_{i}^{i+t}\sin(qv^2)\mathrm{d}v\approx\dfrac{1}{2q(i+t)}\Big\{-\cos\big[q(i+t)(i+3t)\big]+\cos\big[q(i+t)(i-t)\big]\Big\} \end{cases} \quad (10\text{-}3)$$

$$\begin{cases} \int_{i}^{i+t}\cos(qv^2)\mathrm{d}v\approx\dfrac{1}{2qi}\Big\{\sin\big[q(i^2+2it)\big]-\sin(qi^2)\Big\} \\ \int_{i}^{i+t}\sin(qv^2)\mathrm{d}v\approx\dfrac{1}{2qi}\big[-\cos q(i^2+2it)+\cos qi^2\big] \end{cases} \quad (10\text{-}4)$$

基于式（10-3），菲涅耳通过手算→查正弦及余弦数值表→再手算，用繁杂的计算获得积分表 10-1（积分下限为 0，上限是 $5.5q$，以 $0.1q$ 为变化量时的数值积分表）。注意，表中的 $0.1q$ 并不是上面的 t，为得到相邻取值是 $0.1q$ 的积分结果，其间包含大量的中间积分运算。

表10-1　积分下限为 0 不同上限的菲涅耳计算的数值积分表

积分上限 （q）	$\int\cos(qv^2)\mathrm{d}v$	$\int\sin(qv^2)\mathrm{d}v$	积分上限 （q）	$\int\cos(qv^2)\mathrm{d}v$	$\int\sin(qv^2)\mathrm{d}v$
0.10	0.0999	0.0006	1.20	0.7161	0.6229
0.20	0.1999	0.0042	1.30	0.6393	0.6895
0.30	0.2993	0.0140	1.40	0.5439	0.7132
0.40	0.3974	0.0332	1.50	0.4461	0.6973
0.50	0.4923	0.0644	1.60	0.3662	0.6388
0.60	0.5811	0.1101	1.70	0.3245	0.5492
0.70	0.6597	0.1716	1.80	0.3342	0.4509
0.80	0.7230	0.2487	1.90	0.3949	0.3732
0.90	0.7651	0.3391	2.00	0.4486	0.3432
1.00	0.7803	0.4376	2.10	0.5819	0.3739
1.10	0.7463	0.5359	2.20	0.6367	0.4553

积分上限 （q）	$\int\cos(qv^2)\mathrm{d}v$	$\int\sin(qv^2)\mathrm{d}v$	积分上限 （q）	$\int\cos(qv^2)\mathrm{d}v$	$\int\sin(qv^2)\mathrm{d}v$
2.30	0.6271	0.5528	4.00	0.4986	0.4202
2.40	0.5556	0.6194	4.10	0.5739	0.4754
2.50	0.4581	0.6190	4.20	0.5420	0.5628
2.60	0.3895	0.5499	4.30	0.4497	0.5537
2.70	0.3929	0.4528	4.40	0.4385	0.4620
2.80	0.4678	0.3913	4.50	0.5261	0.4339
2.90	0.5627	0.4098	4.60	0.5674	0.5158
3.00	0.6061	0.4959	4.70	0.4917	0.5668
3.10	0.5621	0.5815	4.80	0.4340	0.4965
3.20	0.4668	0.5931	4.90	0.5003	0.4347
3.30	0.4061	0.5191	5.00	0.5638	0.4987
3.40	0.4388	0.4294	5.10	0.5000	0.5620
3.50	0.5883	0.4919	5.20	0.4390	0.4966
3.60	0.5328	0.4149	5.30	0.5078	0.4401
3.70	0.5424	0.5746	5.40	0.5573	0.5136
3.80	0.4485	0.5654	5.50	0.4783	0.5533
3.90	0.4226	0.4202			

由于菲涅耳函数积分限从负无穷大到0的积分值都等于 1/2，菲涅耳借助此表，通过他提出的再优化运算获得给定位置 P 点的光强取极值的位置。

再优化步骤是：首先通过表中数据考查两积分数值的平方和的大小，当 $v=i$ 时，两积分的平方和小于或大于表中前后邻近行的积分的平方和时，通过下面两式定义 I 和 Y：

$$\int_{-\infty}^{i+t}\cos(qv^2)\mathrm{d}v = \frac{1}{2} + \int_{0}^{i}\cos(qv^2)\mathrm{d}v + \int_{i}^{i+t}\cos(qv^2)\mathrm{d}v$$

$$= I + \int_{i}^{i+t}\cos(qv^2)\mathrm{d}v \tag{10-5}$$

$$\int_{-\infty}^{i+t}\sin(qv^2)\mathrm{d}v = \frac{1}{2} + \int_{0}^{i}\sin(qv^2)\mathrm{d}v + \int_{i}^{i+t}\sin(qv^2)\mathrm{d}v$$

$$= Y + \int_{i}^{i+t}\sin(qv^2)\mathrm{d}v \tag{10-6}$$

其中，t表示必须添加到i让P点的亮度达到最大或最小的值。由于观测点的强度为：

$$E(t) = \left\{ I + \int_i^{i+t} \cos(qv^2)\mathrm{d}v \right\}^2 + \left\{ Y + \int_i^{i+t} \sin(qv^2)\mathrm{d}v \right\}^2 \qquad （10-7）$$

要找到上式取极值的t值，应让$E（t）$的导数等于0。菲涅耳在求解计算中采取忽略t的平方等近似，最后得到P点的亮度达到最大或最小值时t满足的公式：

$$\sin(q(i^2 + 2it)) = \frac{2qi.I - \sin(qi^2)}{\sqrt{\left[qi.I - \sin(qi^2)\right]^2 + \left[2qiY + \cos(qi^2)\right]^2}} \qquad （10-8）$$

当通过上式求出t后，$i+t$则是相应极值点对应的位置。可以看出，菲涅耳为考查直边衍射条纹的分布，曾经进行过如此繁杂的数学计算，令人敬佩！

按照上述$q = \pi/2, v = \sqrt{\dfrac{2z^2(a+b)}{ab\lambda}}$的假定，由于$i+t = \sqrt{\dfrac{2z^2(a+b)}{ab\lambda}}$，因此有：

$$z = (i+t)\sqrt{\frac{ab\lambda}{2(a+b)}} \qquad （10-9）$$

根据图10-1的几何关系，观测平面上与上式对应的衍射极值点位置$x = z(+b)/a$。菲涅耳令$n = i+t$，代入上式得：

$$x = n\sqrt{\frac{(a+b)b\lambda}{2a}} \qquad （10-10）$$

菲涅耳的实验观测表明，第1级最小值时$n=1.873$。然而，按照他在大会报告开始的半波带法简明讨论（见第6章），菲涅耳假定遮挡屏边界有一个半波延迟，令$d = m\lambda - \lambda/2, (m=1,2,3,\cdots)$，得到第$m$级暗纹到遮挡屏边界几何投影的暗纹间隔是：

$$x = \sqrt{\frac{(2d+\lambda)b(a+b)}{a}} \qquad （10-11）$$

按照式（10-11），$m=1$时第1级最小值则为：

$$x_1 = \sqrt{\frac{2\lambda b(a+b)}{2a}} \qquad （10-12）$$

显然，式（10-10）和式（10-12）是不一致的。然而，半波带法虽然不能非常准确地预计衍射暗纹的分布，但可以简明地按照波动理论解释形成直边衍射条纹的物理原因，因此，菲涅耳在《光的衍射回忆录》中，仍然保留了半波带法讨论直边衍射条纹分布的内容。但对于与实验观测的比较，菲涅耳是采用导出式（10-8）的相关讨论与实验观测做比较的。

200年前还没有激光，菲涅耳的实验研究是在暗室中引入太阳光作为原始光源，让光通过小孔，并采用自己导出的狭缝衍射时的"泊松"斑纹公式，测量了只允许通过红光的滤玻片光波的波长是$\lambda=0.0006338\text{mm}$，展示了他认真进行的25次实验，并对每次实验前5级直边衍射暗纹的实验测量与理论计算做比较。

菲涅耳的《光的衍射回忆录》对他所做的实验有这样的描述，他认为观测暗纹比较方便，于是在透明玻璃片上刻了一小段细线，并将玻璃片固定在测微螺旋的一个测试端。旋转测微螺旋轮时，他让透明玻璃片细线一端还能看到暗纹，用眼睛认真观测并顺序记录下条纹的位置。他还特地说过一件有趣但很值得我们进行认真科学实验借鉴的事，他说："我在巴黎综合理工大学（Ecole polytechnique）的暗房中进行的第一次观察不够准确，暗房地板虽然坚固，但并不具有足够的稳定性，当我将身体的重心移到测试仪的左侧或右侧时，固定在测微螺旋一端的测量线有很轻微的改变。但是，我对后来的新观测结果充满信心，因为我将测微螺旋的支架固定在一个保险柜上……"

正如苏联科学院院士兰斯别尔格在俄文版《菲涅耳论文选集》序言中说到的那样，菲涅耳能够用他拥有的实验设备做出人们难以达到的测试精度。

看到这里，尚进的联想是："看来我们在家所做的实验很粗糙啊！今后得在实验室认真做实验。"而郝思的联想是老师带他们参观实验室的情况："难怪光学实验室有那么大的全息实验平台！"

在菲涅耳1819年写的《光的衍射回忆录》中有菲涅耳在大会报告中讲述的直边衍射条纹的25次实验的详尽信息。菲涅耳衍射积分的理论计算与实验测量惊人地吻合，无可争辩地证明了他推广和发展的惠更斯原理的正确性。表10-2是菲涅耳《光的衍射回忆录》法文原文的影印图像，是菲涅耳直边衍射条纹的第一次实验记录与菲涅耳用他提出的衍射积分计算的比较，表10-3是表10-2的译文。

表10-2　菲涅耳《光的衍射回忆录》中直边衍射第一次实验的影印图像

表10-3　菲涅耳《光的衍射回忆录》中直边衍射第一次实验的译文

观测序号	点源到不透明屏距离或参数 a	不透明屏到测量仪距离或参数 b	暗纹级次	暗纹到不透明屏几何投影边界距离 /mm		误差 /mm
				实验测量	理论计算	
1	0.1000m	0.7985m	1	2.84	2.83	-0.01
			2	4.14	4.14	0.00
			3	5.14	5.13	-0.01
			4	5.96	5.96	0.00
			5	6.68	6.68	0.00

　　附件给你们发去菲涅耳的这25次实验的详细数据。这里，我建议你们利用李老师按照菲涅耳衍射积分导出的直边衍射公式对这25次实验也进行一次计算。按照菲涅耳采用的变量符号，令照明光的波面半径为 a，衍射距离为 b，再令 $n=0,1,2,\cdots$，将公式中第 n 级衍射暗纹视为菲涅耳实验中的 $n-1$ 级暗纹，暗纹到物投影边界的距离是：

$$d_{\min}(n) = \frac{\sqrt{2n+2}+\sqrt{2n+3/2}}{2}\sqrt{\lambda b\left(\frac{b}{a}+1\right)} \qquad （10-13）$$

该公式的计算与菲涅耳的计算结果完全一致。

郝思很快用MATLAB软件编写了程序，按照表10-3给出的实验条件，利用式（10-13）得到的第1到第5级衍射暗纹到投影边界的距离分别是：2.823mm、4.141mm、5.129mm、5.955mm及6.680mm。

看着这个结果，郝思忍不住给尚进打通微信视频电话："老兄，你是否看了肖教授给我们发来的微信？李老师的公式太牛了，真没想到这么准！我初步算了一下，可以准确计算菲涅耳所做的直边衍射实验的条纹分布，我将刚编写的程序发到你邮箱了。"

"是吗？"接到师弟电话的尚进立即打开电脑。他认真阅读郝思发来的程序后，觉得无误。于是两人对照肖教授发来的菲涅耳25次直边衍射实验的信息进行了认真的比较计算（见本书附录中的程序LM4. m）。

面对比较结果，他们大为惊叹："简直难以相信！这可是200年前菲涅耳获奖论文的实验啊！"很快，郝思将比较结果重新列成表格，以他和尚师兄的名义发给肖教授（见本章附录）。

肖教授收到微信后的回信如下：

李老师的这个公式，事实上是为论证他1984年赴法国进修时提出的强激光均匀系统的可行性的一个意外收获[2]。该理论研究涉及到高斯光束通过方孔衍射时的菲涅耳衍射场强度计算，由于衍射积分没有解析解，他对积分式进行了认真的数学分析，不但得到便于计算机编程的积分链接算法，而且导出直边衍射条纹的分布公式。由于积分链接算法能够通过程序准确地计算菲涅耳函数，与菲涅耳当年的计算思想有相似之处，我先对此做介绍。

10.3 菲涅耳函数的积分链接算法

2020年出版的光学名著《傅里叶光学导论》第4版中译本中[3]，顾德门教授将菲涅耳函数称为菲涅耳积分。在讨论方孔的菲涅耳衍射场强度计算时，计算公式最终形成由菲涅耳积分表示的算式，对菲涅耳积分的计算有这样的描述："菲涅耳积分之值已经列成表，也可从许多计算机软件中得到，如Mathematica和Matlab软件，因此计算上述强度分布是一件轻而易举之事。"

然而，20世纪80年代，计算机软硬件都还不发达，李老师在进行强激光均匀变换系统研究时涉及到高斯光束通过方形孔的衍射场强度计算。由于没有解析解，经过对计算式的近似研究，最后也归结到菲涅耳函数的计算。当时李老师曾按照积分的几何意义，采用梯形法求积分函数曲线与横轴所围面积做数值计算，当计算范围较大时，就得不到正确结果。仔细分析积分函数才发现，在计算范围内，要让数值积分的间隔取得甚小于积分函数的变化周期，才可能得到正确的积分值。然而，由于菲涅耳函数中的积分函数是随积分变量的增加而以极高频率振荡的函数，必须建立数量极大的数组才能完成计算。那个年代的计算机不但计算速度慢，而且内存小，其内存不支持上述数值积分法需要的庞大数组，无法获得正确的结果。

为解决应用研究中遇到的问题，李老师通过对菲涅耳函数的数学分析，总结出积分链接算法。该算法是通过对菲涅耳函数中积分函数曲线研究及积分的几何意义分析得到的。图10-2（a）是两个积分函数的曲线，图10-2（b）是菲涅耳函数曲线。

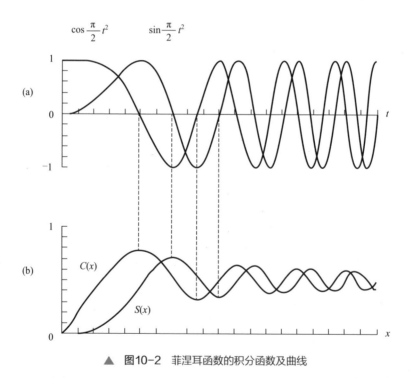

▲ 图10-2　菲涅耳函数的积分函数及曲线

根据积分的几何意义，正弦及余弦积分的极值点分别在积分函数的零点位置出现，并且，相邻两个极值点之间被积函数值符号不变。为避免梯形法编程求积分函数与横轴所围面积时没有足够大的数组取样而出错的问题，李老师将菲涅耳函数通过积分函数的零点表示为[4, 5]：

$$S(x) = \begin{cases} \displaystyle\int_0^x \sin\left(\frac{\pi}{2}t^2\right)dt, & x \leqslant \sqrt{2} \\ \displaystyle\sum_{n=0}^{N} \int_{\sqrt{2n}}^{\sqrt{2(n+1)}} \sin\left(\frac{\pi}{2}t^2\right)dt \\ \quad + \displaystyle\int_{\sqrt{2(N+1)}}^{x} \sin\left(\frac{\pi}{2}t^2\right)dt, & \sqrt{2(N+1)} < x \quad N = 0,1,2,\cdots \end{cases} \tag{10-14}$$

$$C(x) = \begin{cases} \displaystyle\int_0^x \cos\left(\frac{\pi}{2}t^2\right)dt & x \leqslant 1 \\ \displaystyle\int_0^1 \cos\left(\frac{\pi}{2}t^2\right)dt + \sum_{n=1}^{N} \int_{\sqrt{2n-1}}^{\sqrt{2n+1}} \cos\left(\frac{\pi}{2}t^2\right)dt \\ \quad + \displaystyle\int_{\sqrt{2N+1}}^{x} \cos\left(\frac{\pi}{2}t^2\right)dt, & \sqrt{2N+1} < x \qquad N = 1,2,\cdots \end{cases} \tag{10-15}$$

当菲涅耳函数表示为上述形式后，式中每一个积分都可以采用常用的数值积分方法，不用很大的取样数即能求得给定精度的解。通过一个个积分的链接累加计算，便能获得精确的菲涅耳函数值。

1985年李老师开始进行上面的计算时，实验室只有一台计算机供大家公用。由于完成计算涉及的积分数量太多，那时流行的是在DOS系统下编写的解释BASIC语言，计算速度非常慢。他不得不先在本子上将程序认真写好，周末大家下班前人较少时去计算机前正式编写程序，程序输入完成后，让计算机计算到下一周的周一早上去取结果。由于程序并不是一次便能调整好的，差不多用了一个多月的时间才获得正确的结果。

后来，李老师认真总结后，得到了一种可以较快地得到结果的递推插值算法，事实上就是将求和号内的每个积分值预先计算好后存为一个数组备用，正式计算时先考查给定的计算点应在哪两个积分之间，插入一个单积分运算便能得到很好的结果。

可以看出，这个算法与菲涅耳当年的计算思路是一致的。只是当年没有计算机，菲涅耳不得不将每一个单积分转化为近似的代数式做出积分表，最后确定直边衍射条纹的强度极值时，先考查极值大约落在表中哪两个数值中间，再通过函数求极值的数学方法来确定衍射场的暗纹位置。李老师是将式（10-14）及式（10-15）中一序列单一积分的运算值先做成一个数组，实际计算任意给定变量的菲涅耳函数值时，先考查计算点 x 落在哪两个积分之间，然后用一个单积分运算后加上前方的积分值[4, 5]，两种处理方法很相似。

随着计算机技术的进步，现在已经有许多数学计算软件可以直接计算菲涅耳函数。但其计算所依赖的数学背景是不可见的。如果没有计算软件，就需要科技工作者采用C语言一类的低层源代码，自己动手编程完成计算。作为学习能力的一种锻炼，建议你们今后能就上面公式，用C++语言自己编写程序计算菲涅耳函数。

菲涅耳做的衍射实验已经是200年前的事了。也许，你们会认为上面对菲涅耳函数及直边衍射条纹的计算讨论很有点学院式研究的味道，不知这些知识是否能够用于实际？事实上，菲涅耳函数在衍射数值计算中具有十分重要的意义[4, 5]，灵活应用直边衍射条纹公式，还可以解决现代光学检测及应用中的许多重要问题[6]，今后我会再告诉你们。

10.4　直边衍射条纹间距公式的推导

这封微信最后，肖教授说道：实际上，在没有得到菲涅耳函数的数值解之前，李老师根据积分的几何意义绘出图10-2（b）的曲线大致形貌后，将出现强度极值之点视为相邻极值点的坐标平均值，便导出了直边衍射条纹的极大值和极小值的分布公式。后来按照公式（10-14）、公式（10-15）编程计算验证了这个推断[2]。

公式的推导简明地总结在李老师和熊秉衡教授所写的《信息光学教程》一书中[7, 8]，下面参照该教材对此简要介绍。

单位平面波照明2、3象限的半无限大遮挡屏时，经距离 d 的衍射观测平面的光波场由菲涅耳衍射积分表示出：

$$U(x,y) = \frac{\exp(jkd)}{j\lambda d} \int_{-\infty}^{\infty} dy_0 \int_{0}^{\infty} \exp\left\{ \frac{jk}{2d}\left[(x-x_0)^2 + (y-y_0)^2 \right] \right\} dx_0$$

利用菲涅耳函数可以简化为：

$$U(x,y) = \frac{\exp(jkd)}{2j}(1+j)\left\{ \frac{1}{2} + C\left(\sqrt{\frac{2}{\lambda d}}x \right) + j\left[\frac{1}{2} + S\left(\sqrt{\frac{2}{\lambda d}}x \right) \right] \right\} \qquad （10\text{-}16）$$

于是，观测平面的光波场强度为：

$$I(x,y) = |U(x,y)|^2$$
$$= \frac{1}{2}\left\{\left[\frac{1}{2} + C\left(\sqrt{\frac{2}{\lambda d}}x\right)\right]^2 + \left[\frac{1}{2} + S\left(\sqrt{\frac{2}{\lambda d}}x\right)\right]^2\right\} \tag{10-17}$$

参照图10-2菲涅耳函数的积分函数及积分曲线，令 $n = 0,1,2,\cdots$，菲涅耳函数取极大值时分别满足[2]：

$$S(z)：\quad z = \sqrt{4n+2} = \sqrt{\frac{2}{\lambda d}}x_{S\max}，\quad 即\ x_{S\max} = \sqrt{(2n+1)\lambda d}$$

$$C(z)：\quad z = \sqrt{4n+1} = \sqrt{\frac{2}{\lambda d}}x_{C\max}，\quad 即\ x_{C\max} = \sqrt{(2n+1/2)\lambda d}$$

而取极小值时分别满足：

$$S(z)：\quad z = \sqrt{4n+4} = \sqrt{\frac{2}{\lambda d}}x_{S\min}，\quad 即\ x_{S\min} = \sqrt{(2n+2)\lambda d}$$

$$C(z)：\quad z = \sqrt{4n+3} = \sqrt{\frac{2}{\lambda d}}x_{C\min}，\quad 即\ x_{C\min} = \sqrt{(2n+3/2)\lambda d}$$

根据图10-2所示菲涅耳函数曲线，虽然 $C\left(\sqrt{\frac{2}{\lambda d}}x\right)$ 及 $S\left(\sqrt{\frac{2}{\lambda d}}x\right)$ 不在同一位置达到极值，但可以认为衍射亮纹及暗纹的位置是两函数相邻极大位置的算术平均值以及相邻极小位置的算术平均值。这样，从几何投影边界算起，第 n 个衍射亮纹，到投影边界的距离为：

$$D_{\max}(n) = \frac{\sqrt{2n+1} + \sqrt{2n+1/2}}{2}\sqrt{\lambda d} \tag{10-18}$$

而从几何投影边界算起，第 n 个衍射暗纹到投影边界的距离为：

$$D_{\min}(n) = \frac{\sqrt{2n+2} + \sqrt{2n+3/2}}{2}\sqrt{\lambda d} \tag{10-19}$$

半径为 R 的发散球面波照明下经过衍射距离 d 的计算，可以简化为平面波照明衍射距离为 $d(\frac{d}{R}+1)$ 的衍射计算。这样，从几何投影边界算起，第 n 个衍射亮纹到投影边界的距离为：

$$D_{\max}(n) = \frac{\sqrt{2n+1} + \sqrt{2n+1/2}}{2}\sqrt{\lambda d\left(\frac{d}{R}+1\right)} \tag{10-20}$$

而从几何投影边界算起，第n个衍射暗纹到投影边界的距离为：

$$D_{\min}(n) = \frac{\sqrt{2n+2}+\sqrt{2n+3/2}}{2}\sqrt{\lambda d\left(\frac{d}{R}+1\right)} \qquad (10\text{-}21)$$

将式（10-21）与式（10-1）比较可以看出，这正是前面我建议你们用来计算菲涅耳25次直边衍射实验条纹的公式。

附录　用菲涅耳1818年的实验对直边衍射条纹间距公式做实验证明

菲涅尔1818年进行的直边衍射条纹第1～25次实验测量及两种计算方法的比较见表10-4～表10-8。

表10-4　菲涅耳1818年进行的直边衍射条纹第1～5次实验测量及两种计算方法的比较

实验序号及距离参数/mm	暗纹级次	实验测量暗纹到物投影边界距离/mm	菲涅耳公式计算	菲涅耳公式误差	本书公式计算	本书公式误差
（1） a=100.0 b=798.5	1	2.84	2.83	−0.01	2.8230	−0.02
	2	4.14	4.14	0.00	4.1408	0.00
	3	5.14	5.13	−0.01	5.1291	−0.01
	4	5.96	5.96	0.00	5.9553	0.00
	5	6.68	6.68	0.00	6.6800	0.00
（2） a=198.5 b=637.0	1	1.73	1.73	0.00	1.7257	0.00
	2	2.54	2.53	−0.01	2.5313	−0.01
	3	3.14	3.14	0.00	3.1355	0.00
	4	3.65	3.65	−0.01	3.6406	0.00
	5	4.06	4.08	0.02	4.0836	0.02
（3） a=202.0 b=640.0	1	1.72	1.73	0.01	1.7214	0.00
	2	2.50	2.53	0.03	2.5250	0.03
	3	3.13	3.13	0.00	3.1276	0.00
	4	3.62	3.63	0.01	3.6314	0.01
	5	4.07	4.07	0.00	4.0733	0.00
（4） a=510.0 b=110.0	1	0.39	0.39	0.00	0.3854	0.00
	2	0.58	0.57	−0.01	0.5653	−0.01
	3	0.71	0.70	−0.01	0.7002	−0.01
	4	0.82	0.81	−0.01	0.8130	−0.01
	5	0.91	0.91	0.00	0.9120	0.00
（5） a=510.0 b=501.0	1	1.05	1.05	0.00	1.0503	0.00
	2	1.54	1.54	0.00	1.5406	0.00
	3	1.90	1.91	0.01	1.9083	0.01
	4	2.21	2.22	0.01	2.2157	0.01
	5	2.49	2.49	0.00	2.4853	0.00

表10-5 菲涅耳1818年进行的直边衍射条纹第6～10次实验测量及两种计算方法的比较

实验序号及距离参数/mm	暗纹级次	实验测量暗纹到物投影边界距离/mm	菲涅耳公式计算	菲涅耳公式误差	本书公式计算	本书公式误差
（6） a=510.0 b=1005.0	1	1.82	1.83	0.01	1.8210	0.01
	2	2.66	2.67	0.01	2.6711	0.01
	3	3.30	3.31	0.01	3.3086	0.01
	4	3.84	3.84	0.00	3.8416	0.00
	5	4.31	4.31	0.00	4.3090	0.00
（7） a=1011.0 b=116.0	1	0.38	0.38	0.00	0.3790	0.00
	2	0.57	0.56	−0.01	0.5590	−0.01
	3	0.69	0.69	0.00	0.6886	0.00
	4	0.80	0.80	0.00	0.7995	0.00
	5	0.90	0.90	0.00	0.8968	0.00
（8） a=1011.0 b=502.0	1	0.92	0.92	0.00	0.9135	−0.01
	2	1.35	1.34	−0.01	1.3399	−0.01
	3	1.68	1.66	−0.02	1.6597	−0.02
	4	1.93	1.93	0.00	1.9271	0.00
	5	2.15	2.16	0.01	2.1616	0.01
（9） a=1011.0 b=996.0	1	1.49	1.49	0.00	1.4820	0.00
	2	2.18	2.18	0.00	2.1738	0.00
	3	2.70	2.69	−0.01	2.6926	−0.01
	4	3.12	3.13	0.01	3.1263	0.01
	5	3.51	3.51	0.00	3.5067	0.00
（10） a=1011.0 b=2010.0	1	2.59	2.59	0.00	2.5829	0.00
	2	3.79	3.79	0.00	3.7886	0.00
	3	4.68	4.69	0.01	4.6929	0.01
	4	5.45	5.45	0.00	5.4488	0.00
	5	6.10	6.11	0.01	6.1119	0.01

表10-6 菲涅耳1818年进行的直边衍射条纹第11～15次实验测量及两种计算方法的比较

实验序号及距离参数/mm	暗纹级次	实验测量暗纹到物投影边界距离/mm	菲涅耳公式计算	菲涅耳公式误差	本书公式计算	本书公式误差
（11） a=2008.0 b=118.0	1	0.37	0.37	0.00	0.3725	0.00
	2	0.55	0.55	0.00	0.5464	0.00
	3	0.68	0.68	0.00	0.6768	0.00
	4	0.79	0.79	0.00	0.7859	0.00
	5	0.87	0.88	0.01	0.8815	0.01

实验序号及距离参数/mm	暗纹级次	实验测量暗纹到物投影边界距离/mm	菲涅耳公式计算	菲涅耳公式误差	本书公式计算	本书公式误差
（12） a=2008.0 b=999.0	1	1.30	1.29	−0.01	1.2891	−0.01
	2	1.89	1.89	0.00	1.8908	0.00
	3	2.34	2.34	0.00	2.3421	0.00
	4	2.71	2.72	0.01	2.7194	0.01
	5	3.03	3.05	0.02	3.0503	0.02
（13） a=2008.0 b=2998.0	1	2.89	2.89	0.00	2.8813	0.00
	2	4.23	4.23	0.00	4.2263	0.00
	3	5.22	5.24	0.02	5.2351	0.02
	4	6.08	6.08	0.00	6.0783	0.01
	5	6.80	6.82	0.02	6.8180	0.02
（14） a=3018.0 b=1.7	1	0.04	0.04	0.00	0.0435	0.00
	2	0.06	0.06	0.00	0.0638	0.00
	3	0.08	0.08	0.00	0.0790	0.00
（15） a=3018.0 b=253.0	1	0.54	0.55	0.01	0.5519	0.0119
	2	0.80	0.81	0.01	0.8095	0.0095
	3	1.00	1.00	0.00	1.0027	0.0027
	4	1.16	1.16	0.00	1.1642	0.0042
	5	1.31	1.31	0.00	1.3059	−0.0041

表10-7　菲涅耳1818年进行的直边衍射条纹第16～20次实验测量及两种计算方法的比较

实验序号及距离参数/mm	暗纹级次	实验测量暗纹到物投影边界距离/mm	菲涅耳公式计算	菲涅耳公式误差	本书公式计算	本书公式误差
（16） a=3018.0 b=500.0	1	0.81	0.81	0.00	0.8046	−0.0054
	2	1.17	1.18	0.01	1.1802	0.01082
	3	1.45	1.46	0.01	1.4619	0.0119
	4	1.69	1.70	0.01	1.6974	0.0074
	5	1.89	1.90	0.01	1.9039	0.0139
（17） a=3018.0 b=1003.0	1	1.21	1.22	0.01	1.2183	0.0083
	2	1.78	1.79	0.01	1.7871	0.0071
	3	2.20	2.21	0.01	2.2136	0.0136
	4	2.56	2.57	0.01	2.5702	0.0102
	5	2.87	2.88	0.01	2.8829	0.0129

实验序号及距离参数/mm	暗纹级次	实验测量暗纹到物投影边界距离/mm	菲涅耳公式计算	菲涅耳公式误差	本书公式计算	本书公式误差
（18） a=3018.0 b=1998	1	1.92	1.93	0.01	1.9206	0.0006
	2	2.83	2.82	−0.01	2.8171	−0.0129
	3	3.49	3.49	0.00	3.4895	−0.0005
	4	4.04	4.05	0.01	4.0516	0.0116
	5	4.54	4.55	0.01	4.5446	0.0046
（19） a=3018.0 b=3002.0	1	2.58	2.59	0.01	2.5790	−0.0010
	2	3.78	3.79	0.01	3.7829	0.0029
	3	4.68	4.69	0.01	4.6858	0.0058
	4	5.44	5.44	0.00	5.4406	0.0006
	5	6.09	6.10	0.01	6.1027	0.0127
（20） a=3018.0 b=3995.0	1	3.19	3.22	0.03	3.2112	0.0212
	2	4.70	4.71	0.01	4.7102	0.0102
	3	5.83	5.84	0.01	5.8343	0.0043
	4	6.73	6.78	0.05	6.7742	0.0442
	5	7.58	7.60	0.02	7.5985	0.0185

表10-8 菲涅耳1818年进行的直边衍射条纹第21～25次实验测量及两种计算方法的比较

实验序号及距离参数/mm	暗纹级次	实验测量暗纹到物投影边界距离/mm	菲涅耳公式计算	菲涅耳公式误差	本书公式计算	本书公式误差
（21） a=4507.0 b=131.0	1	0.38	0.39	0.01	0.3870	0.0070
	2	0.56	0.57	0.01	0.5676	0.0076
	3	0.70	0.70	0.00	0.7031	0.0031
	4	0.81	0.82	0.01	0.8163	0.0063
	5	0.92	0.92	0.00	0.9157	−0.0043
（22） a=4707.0 b=1018.0	1	1.18	1.18	0.00	1.1727	−0.0073
	2	1.73	1.73	0.00	1.7202	−0.0080
	3	2.13	2.14	0.01	2.1307	0.0007
	4	2.49	2.48	−0.01	2.4740	−0.0160
	5	2.80	2.79	0.01	2.7750	−0.0250

实验序号及距离参数/mm	暗纹级次	实验测量暗纹到物投影边界距离/mm	菲涅耳公式计算	菲涅耳公式误差	本文公式计算	本文公式误差
（23） a=4507.0 b=2506.0	1	2.11	2.09	−0.02	2.0812	−0.0288
	2	3.07	3.05	−0.02	3.0527	−0.0173
	3	3.78	3.78	0.00	3.7813	0.0013
	4	4.39	4.39	0.00	4.3904	0.0004
	5	4.90	4.93	0.03	4.9247	0.0247
（24） a=6007.0 b=117.0	1	0.36	0.37	0.01	0.3640	0.0040
	2	0.53	0.53	0.00	0.5339	0.0039
	3	0.66	0.66	0.00	0.6613	0.0013
	4	0.77	0.77	0.00	0.7679	−0.0021
	5	0.85	0.86	0.01	0.8613	0.0113
（25） a=6007.0 b=999.0	1	1.13	1.14	0.01	1.1376	0.0076
	2	1.67	1.67	0.00	1.6687	−0.0013
	3	2.06	2.07	0.01	2.0670	0.0070
	4	2.40	2.40	0.00	2.3999	−0.0001
	5	2.69	2.69	0.00	2.6919	0.0019

参考文献

[1] 数学手册编写组. 数学手册 [M]. 北京：高等教育出版社, 1979.

[2] J.C.Li, J. Merlin et J. Perez, Etude comparative de différents dispositifs permettant de transformer un faisceau laser de puissance avec une répartition énergique gaussienne en une répartition uniforme[J], Revue de Physique Appliquée, 1986, (21): 425-433.

[3] Joseph. W. Goodman. 傅里叶光学导论 [M]. 4版. 陈家璧, 等, 译. 北京：科学出版社, 2020.

[4] 李俊昌. 激光的衍射及热作用计算 [M]. 北京：科学出版社, 2002.

[5] 李俊昌. 激光的衍射及热作用计算 [M]. 修订版. 北京：科学出版社, 2008.

[6] Li Junchang, et al.Utilisation des franges de diffraction induites par un bord droit pour caracteriser un faisceau laser de puissance[J]. Journal of Optics, 1993, 4, (24): 41-46.

[7] 李俊昌, 熊秉衡. 信息光学教程 [M]. 北京：科学出版社, 2011.

[8] 李俊昌, 熊秉衡. 信息光学教程 [M]. 2版. 北京：科学出版社, 2017.

菲涅耳函数的计算公式及其应用

2017年出版的光学名著《傅里叶光学导论》第4版对柯林斯积分做了介绍。柯林斯积分也称柯林斯公式，是计算光波通过傍轴光学系统的衍射计算公式。在应用研究中，柯林斯公式通常可以足够准确地变换为由菲涅耳函数表示的计算式，而菲涅耳函数可以足够准确地用代数式快速计算。

本章介绍两种不同的菲涅耳函数计算公式：其一摘自美国学者A. E. Siegman的专著《Lasers》，其二是笔者导出的计算公式。我们将对两种菲涅耳函数的计算公式精度进行比较，并给出用菲涅耳函数计算柯林斯公式的一个激光工业应用实例。

最后，通过菲涅耳衍射积分的研究，导出采用菲涅耳函数计算一些特殊衍射问题的计算公式及相应的实验证明。

11.1 樊老师给的研究任务

提前回到学校的彭颖与师弟黄金鑫和师妹赵雯丽商量后，通过两天努力，在师弟和师妹的协助下，开学前她完成了期望进行的彩色数字全息实验。正当他们为得到满意的实验结果而高兴之时，没注意到樊老师进了实验室。

"小彭，你们的实验怎么样？"

"啊！樊老师，还不错，托师弟和师妹之福，今天光路调整很顺利。"彭颖回答后，请樊老师到电脑前坐下，在电脑前给樊老师展示了她根据全息图重建的彩色图像。

看完实验结果后，樊老师站起身说道："实验非常不错！今天我想让你们做一项有意义的工作。"说着，便向几位研究生拿出他带来的一本书。

樊老师说道："你们今后的研究课题都涉及衍射数值计算。目前，衍射的数值计算基本采用快速傅里叶变换FFT，但是，在这本书中有衍射调制函数法计算衍射的方法。由于该方法只涉及菲涅耳函数的计算，书中导出了菲涅耳函数的近似计算公式。在你们熟悉FFT算法之前，为加深对菲涅耳衍射积分的理解，我与小彭的指导老师商量过，请小彭帮忙，让你们两人进行一点研究工作。"

樊老师将所带来的《激光的衍射及热作用计算》[1]一书交给赵雯丽，接着说道："这本书现在已经买不到了，现留给你们，以后还给我就行。我想让你们做的工作是：

"① 将书中衍射调制函数法计算衍射的公式改写为能用于直边衍射、狭缝衍射及圆孔衍射的计算式。

"② 进行理论计算与实验测量的比较。

"③ 通过数值计算理论或实验，考查书中菲涅耳函数计算公式的可行性。

"在实验室进行直边衍射、狭缝衍射及圆孔衍射等实验很容易。通过理论计算与实验测量的比较，可以加深对菲涅耳衍射积分的理解，对你们今后的深入学习算是一个热身。"

彭颖是宋老师的研究生，听完樊老师的话，她立即回答："没问题的，樊老师。我有这本书，我看过书中的衍射积分在空域计算这一章，但还没有实际应用过。现在，我们基本都用后来李老师和熊先生写的《信息光学教程》第2版[4]提供的FFT计算程序计算衍射了。"

"谢谢小彭！"针对所做工作的意义，樊老师再补充说了一些话后，便离开了实验室。

樊老师走后，彭颖与师弟师妹进行了讨论。按照讨论结果，黄金鑫负责任务①，即导出用菲涅耳函数表示的直边、狭缝及圆孔衍射的计算式，樊老师留下的书先让他看。

对于任务②，他们三人搭建的三种色光照明的彩色数字全息光路还在，实验室有准确知道直径的钢丝及圆孔光阑，只要关闭两种色光，遮住剩下一种色光的参考光，便能用CCD记录下不同遮挡物的衍射图像，可以很快做实验。

在讨论任务③时，彭颖说："我本科学习的《信息光学教程》一书中[2]，有另外一种菲涅耳函数的近似计算公式，书中给出的参考文献是Siegman的专著《Lasers》[3]。顾德门的《傅里叶光学导论》第4版介绍柯林斯公式时[4]，这本专著还是参考文献呢。看来Siegman是一个知名的光学专家。不妨同时用这个公式及李老师导出的公式进行衍射计算，然后与实验研究进行比较，这样则能知道两种公式哪一个更精确。"

"我来做这件事吧。"赵雯丽自告奋勇地说她来完成这项工作，并且补充说道："师姐，菲涅耳函数的数值计算用MATLAB编程很方便，既然你能找到另外一个菲涅耳函数的数值计算公式，我觉得可以将MATLAB编程计算的结果作为准确值，理论上考查李老师及国外学者导出的公式的误差，这在理论上更能说明问题。不知这个意见是否恰当？"

"当然好！我在《傅里叶光学导论》第4版中就看到菲涅耳积分可以通过查表或MATLAB编程计算。"彭颖同意后，接着又说："我们三人建一个微信群吧，这样便于交流。"

建好微信群后，他们征得樊老师的同意，请樊老师也入了群。

三人立即开始任务②的实验研究，并记录下相关的实验结果。

11.2　菲涅耳函数的两组近似计算公式

当天晚上，彭颖便在《信息光学教程》第 2 版中找到 Siegman 给出的菲涅耳函数近似计算式。于是，她发出了下面的微信。

菲涅耳函数由下面两积分定义：

$$\begin{cases} S(x) = \int_0^x \sin\left(\dfrac{\pi}{2} v^2\right) dv \\ C(x) = \int_0^x \cos\left(\dfrac{\pi}{2} v^2\right) dv \end{cases} \tag{11-1}$$

两式只能求数值解，估计国内外存在不同形式的近似计算式。Siegman 在其专著《Lasers》中给出的菲涅耳函数的计算公式在《信息光学教程》第 2 版的第 2 章有介绍。该近似式是：

$$\begin{cases} S(x) = \dfrac{1}{2} - \left[f(x)\cos(\pi x^2/2) + g(x)\sin(\pi x^2/2) \right] \\ C(x) = \dfrac{1}{2} - \left[g(x)\cos(\pi x^2/2) - f(x)\sin(\pi x^2/2) \right] \end{cases} \tag{11-2}$$

其中，

$$\begin{cases} f(x) \approx \dfrac{1 + 0.962x}{2 + 1.792x + 3.014x^2} \\ g(x) \approx \dfrac{1}{2 + 4.142x + 3.492x^2 + 6.670x^3} \end{cases}$$

李老师导出的计算式是 [2]：

$$S(x) = \begin{cases} x\sin\left[0.5567\exp\left(-(1.5545x - 1.9941)^2 \right) \right] & x \leqslant \sqrt{2} \\ \dfrac{1}{2} - \dfrac{1 - 0.049\exp\left[-2(x - \sqrt{2}) \right]}{\pi x} \cos\left(\dfrac{\pi}{2} x^2 \right) & x > \sqrt{2} \end{cases} \tag{11-3}$$

$$C(x) = \begin{cases} x\cos(0.6855x^2) & x \leqslant 1 \\ \dfrac{1}{2} + \dfrac{1 - 0.121\exp\left[-2(x - 1) \right]}{\pi x} \sin\left(\dfrac{\pi}{2} x^2 \right) & x > 1 \end{cases} \tag{11-4}$$

基于菲涅耳函数的计算公式，《激光的衍射及热作用计算》第3章介绍了初始平面是一个矩形孔时光波通过由2×2矩阵元素$\begin{bmatrix} A & B \\ C & D \end{bmatrix}$描述的光学系统衍射的计算方法。对于衍射距离为$d$的衍射计算问题，对应的光学矩阵可以简化为$\begin{bmatrix} 1 & d \\ 0 & 1 \end{bmatrix}$。因此，只要令书中公式中的$A=1$、$B=d$、$C=0$以及$D=1$便能进行樊老师让我们做的工作。最重要的是导出的公式要与实验测量做比较。

根据我们所做的实验，因照明光已经较好地扩束和准直，可以将照明光视为均匀平面波。此外，由于我们用CCD记录的是衍射场的强度图像，目前只需要导出形成能计算衍射场强度的公式。

11.3 两种菲涅耳函数计算公式的精度比较

没想到，赵雯丽第二天便得到结果。她用已经比较熟悉的MATLAB软件通过积分语句来计算菲涅耳函数，并以此为标准，考查了A. E. Siegman及李老师的近似公式的准确性。研究结果表明，两种公式具有基本相同的精度，从严格的理论意义上看，李老师的近似公式的精度还略胜一筹。于是，她发出了下面的微信。

樊老师及师姐师兄：

我用MATLAB编程比较的结果表明（见本书附录中的程序LM5. m），A. E. Siegman及李老师的近似公式具有基本相同的精度。但从严格的理论意义上看，李老师（LIJC）的公式要更好一些。请看比较结果（图11-1和图11-2）。

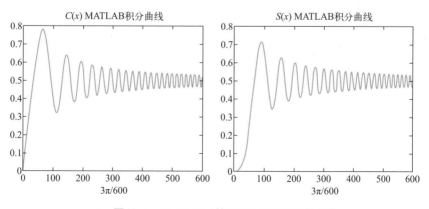

▲ 图11-1 $C(x)$及$S(x)$的MATLAB积分运算曲线

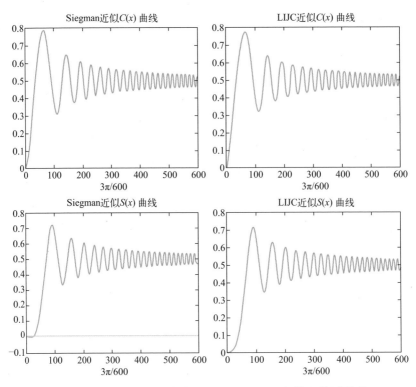

▲ 图11-2 $C(x)$、$S(x)$曲线的Siegman及LIJC近似公式运算比较

从以上两图的比较可以看出，除了Siegman公式计算$S(x)$时在零点附近出现微小负值，与菲涅耳函数的定义不符外，两种计算公式的计算曲线相近，很难看出区别。

我是用MATLAB2014版计算的。Siegman公式用时0.344627s，LIJC公式用时0.333319s，MATLAB积分运算用时0.761707s，MATLAB积分运算用时最多。

为进一步做定量比较，用图11-3中的两图分别给出两种计算公式的计算值与

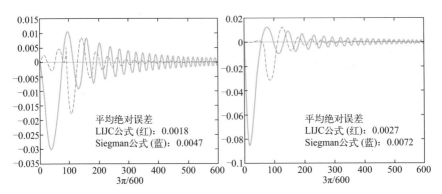

▲ 图11-3 LIJC公式与Siegman公式计算值与MATLAB积分运算值的差值曲线

MATLAB 积分运算值的差值曲线。在图中，我标注了在 0 ~ 3π 计算范围两种计算公式的平均绝对误差。

应该说，LIJC 公式相对于 Siegman 公式要更接近 MATLAB 的积分运算值。

11.4　菲涅耳函数的改进计算式

收到微信的樊老师对赵雯丽的工作很满意，次日回信告诉大家：

小赵进行的理论研究很好！昨天我在学校遇到李老师。当我说到你们的工作时，李老师非常感兴趣。他说，二十多年前他曾经利用他导出的菲涅耳函数计算式解决过许多实际衍射计算问题，特别是能用于实际激光热处理中曲面工件表面的衍射场强度快速计算，由于得到与实验非常接近的结果，便将其写在《激光的衍射及热作用计算》一书中了。现在，《傅里叶光学导论》第 4 版中，顾德门教授将菲涅耳函数称为菲涅耳积分，并且指出，其计算可以通过查表或 MATLAB 等软件计算。李老师认为，由于菲涅耳函数在衍射计算中的重要性，如果有一个计算公式能快速准确地计算无疑是重要的。但是，他以前导出的公式与 Siegman 公式究竟哪一个更准确，他还未进行过比较。看到你们的研究结果让他非常高兴，现在他觉得心里比较踏实了。

没想到，今天早上我收到李老师的微信，原来，李老师昨晚仔细研究赵雯丽的 $C(x)$ 与 $S(x)$ 计算值与 MATLAB 积分运算值的差值曲线后，觉得在 $x \leqslant 2$ 区间对菲涅耳函数用"牛顿-科茨"数值积分公式表示后，可以得到精度更高的表达式。虽然形式上略复杂，但编程计算时间仍然略低于 Siegman 公式。

李老师将菲涅耳函数的计算式更新为：

$$S(x) = \begin{cases} \dfrac{x}{90}\left(32\sin\left(\dfrac{\pi}{32}x^2\right)+12\sin\left(\dfrac{\pi}{8}x^2\right)+32\sin\left(\dfrac{9\pi}{32}x^2\right)+7\sin\left(\dfrac{\pi}{2}x^2\right)\right) & x \leqslant \sqrt{2} \\[4mm] 0.714+\dfrac{x-\sqrt{2}}{90}\left\{\begin{array}{l}32\sin\left(\dfrac{\pi}{2}\left(\sqrt{2}+\dfrac{x-\sqrt{2}}{4}\right)^2\right)+12\sin\left(\dfrac{\pi}{2}\left(\sqrt{2}+\dfrac{x-\sqrt{2}}{2}\right)^2\right) \\[3mm] +32\sin\left(\dfrac{\pi}{2}\left(\sqrt{2}+\dfrac{3(x-\sqrt{2})}{4}\right)^2\right)+7\sin\left(\dfrac{\pi}{2}x^2\right)\end{array}\right\} & \sqrt{2}<x\leqslant 2 \\[4mm] \dfrac{1}{2}-\dfrac{1-0.049\exp\left[-2(x-\sqrt{2})\right]}{\pi x}\cos\left(\dfrac{\pi}{2}x^2\right) & x>2 \end{cases}$$

$$(11\text{-}5)$$

$$C(x) = \begin{cases} \dfrac{x}{90}\left(7 + 32\cos\left(\dfrac{\pi}{32}x^2\right) + 12\cos\left(\dfrac{\pi}{8}x^2\right) + 32\cos\left(\dfrac{9\pi}{32}x^2\right) + 7\cos\left(\dfrac{\pi}{2}x^2\right)\right) & x \leqslant 1 \\[4mm] 0.7799 + \dfrac{x-1}{90}\left\{\begin{array}{l} 32\cos\left(\dfrac{\pi}{2}\left(1+\dfrac{x-1}{4}\right)^2\right) + 12\cos\left(\dfrac{\pi}{2}\left(1+\dfrac{x-1}{2}\right)^2\right) \\[3mm] +32\cos\left(\dfrac{\pi}{2}\left(1+\dfrac{3(x-1)}{4}\right)^2\right) + 7\cos\left(\dfrac{\pi}{2}x^2\right) \end{array}\right\} & 1 < x \leqslant 2 \\[6mm] \dfrac{1}{2} + \dfrac{1 - 0.121\exp\left[-2(x-1)\right]}{\pi x}\sin\left(\dfrac{\pi}{2}x^2\right) & x > 2 \end{cases}$$

（11-6）

按照改进后的公式，在 $0 \sim 3\pi$ 计算区重新得到如图11-4所示的图像。

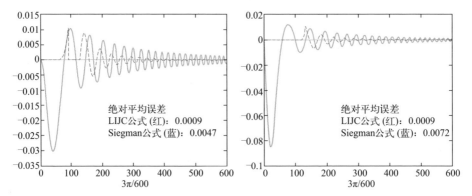

▲ 图11-4　改进后的LIJC公式与Siegman公式计算值与MATLAB积分运算值的差值曲线

通过改进，新的LIJC计算公式与MATLAB积分运算值的差异更小了。

11.5　菲涅耳函数的应用实例

　　樊老师在微信中接着说，采用菲涅耳函数快速计算衍射是20世纪末李老师在法国进行红外强激光热处理合作科研时提出来的。因李老师提出的矩形均匀激光斑叠像器能将激光光束聚焦为方形均匀光斑[5]，并且该光学系统的主体可以通过水冷用于工业大功率激光热处理生产线，后来在法国用于提高汽车零件的激光热处理质量的研究，取得很好的成果[6, 7]。在实际研究过程中发现，由于材料的热扩散作用，获得均匀的材料表面的激光扫描强化层时并不需要激光均匀分布，而是在垂直于扫描方向两侧较强的马鞍形强度分布，具体分布还取决于扫描速度及材料的导热性能。为定量研究这个问题，通过热传导理论及铁基材料的马氏体相变理论的学习，李老师在理论上导出当扫描工件为平面时，获得一个均匀相变层时扫描光束的强度分布形式如图11-5所示[6]。

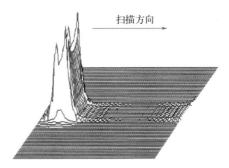

▲ 图11-5　获得一个均匀相变层时扫描光束的强度分布形式

值得庆幸的是，李老师所设计的光学系统经过简单调整能够将高斯光束变换为这种马鞍形强度分布[5, 6]。然而，实际激光热处理工件表面通常不是平面，为便于根据光斑强度及时调整热处理工艺，原来只能计算光学系统后叠像平面光斑强度的理论公式不再适用，研究任意给定调整状态及任意给定热处理表面光强分布的快速计算式，才能为后续的热作用计算及热处理工艺制定提供依据。为此，李老师基于柯林斯公式对光学系统导出由菲涅耳函数表示的计算公式，可以计算到达任意曲面上的光强分布。但菲涅耳函数的计算非常繁杂，为实现快速计算，通过认真研究，才导出这个足够准确的菲涅耳函数代数运算式。这些工作为光学系统的实际应用提供了很大方便。

图11-6是1993年李老师发表于法国物理杂志的一篇论文中该光学系统用于实际激光热处理取出的实验研究图像[7]。

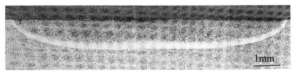

(a) 扫描面为平面

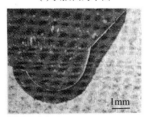

(b) 扫描面为旋转曲面

▲ 图11-6　光学系统用于不同形式工件表面扫描处理后的相变硬化带剖面金相照片

其中，图11-6（a）是让该光学系统变换的马鞍形激光斑扫描时，平面铁基材料获得均匀相变硬化带剖面的金相照片；图11-6（b）是用该光学系统处理汽车曲轴的旋转形凹曲面模拟试件的相变硬化带剖面的金相照片。可以看出，非平面的工件也能够通过该光学系统变换后的光斑扫描得到均匀的相变硬化带。

在回顾这段历史时，李老师表示，许多科学研究课题是在应用研究中逐渐形成的，实际遇到的问题往往需要多学科交叉的理论知识才能解决。基于自己熟悉的理论，在应用研究中认真学习新理论，研究新问题，根据实际需要扩展自己的知识面，才有可能取得研究成果。对于图11-6中的相变硬化带形貌及尺寸，通过学习金属材料的相变理论，与大学课程"数学物理方程"中学习的热传导方程计算相结合，利用计算机的数值计算及图像处理，是可以从理论上较好预计的。[1]

11.6　几种特殊衍射问题的计算公式

看过樊老师发来的信息，黄金鑫阅读了《激光的衍射及热作用计算》第3章，特别认真地读了该章第3节菲涅耳衍射调制函数的讨论。虽然大学本科学习中未见到过柯林斯公式，但他将$A=1$、$B=d$、$C=0$以及$D=1$代入柯林斯公式即得到已经很熟悉的菲涅耳衍射积分。根据这一节的学习，他已经知道第3节的主要内容是：当光学系统初始平面是给定复振幅的光波照明矩形孔时，可以利用菲涅耳函数近似计算光波通过光学系统的衍射场。

总结两天以来的学习心得，他在微信群中发了下面的信息：

我已经看懂《激光的衍射及热作用计算》一书中是如何利用菲涅耳函数来计算光波通过光学系统的衍射了。近似计算的思路是这样的：在衍射空间建立直角坐标系$O\text{-}xyz$，令光轴与z轴重合，将初始平面的光波场分解为若干小的方形或矩形区构成，让每一小区域的边界分别与坐标x、y平行。此后，将每一小区域的光波场按照泰勒级数展开，略去二次以上的高次项后再代入柯林斯公式，则可以形成由菲涅耳函数表示的计算每一矩形区域光波通过光学系统的计算式。按照线性叠加原理，对初始平面上每一矩形区域的衍射场叠加，则可以获得初始平面是任意透光孔时观测平面的衍射场。虽然用FFT计算效率较高，但计算是对二维观测平面上的所有点进行的，利用菲涅耳函数计算时可以对任意给定的观测点作计算。正如樊老师微信说的，如果观测面是曲面，这种算法有实际意义。

若菲涅耳衍射距离为d，将$A=1$、$B=d$、$C=0$以及$D=1$代入书中的计算公式，并根据光阑的性质，设计不同边长及中心位置不同的矩形孔，便能得到用菲涅耳函数表示衍射场的计算式。下面是我得到的几个特殊衍射计算公式。

（1）直边衍射计算公式

半无限大体直边衍射可以视为边长足够长，但中心远离光轴的矩形孔的衍射。令 $j=\sqrt{-1}$，$k=2\pi/\lambda$，λ 为光波长，矩形孔的一个边与 y 轴重合，透光孔在 x 轴正向，引入符号函数 sgn，均匀平面波照明的直边衍射场复振幅公式是：

$$U_1(x,y)=\frac{\exp(jkd)}{j}$$
$$\times\frac{1}{2}\left\{\left[\frac{1}{2}+\text{sgn}(x)C\left(\sqrt{\frac{2}{|\lambda d|}}|x|\right)\right]+j\left[\frac{1}{2}+\text{sgn}(x)S\left(\sqrt{\frac{2}{|\lambda d|}}|x|\right)\right]\right\}(1+j) \quad (11\text{-}7)$$

衍射场强度分布则为：

$$I_1(x,y)=\left|U_1(x,y)\right|^2 \quad (11\text{-}8)$$

（2）狭缝衍射计算公式

设矩形孔横向宽度为 $2L$，纵向高度足够长，中心在坐标原点，狭缝衍射计算式为：

$$U_2(x,y)=\frac{1}{2}\left\{\left[C(\xi_{2i}(x))-C(\xi_{1i}(x))\right]+j\left[S(\xi_{2i}(x))-S(\xi_{1i}(x))\right]\right\}(1+j) \quad (11\text{-}9)$$

式中，

$$\xi_{1i}(x)=-\sqrt{\frac{2}{|\lambda d|}}(L+x),\quad \xi_{2i}(x)=\sqrt{\frac{2}{|\lambda d|}}(L-x)$$

衍射场强度图像则为：

$$I_2(x,y)=\left|U_2(x,y)\right|^2 \quad (11\text{-}10)$$

（3）窄带衍射计算公式

利用巴比涅原理，横向宽度为 $2L$ 窄带衍射计算公式可以利用式（11-9）写为：

$$U_3(x,y)=1-U_2(x,y) \quad (11\text{-}11)$$

衍射场强度图像则为：

$$I_3(x,y)=\left|1-U_2(x,y)\right|^2 \quad (11\text{-}12)$$

（4）任意形状孔的衍射计算

我觉得将圆孔视为大量小矩形孔的组合虽然可以用李老师书上的公式计算，

但比较繁杂，若将菲涅耳衍射积分近似变为二微求和运算就比较简单。这样，设任意形状的孔 S 可以由 N 个中心坐标为 (x_n, y_n) 的小方形孔足够好地拼接近似，设小孔边长为 Δ，菲涅耳衍射积分可以近似表示为：

$$U_4(x, y) = \frac{\exp(\mathrm{j}kd)}{\mathrm{j}\lambda d}\Delta^2 \sum_{n=1}^{N} U_0(x_n, y_n)\exp\left\{\mathrm{j}\frac{k}{2d}\left[(x_n - x)^2 + (y_n - y)^2\right]\right\} \quad (11\text{-}13)$$

强度分布则为：

$$I_4(x, y) = U_4(x, y)U_4^*(x, y) \quad (11\text{-}14)$$

该式能计算任意复振幅分布 $U_0(x, y)$ 的照明光通过任意形状孔 S 的衍射计算。对于圆孔衍射，若照明光是圆对称分布，只需要计算沿 x 或 y 轴正向的一些点，最后便能用程序综合出衍射场。

以上是我的学习结果。如果没问题，我就开始编写程序，并用我们的实验来验证这些结果。

很快，彭颖在微信群中给出回答："师弟的理论公式应该没有问题，编写程序吧！看看是否能与实验测量相吻合。但应该注意的是，任意形状孔的衍射计算的公式（11-13）在计算时，要让计算宽度 L 及取样数 N 满足 $L=\lambda d/\Delta$。"

"为什么？"黄金鑫很快提问。

"我会在微信中发另一个文件说明这个问题。任意形状孔的衍射计算的公式（11-13）与我认识的两个大学本科的好学生不久前给我说的菲涅耳微波元法很相似。"

按照本书第 8 章菲涅耳衍射积分离散计算时的光场克隆研究的讨论，彭颖给师弟和师妹发了微信，并特地向他们介绍了现在北京两所名校读本科的尚进和郝思。

11.7 特殊衍射问题计算公式的实验证明

很快，黄金鑫用 MATLAB 软件编写了计算程序。理论模拟与衍射实验测量的比较表明，无论采用 Siegman 公式还是李老师的公式，均能得到与实验测量很吻合的结果。

为尽快将结果告诉两位同窗，他在微信群中发了微信后，还立即给彭颖打了电话。

彭颖回电话给他，要他来实验
室，因为她和赵雯丽都在实验室
里，让他直接在实验室的微机上给
她们演示计算结果。

很快，黄金鑫到实验室给展示
了他的计算图像。

"你们看！我先将圆孔衍射的理
论计算及实验测量的比较图调出。
理论计算与实验测量吻合非常好。"
黄金鑫边调出实验图像边进行解释。

（1）圆孔衍射的菲涅耳波元法
计算

圆孔衍射的计算，由于圆对称性，只需要按照公式（11-13）进行 x 轴正向
一序列点的衍射场强度计算，便能综合成二维平面的衍射场。我们做的实验是
直径1mm的孔经过距离10m的衍射，衍射图像远大于CCD的窗口，衍射斑是用
手机拍摄的。我在手机拍摄图像上选择宽度 $L=6$mm的区域作为实验比较图。按
照 $L=\lambda d/\Delta$ 的公式，由于激光波长是0.000632mm，可以求出 $\Delta=\lambda d/L=0.1$mm。选择
$N=L/\Delta=600$ 进行计算。由于照片中央斑的强度过饱和，在模拟计算时，我在模拟
计算时将归一化强度大于1/20的区域均视为1进行显示，图11-7就是实验测量与
理论模拟的比较。

实验测量(图像宽6mm)

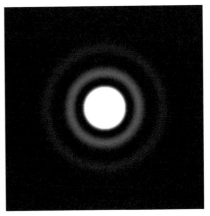

理论模拟(图像宽6mm)

▲ 图11-7　菲涅耳波元法实验证明

（2）直边衍射公式的实验证明

下面分别给出CCD测量的不同衍射距离的直边衍射场强度与两种公式计算的理论模拟的比较图像，图像宽度均为6mm。（见本书附录中的程序LM6. m）

衍射距离200mm的直边衍射实验测量与理论模拟的比较图如图11-8所示。

（图像宽度6mm，衍射距离200mm）

▲ 图11-8　直边衍射强度图像的实验测量与理论模拟的比较

在理论模拟图中，用绿色线标出了观测平面模拟研究的xy坐标，坐标原点即两线的交点。事实上，在x轴负向存在衍射光，实验图像上准确标出坐标较难，就省略了。但两种理论公式模拟的衍射条纹分布与实验量非常吻合。

由于两种理论公式模拟的衍射条纹分布没有本质区别，以下再给出两种衍射时实验测量与理论模拟图像的比较，见图11-9。

衍射距离500mm   衍射距离1000mm

(图像宽度6mm)

▲ 图11-9 两种不同衍射距离的直边衍射测量图像与理论模拟图像比较

（3）窄带光阑衍射

实验是用直径1mm的钢丝进行的衍射实验，钢丝直径是我们用测微螺旋测量的。有可能钢丝的截面并不是准确的圆，实验时正对照明光的钢丝的宽度略小于1mm，因此，用1mm为直径的理论模拟衍射图像中央阴影区宽度略大，但条纹的分布形式与理论模拟吻合仍然很好，详见图11-10和图11-11中的几个图像。

▲ 图11-10 衍射距离200mm的钢丝衍射测量图像（a）与理论模拟图像（b）比较（图像宽度6mm）

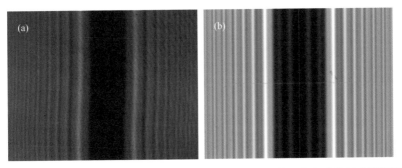

▲ 图11-11 衍射距离500mm的钢丝衍射测量图像（a）与理论模拟图像（b）比较（图像宽度6mm）

虽然我们没有做狭缝衍射实验，但按照巴比涅原理，相信理论计算仍然能够得到与实验吻合的结果。

图11-12是宽度2mm的方孔，衍射距离10m，照明光波长6328nm的衍射图像的实验测量与两种公式模拟计算图像的比较。

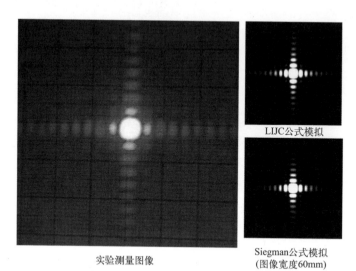

LIJC公式模拟

实验测量图像

Siegman公式模拟
（图像宽度60mm）

▲ 图11-12 方孔衍射强度的实验测量与理论模拟的比较

樊老师交待的任务完成了，大家高兴而感叹：如果这些模拟计算也能用于实际，那该多好！

参考文献

[1] 李俊昌. 激光的衍射及热作用计算[M]. 北京：科学出版社，2002.

[2] 李俊昌，熊秉衡. 信息光学教程[M]. 2版. 北京：科学出版社，2017.

[3] A. E. Siegman. Laser[M]. California: University Science Books Mill Valley, 1986.

[4] Joseph. W. Goodman. 傅里叶光学导论[M]. 4版. 陈家璧，等，译. 北京：科学出版社，2020.

[5] Li Junchang, C. Renard et, J. Merlin. Etude théorique et expérimentales d'un dispositif optique de transformation de faisceau laser en une tache rectangulaire[J]. Journal of Optics, 1993, 2, (24): 55-64.

[6] 李俊昌. 激光热处理优化控制研究[M]. 北京：冶金工业出版社，1995.

[7] Li Junchang, C. Renard et, J. Merlin. Calcul des effets thermiques induits par un dispositif optique permettant de condenser un faisceau laser de puissance en une tache rectangulaire [J]. Jounal de Physique Ⅲ, 1993, (3): 1497-1508.

反射式离轴光学系统的相干光成像计算

《傅里叶光学导论》是影响着国内外几代光学工作者的近代光学名著。笔者1984年赴法国里昂应用科技学院（INSA de LYON）进行为期一年的进修时，基于该书第1版学到的相干光成像理论及菲涅耳衍射积分，对作者提出的一种叠像式激光强度变换光学系统进行了理论分析，理论上证明了光学系统的可行性。

然而，计算成像的理论研究通常是采用傍轴透镜成像系统为研究对象展开的，笔者当年提出的光学系统并不满足傍轴近似条件。下文通过虚拟人物肖教授向两位年轻人讲故事的形式，对该光学系统的工作原理进行简要介绍，阐述如何应用《傅里叶光学导论》中的标量衍射理论及相干光成像公式，讨论反射式离轴光学系统的成像计算。

12.1　肖教授的来信

新学期开学了，尚进和郝思均按期返回学校。一个周末，两位年轻人收到肖教授的下述微信。

由于最近工作较忙，没有和你们联系。从上次你们的微信中得知，你们已经看到直边衍射条纹公式的准确性了。李老师曾经跟我说，基于直边衍射条纹公式及相干光成像的振铃震荡的定量研究，他较好地完成了第一次赴法的科学研究[1]，这是他第一次用书本知识解决实际问题的难忘记忆。

现在，你们已经具备李老师当年所拥有的衍射理论知识。我相信，30年前李老师如何用这些知识解决实际问题，对你们今后的学习和研究是一个很好的参考。

在介绍李老师30年前的研究工作之前，有一个说明，那就是随着科学技术的进步，对激光光束强度分布的变换现在已经有许多可以采用的技术手段，例如基于衍射理论设计二元光学元件，让给定的激光通过该元件后在特定的距离实现期望的强度分布。图12-1（b）的龙图案是我根据2017年出版的《信息光学教程》第2版提供的信息重绘的图像[2]。图12-1（a）是变换前的一种低阶模的激光强度分布，图12-1（c）是通过二元光学变换元件后在特定距离形成的龙图案的激光强度分布。

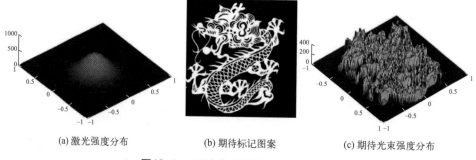

(a) 激光强度分布　　　　　(b) 期待标记图案　　　　　(c) 期待光束强度分布

▲ 图12-1　二元光学对激光标记强度的期望图像

二元光学元件设计有许多不同的算法，任何二元光学元件的设计方法基本都是由多次往返迭代的菲涅耳衍射积分的正向运算及逆运算完成的，每次迭代运算采用不同的算法对衍射元件的复透过率进行调整后进行新一轮的衍射计算。李老师在书中介绍了GS算法并给出了计算图12-1（b）图案的实例。

图12-2是李老师编写程序进行龙图案标记设计时GS算法5次往返迭代运算时目标场强度监测的动态图像。图12-2（a）是到达二元光学元件平面的激光在热敏纸上的采样图，图12-2（b）～（f）依次是按照GS算法第1～5次迭代运算的目标场强度监测图像。可以看出，GS算法的5次迭代运算后，所设计的二元光学元件已具有足够好的变换性能。

(a) 初始激光强度图像　　　　　(b) 第1次运算　　　　　(c) 第2次运算

(d) 第3次运算　　　　　(e) 第4次运算　　　　　(f) 第5次运算

▲ 图12-2　GS算法设计龙图案标记图案时前5次迭代运算的目标场强度监测图像

这种激光整形技术的一个重要应用是设计不同的图案，方便地用于流水线上产品的激光标记。

12.2　强激光分布整形课题

李老师1984年9月赴法接受强激光强度分布整形课题的研究背景是提高激光热处理质量的应用研究。强激光出现以后，将激光用于铁基材料的机械零件表面"淬火"成为一项高新技术。因为激光功率密度高，金属材料散热快，当激光照射到金属零件表面时，材料表面急剧升温，但当激光扫描光点移动后，材料表面吸收的激光热能迅速扩散，不但可以达到传统的用水或油对高温钢材进行骤冷"淬火"的效果，而且激光对金属零件需要硬化的表面区域进行扫描处理后，金属基体具有足够的韧性，能显著提高金属零件的综合工艺性能。为提高材料表面处理区域的均匀性，当时人们期望到达材料表面的激光强度是方形均匀分布的。然而，直接来自激光器的激光通常是中间强度高的不均匀光束（就如你们做实验用的激光指示笔一样），如何能够在激光作用表面获得一个均匀的方形斑，成为当年国内外科研人员的一个重要研究课题。

李老师那次赴法是到里昂应用科技学院（INSA de LYON）的冶金及材料物理实验室，那里有一台4kW的大功率二氧化碳激光器。实验室的法国老师们正基于这台强激光设备进行不同材料的激光热处理、激光焊接及激光切割等技术的研究。当他们知道李老师是昆明理工大学的物理老师时，便将李老师带到他们的激光工作台前。

法国教授迈赫朗（Merlin）指着放在工作台上的一套电动机械转动支架给李老师说道："激光可以做金属材料的切割和焊接，我们正在做激光焊接陶瓷棒的研究。对于切割和焊接，从激光器出来的光是高斯分布，通过聚焦便能较好地进行研究。但是，激光对金属材料表面的热处理是我们的一个重要的研究方向，要得到一个均匀的相变硬化带，中间较强的这种高斯分布不太适用。因此，我们很希望您能研究一个光学系统，将高斯光束聚焦成一个方形均匀的光斑。"图12-3直观地用强度分布的三维曲线给出了法国教授提出的这个课题的示意图。

面对法国教授提出的课题，李老师想：能够到法国进修，是改革开放前做梦也不会想到的事。但二十年前在大学学习的是光谱分析，当年还没有激光这门

(a) 基横模高斯光束强度   (b) 方形均匀分布

▲ 图12-3　激光强度分布变换课题示意图

课。对于激光对材料的切割及焊接这一类研究，与自己的知识储备差得太远，至于设计光学系统，也许还会用得上原先学习的数学及物理知识。

经过一番思索，李老师回答道："好的，我去做这个工作。"至此，李老师接受了这个心里还没多少底的研究任务。

12.3　研究方案

面对研究课题，李老师很快便发现自己出国时带去的《量子力学》《电动力学》《热力学》及《统计物理》等大学教材完全派不上用场，只能苦思冥想如何将高斯光束聚焦成方形光斑。

幸好，实验室给李老师安排的研究室到资料室非常方便。他从描述激光光束的资料中终于找到描述高斯光束的理论表达式。在传播距离较小的范围内讨论问题时，激光束可以近似为平行光。在空间建立直角坐标 $O\text{-}xyz$，半径为 w，沿光轴 z 传播的激光振幅 U 及强度分布 I 可简化表示为：

$$\begin{cases} U(x,y) = \exp\left(-\dfrac{x^2 + y^2}{w^2}\right) \\ I(x,y) = \exp\left(-2\dfrac{x^2 + y^2}{w^2}\right) \end{cases} \tag{12-1}$$

式中，强度 $I(x,y)$ 的分布图像正如上面的图12-3（a）所示。

基于激光光束强度分布形态的研究，李老师经过几天夜以继日的思考后，觉得如果能够设计一个光学系统，将高斯光束对称地分为4瓣，让分割后的4个1/4光束进行平移，并让中央强度较高的点位于一个正方形的4个顶点，就有可能形成一个方形均匀的光斑。

但究竟方形斑的边长是多少可以得到较均匀的分布呢？李老师通过数学分析计算发现，当正方形的边长设计为$1.1w$时，则能获得足够均匀的强度分布图像。

最后，他按照这个思路提出了图12-4（a）所示的一种强激光均匀化光学系统。

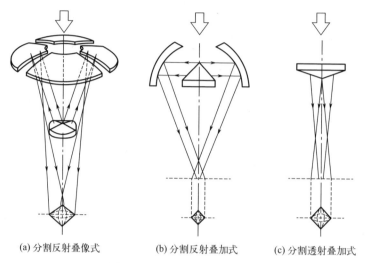

(a) 分割反射叠像式   (b) 分割反射叠加式   (c) 分割透射叠加式

▲ 图12-4 三种激光整形系统原理图

按照图12-4（a），当高斯光束入射到由4个反射镜组成的复合反射镜后，先被对称分割为4瓣，然后分别投向4面凹的球面反射镜。适当设计反射镜的曲率半径及倾斜角，将能在复合反射镜下方形成4个1/4光束像的移位叠加。由于干涉条纹对金属材料的激光热处理的影响通常可以忽略，不考虑叠加像光场的干涉效应后，将能获得强度分布均匀的方形光斑。

从物理原理上看，利用中学物理知识便知道这个光学系统是可行的。当李老师告知迈赫朗教授这个光学系统的构思后，实验室的老师们都非常兴奋。但要实际研制光学系统，必须查询专利。

通过专利查询发现，1983年在荷兰光学通信杂志(*Opt. Commun.*)上有日本学者提出的由4个三棱镜构成的复合透镜能够完成相似的工作［图12-4（c）］[3]。从形式上看，如此简单的一个复合透镜显然优于李老师提出的光学系统。

国外的科研成果与实际应用联系非常紧密，为讨论李老师提出的这个光学系统的可行性，李老师所在实验室邀请了里昂大学光学专家及法国企业技术人员开了一次讨论会。

会上，大家一致认为，由于研究工作是基于金属材料表面二氧化碳强激光热处理的均匀化需要提出的，若用复合透镜，由于激光热处理实际生产线对透镜的冷却不方便，必须采用对激光能量吸收最小而价格较昂贵的材料制作复合透镜。实际应用时，激光处理对象通常都会产生热烧融时散发出的粉尘，稍有不慎会落到透镜上让透镜烧毁。但是，反射式系统容易用循环水实现金属反射镜的水冷，这成为这种方案用于实际的一个优点。此外，大家都知道复合透镜对光束分割折射后，到达叠加平面的光束强度分布将受衍射的影响，从直觉上看，采用成像系统获得的光斑质量应该优于复合透镜，这成为李老师提出的光学系统的另一优点。然而，如果要实际研制成像系统，必须从理论上证明成像系统获得的方形斑的质量优于复合透镜。此外，如果成像系统的光斑质量优于复合透镜，但成像系统的物距小于像距，4个放大的1/4高斯光束像的叠加光斑的功率密度分布将下降，是否能用于实际生产线，又是必须解决的问题。

基于讨论会上专家提出的意见，李老师建议，如果成像系统的质量不明显优于简单的衍射叠加系统，可采用图12-4（b）所示的结构紧凑的另一种装置。该装置让凹球面反射镜尽可能邻近四棱反射镜，利用凹球面反射镜会聚反射光，既能提高叠加光斑的功率密度分布，又便于用循环水实现金属反射镜的水冷。于是，理论上比较研究这三种光学系统叠加光斑的质量成为李老师第一次出国的主要研究工作。

12.4　成像系统的理论研究

值得庆幸的是，李老师这次出国带去了顾德门教授的光学名著《傅里叶光学导论》第1版的中文译本[4]。这部名著中有相干光通过透镜光学系统成像的研究。

对于透镜成像系统，若物平面光波场为 $U(x, y)$，物平面到透镜距离为 d_0，透镜到像平面的距离为 d_i，透镜的光瞳函数为 $P(x, y)$，照明光波长为 λ，相干光成像有下面的表达式：

$$U_i(x_i, y_i) = \int\int_{-\infty}^{\infty} h(x_i - x, y_i - y)\frac{1}{|M|}U\left(-\frac{x}{M}, -\frac{y}{M}\right)\mathrm{d}x\mathrm{d}y \qquad (12-2)$$

$$h(x, y) = \int\int_{-\infty}^{\infty} P(\lambda d_i f_x, \lambda d_i f_y)\exp\left[-\mathrm{j}2\pi(xf_x + yf_y)\right]\mathrm{d}f_x\mathrm{d}f_y \qquad (12-3)$$

式中，$M = d_i / d_0$ 为像的横向放大率。

上述计算是基于成像系统是透镜为成像元件的傍轴光学系统展开的。面对

图 12-4（a）所示的由 4 个凹球面反射镜构成的离轴光学系统，如何使用上面的公式计算呢？这是如何利用书本知识解决实际问题的一个考验。

李老师经过认真思考后，在一个傍晚终于找到答案，那就是凹球面反射镜成像可以用等效的透镜成像系统来研究。基于装置中 4 个离轴成像系统的对称性，只要将其中之一等效为一个透镜成像的傍轴光学系统，便有可能使用顾德门教授给出的上述公式进行计算。

图 12-5 是从李老师 1986 年发表在法国应用物理评论杂志（*Revue de Physique Appliquée*）的论文中截取的等效透镜成像光路图[2]。

基于这个等效光路，能使用相干光成像计算公式了，然而，如果等效透镜的边界采用图 12-4（a）所绘的凹球面反射镜，沿等效系统光轴的投影形成的函数 $P(\lambda d_i f_x, \lambda d_i f_y)$ 将让式（12-3）的计算非常困难。为此，李老师将等效透镜视为边长为 $2a$ 的方形透镜，这样，式（12-2）、式（12-3）

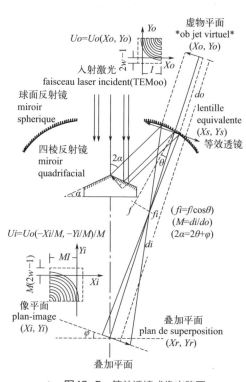

▲ 图 12-5 等效透镜成像光路图

均可以分离变量，问题显著简化。

按照上面的简化研究后，令 $T = \dfrac{\lambda d_i}{2a}$，叠加光斑的宽度为 $|ML| = |1.1Mw|$，并将被分割的初始激光视为只存在于边长 $2w$ 的方形区域后，单一 1/4 光斑的像强度将要进行下面的计算。

$$I_i(x_i, y_i) = \frac{1}{M^2} U_i^2(x_i) U_i^2(y_i) \tag{12-4}$$

式中

$$\begin{cases} U_i(x_i) = \displaystyle\int_{-ML}^{M(2w-L)} \frac{\sin\dfrac{\pi}{T}(x - x_i)}{\pi(x - x_i)} \exp\left[-\frac{(x + ML)^2}{M^2 w^2}\right] dx \\[4mm] U_i(y_i) = \displaystyle\int_{-ML}^{M(2w-L)} \frac{\sin\dfrac{\pi}{T}(y - y_i)}{\pi(y - y_i)} \exp\left[-\frac{(y + ML)^2}{M^2 w^2}\right] dy \end{cases} \tag{12-5}$$

图 12-6 是式（12-5）中描述的关于 x 坐标卷积运算过程的示意图。对该图的分析可以预见卷积运算的结果。

图 12-6 中用近似于等高的曲线 $f(x)$ 来表示被截断高斯光束边界的振幅。对于给定的 x_i，其积分值由图 12-6（a）阴影区正负相交的面积确定。随着 x_i 值的增加，其面积计算将随着 sinc 函数的右移而发生变化，当 sinc 函数的左边第一个 0 点与截断边界相重合时，积分达到极大值。此后，随着 x_i 取值的继续增加，其数值则按照周期 $2T$ 起伏变化，但由于 sinc 的主峰已经落在 $f(x)$ 内，落入 $f(x)$ 内的侧峰幅度的逐渐减小让积分值变化也逐渐减小。sinc 函数曲线向右平移的积分值将形成图 12-6（b）的曲线，其强度曲线则

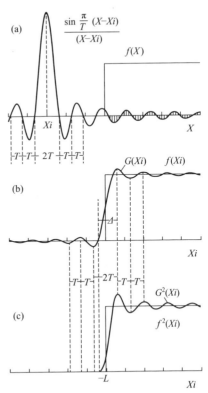

▲ 图12-6 sinc 函数与阶跃函数卷积计算过程示意图

由图12-6（c）表示，阶跃函数边界的像强度产生"振铃震荡"。

由图12-6可见，"振铃震荡"周期为$2T$。二氧化碳激光波长$\lambda=0.00106mm$，论文假定$2a=100mm$，$d_0=200mm$，$d_i=300mm$，这样，$2T=0.00318mm$。由于高斯光束半径$w\gg2T$，数值计算表明，在5个周期的范围内，积分结果与$f(x)$相对误差已经接近1%。按照上面的参数，$20T$的宽度也就是0.06mm，利用成像系统可以足够好地获得与分割面光束相似的光波场。

在《傅里叶光学导论》中有相干光成像的振铃震荡照片，但还没有进行定量分析。基于《傅里叶光学导论》一书中给出的相干光成像公式，这篇论文对矩形出射光瞳的相干光成像"振铃震荡"进行了定量研究。

看到这里，尚进问爷爷："爷爷，不知您是否有顾德门教授的《傅里叶光学导论》？我好像看到您书架上有这本书，我想看看。"

"有的，以前我读过，是第1版的中文译本。当年很想认真学习，但后来中学物理教学中用不到，也就放在书架上不再看了。"爷爷回答后，不一会儿便将书拿到尚进桌前。

果然，在该书的151～152页不但找到这张照片，并且，看到顾德门教授的描述："图6-12画出了一个具有方形出射光瞳的系统对一个阶跃函数物体的理论

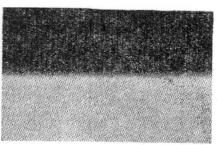

(a)　　　　　　　　　　　　　(b)

图6-13　一个阶跃函数物体在(a)相干照明和(b)非相干照明下的照片

▲ 图12-7　顾德门著《傅里叶光学导论》第1版中文译本152页截图

响应曲线，图6-13则是在两种照明情况下一个像的真实照片。我们看到，相干系统显现出相当显著的'振铃震荡（ringing）'。这个性质类似于传递函数下降过于陡峭的视频放大器电路所出现的振铃震荡……"图12-7为《傅里叶光学导论》第1版中文译本152页截图。

上面的讨论不就是对方形出射光瞳成像时振铃震荡的一个定量研究吗！尚进很高兴。他很想详细讲给爷爷听上面肖教授发来的信息。但爷爷说："我现在退休了，没精力再去认真看这样的专著。这本书是影响着我国几代光学工作者的名著，听说已经有第4版的最新译本。你最好买一个最新的版本，相信会对你今后的学习有重要作用。"

"是的，已经有这本书的第4版了。我的一个朋友已经上网买到，不知新的版本是否对振铃震荡已经进行了定量分析，我也准备买一本。"

12.5　非成像系统与成像系统的理论比较

对于图12-4（c）所示的光学系统，利用《傅里叶光学导论》第1版第5章第1节厚度函数的讨论方法，可以将复合透镜视为4个三棱镜分别讨论，利用菲涅耳衍射积分可以较好地描述被棱镜分割后的4瓣1/4高斯光束的传播。但从理论研究的等价性而言，图12-4（c）所示的光学系统可以视为图12-4（b）中凹球面反射镜的曲率半径无限大而变为平面反射镜的情况。为让研究较有一般性，采用图12-5的等效光路，让凹球面反射镜的焦距与成像系统相同，选择与成像系统像距相同的衍射距离进行计算，便能对两种系统的叠加光斑质量进行理论比较。

利用李老师在这次研究中导出的波面半径为R的球面波照明的直边衍射条纹公式（本书第7章），令式中$R=-f$，衍射距离为d_i，从几何投影边界算起，第n个衍射亮纹到投影边界的距离为：

$$D_{max}(n) = \frac{\sqrt{2n+1} + \sqrt{2n+1/2}}{2} \sqrt{\lambda d_i \left| 1 - \frac{d_i}{f} \right|} \tag{12-6}$$

$$(n = 0, 1, 2, \cdots)$$

由于两种系统形成的方形叠加光斑事实上是高斯光束在横向及纵向均被切割而形成4个1/4光束的像或衍射斑的叠加，方形斑边界的强度分布图像分别是振铃震荡及直边衍射图像描述。利用前面考核成像系统的参数：$\lambda=0.00106mm$，$d_0=200mm$，$d_i=300mm$，按照成像公式$1/f=1/d_0+1/d_i$可以得到等效透镜焦距$f=120mm$。令$n=0$，可以得到第1条衍射亮纹到几何光学投影边界的距离为0.59mm，令$n=19$，可以得到第20条衍射亮纹到几何光学投影边界的距离为4.299mm。回顾先前对成像系统的讨论，20个振铃震荡周期的宽度也就是0.06mm。该数值分析表明，成像系统的叠加光斑质量显著高于衍射系统。通过对两种系统合成光斑的数值计算，忽略叠加光束间的干涉效应，图12-8是从1986年李老师在法国《应用物理评论》发表的论文[2]上截取的图像。该图描述的是半径$w=10mm$的基横模高斯光束经过光学系统后成像及非成像叠加光斑的强度分布形态（图像宽度30mm）。

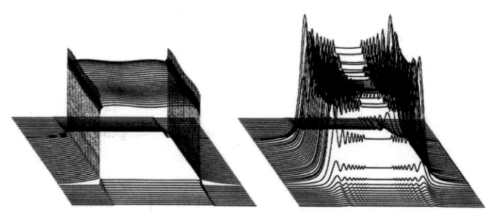

(a) 成像叠加光斑   (b) 衍射叠加光斑

▲ 图12-8　成像系统与非成像系统叠加光斑强度图像比较

　　很明显，采用图12-4（a）所示的叠像系统能够获得强度非常均匀的方形激光斑。实际上，光斑边界的"振铃震荡"引起的强度突变是绘制曲线时特地让取样点在"振铃震荡"峰值处。由于理论上已经讨论过"振铃震荡"仅仅存在于非常狭窄的区域，对光斑的均匀性基本不产生影响。然而，非叠像的衍射斑叠加则显示出强烈的直边衍射条纹对合成光斑均匀度的影响。

　　这篇论文1986年发表后受到广泛关注，法国一家汽车公司为提高汽车零件的激光热处理质量，不但按照图12-4（b）立即研制了一个由一个劈形反射镜及两个柱面反射镜构成的叠加两瓣光斑的光学系统，还让里昂应用科技学院一个博士研究生进行研究。为能得到更好的研究成果，这家汽车公司出资让里昂应用科技学院邀请李老师于1988年赴法进行合作科研及指导博士生。

12.6 实验证明

李老师应邀赴法后，基于法国这家汽车公司制作的试验性光学系统，不但和法国科研人员一起通过实验证明了光学系统调整于成像状态时可以获得质量较好的叠加光斑，而且证明了光学系统的离焦像边界衍射条纹完全满足李老师导出的直边衍射条纹分布公式，研究成果于1990年在法国《光学》杂志[5]发表。图12-9是这篇论文上截取的图像。

图12-9上方是几何光学及衍射光学预计的两瓣非成像的衍射光束叠加光斑强度横向分布曲线与实验测量的比较。实

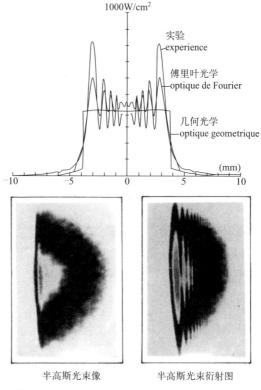

半高斯光束像   半高斯光束衍射图

▲ 图12-9 双分割反射系统的理论研究及实验测量的比较

验测量是按照当时的热敏纸采样图像的灰度绘出的，虽然当年尚未对热敏纸采样时的"吸收能量-灰度响应"特性进行较严格的实验标定，但衍射条纹位置的实验测量与理论预计常吻合。

图12-9下方是热敏纸采样获得的半高斯光束像光斑及衍射斑，在像光斑边沿能够看到相干光成像的振铃震荡，而离焦像斑上有明显的衍射条纹。

在此，应该对像光场及离焦像场的计算做简要说明。按照图12-5将柱面反射系统等效为一个柱面透镜的傍轴系统后，理论研究可以证明，不但能够在垂直于光束分割面的方向"成像"，并且可以导出离焦像场的计算式。但是，为得到与实验测量相吻合的结果，等效柱面镜的焦线位置必须借用光线空间追踪的几何光学方法确定，并且，必须引用直边衍射条纹的间距公式才能对实验测量的坐标准确定位。详细内容可在李老师1989年发表于《中国激光》杂志的《光线追踪在离轴激光变换系统衍射计算中的应用研究》一文[6]或《激光的衍射及热作用计算》一书第7.3节中看到[7]。

利用半高斯光束的像光斑叠加后能够获得没有强烈衍射条纹干扰而横向均匀分布的光斑，实验研究证明了叠像式光学系统的优越性。但是，由于成像系统的像距大于物距，叠加光斑的功率密度变低，较难保证实际热处理时的高功率密度需要。因此，重新研究放大率小于1的叠像式系统被提上日程。

12.7　新型光学系统及在激光热处理中的实际应用

事实上，李老师1985年回国后，便一直对这个问题进行深入研究，1988年第二次出国时即带去了成像放大率小于1的高功率密度方形激光斑变换系统理论设计方案[8]。对这个结构更简单的光学系统的研制立即得到法国这家汽车公司的支持，新研制的光学系统能将激光束会聚为高功率密度矩形及方形均匀光斑。

在这个新型激光变换系统的理论及实验研究中，李老师发现《傅里叶光学导论》中提供的只能计算像光场振幅分布的相干光成像近似理论不能解释像光场叠加时的干涉问题，研究能够准确计算像光场复振幅的理论成为此后他认真研究的工作。

以下简单介绍新型光学系统在激光热处理应用研究中取得的成果。

新型光学系统研制成功后[9]，光学系统被用于提高汽车重要零件——汽车曲轴的激光热处理质量的研究[10, 11]。

也许，你们虽然知道汽车发动机的原理，但还没有见到过通过活塞与汽缸相连的汽车曲轴的形貌。图12-10便是那名法国博士生博士论文中的四缸发动机汽车曲轴与4个活塞杆相连接的图像[10]。

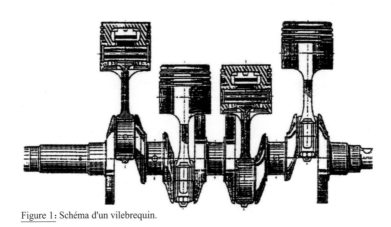

Figure 1: Schéma d'un vilebrequin.

▲　图12-10　四缸发动机汽车曲轴及连杆图像

汽缸内汽油点火后的燃气膨胀力让活塞的上下往返运动变换为曲轴的转动，其转动最终推动汽车前进。不难看出，活塞杆下端与曲轴的连接处产生强烈摩擦，保持双方接触区的强度及耐磨性能是极其重要的。

垂直于沟槽的剖面

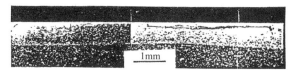

平行于沟槽的剖面

▲ 图12-11　模拟试件相变硬化带形貌

　　图12-11是利用这个新光学系统进行汽车曲轴与连杆衔接处模拟试件激光相变硬化得到相变硬化带的金相照片[10, 11]。可以看出，在垂直及平行于试件的方向均得到均匀的激光淬火硬化带。

　　应该说，新光学系统的设计思想是非常巧妙的，但为得到激光热作用面是曲面时变换后光束的强度分布，单纯的成像计算公式不再适用，必须研究离焦像场及观测平面是曲面的衍射场计算。此外，李老师对振铃震荡的研究是基于顾德门教授的相干光成像近似理论完成的，严格的理论分析应该采用能够计算像光场振幅和相位的计算公式[2, 7]。但在当年的研究背景下，相干光成像的近似理论已能足够好地满足定量分析的需要。

　　这个光学系统的研制过程中有许多有趣的科学故事。今年暑假若你们没有特殊安排，很想让你们再次穿越时空，到30年前的法国看看李老师及当年在国外的中国留学人员是怎样学习及科学研究的。但是，在进行这次时空旅行之前，你们应认真了解这个光学系统的工作原理。该光学系统的理论、光学设计及实验检测已经写在2002年出版的《激光的衍射及热作用计算》一书中[7]。

　　看了肖教授的上述微信，两位年轻人大为兴奋。不但立即给肖教授回了微信，保证尽快看懂这个光学系统的工作原理，并且对下一次时空穿越旅行怀着浓厚的期待。

参考文献

[1] J.C.Li, J. Merlin, J. Perez. Etude comparative de différents dispositifs permettant de transformer un faisceau laser de puissance avec une répartition énergique gaussienne en une répartition uniforme[J]. Revue de Physique Appliquée, 1986, (21): 425-433.

[2] 李俊昌, 熊秉衡. 信息光学教程[M]. 2版. 北京: 科学出版社, 2017.

[3] Kawamura Y, Itagaki Y, Toyoda K, et al. A simple optical device for generating square flat-top intensity irradiation from a Gaussian laser beam [J]. Optics communications, 1983, 48(1): 44-46.

[4] Joseph. W. Goodman. 傅里叶光学导论[M]. 詹达三, 董经武, 顾本源, 译. 秦克诚, 校. 北京: 科学出版社, 1976.

[5] J. Merlin, Li Junchang, C. Olivera, et al. Modification par recombinaison de faisceaux de l'éclairement délivré par une source laser de puissance: étude théorique et expérimentale [J]. Journal of Optics, 1990, 2, 21 :51-61.

[6] 李俊昌, J. Merlin. 光线追迹在离轴激光变换系统衍射计算中的应用[J]. 中国激光, 1998, 7, (25): 637-643。

[7] 李俊昌. 激光的衍射及热作用计算[M]. 北京: 科学出版社, 2002.

[8] Li Junchang, J. Merlin, et al. Etude theorique d'un dispositif permettant de condenser un faisceau laser gaussien en une tache carrée de dimension variable avec une répartition d'énergie homogène[J]. Revue de Physique Appliquée, 1989, (25): 1111-1118.

[9] Li Junchang,C. Renard et, J. Merlin. Etude théorique et expérimentales d'un dispositif optique de transformation de faisceau laser en une tache rectangulaire[J]. Journal of Optics, 1993, 2(24): 55-64.

[10] Renard C. These No. d'ordre 92 ISAL 0074. [D]. Lyon: INSA de LYON, 1992.

[11] 李俊昌. 激光热处理优化控制研究 [M]. 北京: 冶金工业出版社, 1995.

几何光学辅助的
相干光成像计算

—

光学名著《傅里叶光学导论》中的成像公式只能计算像光场的振幅分布。由于应用研究中的成像系统通常是圆对称的系统，为简化出射光瞳对成像质量影响的理论研究，书中将光学系统出射光瞳定义的振幅传递函数的自变量的负号省略。

笔者在1988年与国外科研合作过程中提出的叠像式强激光均匀变换系统是4个非圆对称成像系统的组合体，激光通过光学系统后所成之像还产生像光场之间的干涉。如何利用现有的理论解决所遇到的问题，是需要研究的课题。

本章将通过虚拟的故事简要介绍这个光学系统的工作原理，介绍应保留振幅传递函数自变量的负号并基于光学系统的几何光学分析引入像光场的相位分布，最终才能得到理论计算与实验测量相吻合的研究过程。

13.1 方形激光斑叠像器工作原理

一个周末上午，郝思在宿舍边从自己书架上取书，边给尚进拨通了微信视频电话："老尚，暑假我们再次做穿越时空的旅行我真期待，但我们必须先做一些理论准备。"

郝思将手机对着书架上取下的书："你看，这是我在网上购买的李老师的书《激光的衍射及热作用计算》，2008年出的修订版[1]。"

"噢，老弟，看到了！"接到电话的尚进正在围着校园跑步锻炼。

他放慢脚步给郝思回话："修订版好像开本大了好多。我的是2002年那个版本。我已经在书上找到李老师后来设计的这个光学系统的原理图。要不我过一会儿再打电话给你，现正在外跑步呢。"

跑步结束，回到宿舍后，尚进在书桌上打开书本，立即给师弟拨通视频电话。

"郝老弟，我回来了！请打开你的书，看看是不是第7章的7.6节。我昨晚看过。原理似乎还差一点就要看懂了。要不，你找一下这个图，我们对照书上的说明进行讨论？"

"好的！我找到图了，也是第7章的7.6节。我现在就看，上周考高数，我还没时间认真看，麻烦老兄过一会儿将你的理解给我讲一下，我省点力吧。"

"好的，那就老弟先看一下，我们一会儿再聊。"

两人都放下手机，展开书中的图7.6.1（图13-1），对照文字说明仔细阅读。

书中是这样说的：

装置由四个部件组成，波长为λ的基模高斯光束沿系统的对称轴射入光学系统后，首先被具有四个反射面的四棱反射镜M1分割和反射，形成四束对称的子光束，它们经平面镜M2、M3依次反射后，再次被另一面形式上与M1相对称的四棱反射镜M4反射，变为与最初入射方向成φ角的四瓣几何对称的光束投向透镜

L_t。若定义穿过反射镜 M1 的顶点并与各反射子光束的传播方向成 $\pi/2-\varphi$ 角的四个平面分别为四束子光束的物平面，通过适当的光学设计，将能在透镜前距离 d 处形成四个 1/4 光束虚像的叠加。这样，当光束穿过透镜后，在透镜后 d_5 处将形成一个边界为矩形的实像。

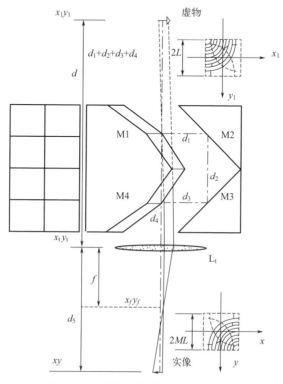

▲ 图13-1　方形激光斑叠像器（原书中图7.6.1）

对于理想基模高斯光束，只要方形虚像的边长 $2L \approx 1.1w$（w 为基模高斯光束半径），我们就能在系统后获得能量分布均匀的方形激光斑。适当设计 M1 及 M4 的角度，可以将透镜前的光学系统设计成一个形成长宽不相等矩形虚像的装置，从而在叠加平面上得到沿一个方向是均匀分布而另一个方向是马鞍形分布的矩形光斑。由于透镜前光学系统可以十分精确地进行设计与装配，成为一个结构紧凑、纯粹完成虚像叠加功能的封闭"黑箱"，在实际使用中基本不用再进行调整，更换不同焦距的透镜则可以获得不同尺寸的矩形光斑。因此，这是一种可以直接用于生产的性能较理想的光束变换装置。

忽然，尚进轻拍桌子并拿起手机，向郝思拨通电话。

"老弟，现在我看懂了！你怎样？"

"还有点不明白，用上下对称的两个四面反射镜怎么能形成4个1/4虚物的平移叠加呢？"

"我先前也是这么想的，事实上这两个四面反射镜并不对称。上方那一个可以设计成沿水平方向对称反射4个1/4光束的反射镜，但下方则要通过设计，让重新反射后的4束光能在透镜上方距离d处形成4个1/4光束的移位叠加，并让叠加的方形虚像的边长为1.1倍的高斯光束半径。"

这番解释后，郝思逐渐明白了："真酷啊！这李老师当年是怎么想出来的？这可比他第一次提出的光学系统好多了。不但制作简单，而且选择不同的成像透镜还能获得不同尺度及不同功率密度的方形均匀光斑。"

尚进回话道："我们都没问题就好。我想，我们最好再看看后面对光学系统的设计部分。这个光学系统的设计是采用菲涅耳衍射计算与传统几何光学的光线空间追迹相结合而完成的。"

"好的，尽管已经开学了。我们一定要抽空认真看看这个光学系统的相关章节，为今年夏天的时空穿越做好准备。"

13.2　光学系统变换性能的理论研究方案

两周以后，郝思阅读了这个光学系统的光学设计部分，对光学系统的工作原理基本弄通了，他觉得应该动手编程计算，确认是否能与书上给出的计算及实验图像相一致。

周日上午，他给师兄拨通电话："老尚，最近怎么样？不知你是否看了李老师对那个光学系统的数值计算部分？如果你现在有时间，很想和你讨论一下。"

接到电话的尚师兄正准备与几位同学去打羽毛球。但略经思考后，决定让同学先行一步，暂时留在宿舍与师弟讨论。

"郝老弟，我抽时间看了，我想，应该是懂了吧？我感到高兴的是，看懂了李老师当年是怎样灵活应用相干光成像近似理论解决实际问题的。现在教材中的相干光成像公式只能计算像光场的振幅分布，不能研究像光场叠加时产生的干涉条纹。但李老师基于几何光学分析，将每一瓣光束所成之像的相位视为透镜后该光束的会聚点发出的球面波相位，较好地描述了4瓣1/4光束所成之像叠加后的光斑强度分布。"

"是的，师兄，我也看懂了。"

郝思接着说："只是看到计算公式时一时还弄不懂，因为前边的数学推导比较麻烦。但是，最后的计算公式是二维傅里叶变换及反变换表示的。现在高数还没学到傅里叶变换，我想先认真看看书中第3章关于衍射受限成像部分。"

尚进略经沉思后回答道："我认为，MATLAB上有二维傅里叶变换的调用语句，可以利用书中提供的计算参数先编程序计算，也许计算结果对认真看懂这些理论会提供帮助。不过，老弟能否先行一步，由于我们下星期六要进行小班间的羽毛球比赛，现在，我得去练球。估计下周难抽时间做这件事。"

"好的！"郝思表示同意，他觉得应该问题不大。

"等候你的佳音。"

13.3　叠加像光场的理论分析

通过上一阶段的理论准备，郝思对于编程计算信心满满。但面对书中图7.6.2（图13-2）上照明光为球面波的讨论，他觉得应该汲取先前讨论圆周圆孔衍射时采用球面波照明而盲目追求理论上的"圆满"的教训，先将照明光视为平行光，这样，该光束的焦点则在透镜后焦面上，便于计算。

按照书中提供的计算公式，郝思通过几天课余时间的努力得到较好的成果。他通过微信具体地向师兄介绍了他的研究。

尚兄，将激光近似为平行光，我将李老师书中图7.6.2简化为图13-2，已经初步获得成果。我先将获得的结果向老兄展示一下，然后再谈我的体会。

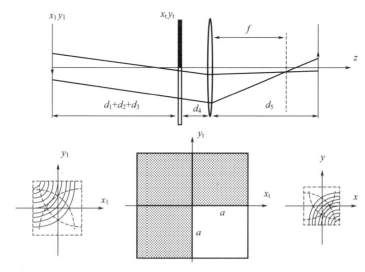

▲ 图13-2　简化的矩形激光斑叠像器的等效傍轴光学系统（原书图7.6.2）

图13-3是入射高斯光束［图13-3（a）］及通过光学系统变换后光束的归一化强度分布图像。这里，图13-3（b）及图13-3（c）分别是非相干叠加及相干叠加的强度图像。很明显，这个光学系统能够将高斯光束会聚为方形光斑。

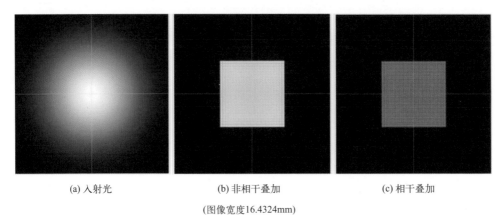

(a) 入射光　　　　　　　　　(b) 非相干叠加　　　　　　　　(c) 相干叠加

(图像宽度16.4324mm)

▲ 图13-3　入射高斯光束及变换后光束的理论模拟强度图像

我将程序通过附件发给你，为方便老兄考查程序是否有误，我对编程用的简化光路做简单说明。

原图7.6.2（图13-2）是将虚物平面的1/4光束视为具有倾斜球面波照明的相位，虽然研究较有一般性，但激光是平行度较高的光束，我将其简化为平行光照明后编程较方便。在研究像平面各瓣光束的相干性时，我采用书中提供的部分相干系数0.8，按照书上提供的参数：f=152mm，$d=d_1+d_2+d_3+d_4$=337mm，λ=0.0106mm，a=40mm，得到图13-3所示的计算结果。

我对出射光瞳的位置及尺寸进行了计算。由于书中没有找到d_4的数值，我假定d_4=50mm。你最好问一下彭师姐，也许她能从李老师那里得到d_4的数值。这样，我们才能更好地与书中给出的实验测量结果做比较。

按照书中第3章的公式（3.7.3），若将图7.6.3中虚物平面上第3象限的那瓣1/4高斯光束的光波场视为$U_{01}(x,y)$，该1/4高斯光束截面像光场的傅里叶变换则是：

$$F\left\{u_{i1}(x,y)\right\} = F\left\{\frac{1}{M}U_{01}\left(\frac{x}{M},\frac{y}{M}\right)\right\}P(-\lambda d_5 f_x, -\lambda d_5 f_y) \qquad （13-1）$$

式中，$M=-d_5/d$是像的放大率；$P(x,y)$是出射光瞳函数（图13-2中光阑平面上第4象限方孔在像空间的像）；λ是光波长；f_x、f_y是与x、y对应的频谱坐标。

对式（13-1）傅里叶逆变换便能得到这瓣光束在像平面的光波场。

利用对称性，我只计算高斯光束中心被移到第2象限的那个1/4光束。图13-4是虚物及其实像的振幅图像。

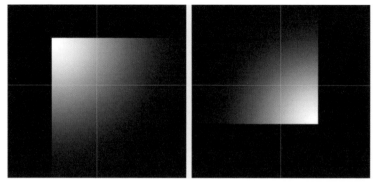

(a) 虚物振幅分布　　　　　　　　(b) 理想实像振幅分布

(图像宽度16.4324mm)

▲ **图13-4**　一个1/4高斯光束的虚物及理想实像的归一化振幅分布

可以看出，实像相对于虚物是一个倒像。

公式（13-1）中的$U_{01}(x,y)$是下面的表达式，描述的是半径为w的基横模高斯光束被截为4瓣后，将中心平移到$(-L, -L)$，然后被边长为$2w$中心在$(-L+w, -L+w)$方形区截取后的光波场。

$$U_{01}(x,y) = \text{rect}\left(\frac{x-w+L}{2w}\right)\text{rect}\left(\frac{y-w+L}{2w}\right)$$
$$\times \exp\left[-\frac{(x+L)^2+(y+L)^2}{w^2}\right]\exp\left[\text{j}\frac{2\pi}{\lambda}S(x+y)\right] \quad (13\text{-}2)$$

在该式中，线性相位因子$\exp\left[\text{j}\dfrac{2\pi}{\lambda}S(x+y)\right]$描述了该列光波是倾斜传播的平面波。

按照叠加光斑宽度是$2ML=1.1Mw$的假定，并参照书中提供的矩形光斑的实验参数，我令$S=4.16\text{mm}/f$。

基于上面的介绍，现对计算过程做简要分析与讨论。

由于虚物光波场$U_{01}(x,y)$是一束倾斜射向透镜的平行光，其实像$\dfrac{1}{M}U_{01}\left(\dfrac{x}{M}, \dfrac{y}{M}\right)$也是一个带有线性相位因子的光波场。按照傅里叶变换的位移定理，在进行式（13-1）计算时，等式右边理想像的频谱$F\left\{\dfrac{1}{M}U_{01}\left(\dfrac{x}{M}, \dfrac{y}{M}\right)\right\}$将是理

想像振幅的频谱 $F\left\{\left[\dfrac{1}{M}U_{01}\left(\dfrac{x}{M},\dfrac{y}{M}\right)\right]\right\}$ 在频谱平面的一个平移，图13-5（a）是理想像的频谱振幅图像。

按照公式（13-1），保留传递函数自变量的传递范围在图13-3（b）中的红色方形框内。通过传递函数窗口传递的频谱在横向及纵向均缺失了不少高频分量。然而，由于常用的光学系统是圆对称系统，目前的信息光学教材通常都引用光学名著《傅里叶光学导论》[2, 3]中采用的方法，传递函数自变量的负号通常省略，如果省略传递函数自变量的负号，传递函数的窗口将是图13-5（b）右下方的方形窗。该窗不能捕捉到衍射受限像该有的频谱，不能获得单瓣1/4光束的衍射受限像。

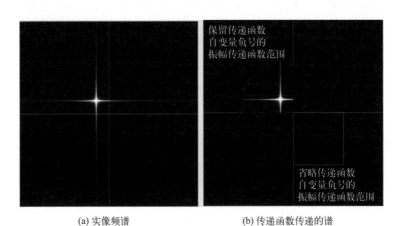

(a) 实像频谱　　　　　(b) 传递函数传递的谱

(频谱面宽度48.6842mm⁻¹)

▲ **图13-5**　一个1/4高斯光束的实像频谱及传递函数作用范围示意图

利用穿过传递函数窗口的频谱进行傅里叶逆变换后，图13-6（a）是图13-4（a）的虚物最终形成的衍射受限实像。可以看出，由于出射光瞳阻断了理想像的部分高频分量，所成之像在边界处已经不再是图13-4（b）的形态。

图13-6（b）是利用对称性，让四瓣1/4光束的像非相干叠加获得的方形光斑。

这次计算让我深刻体会到，在应用研究中，一旦成像系统不是圆对称系统，保留传递函数自变量的负号极为重要。

"郝老弟真行啊！"看到这里尚进不觉暗暗感叹。事实上，从羽毛球场练习回来的尚进还未脱下满是汗水的衣服就在电脑上打开了师弟发来的微信。虽然还没有开始看郝思发来的程序，但他在电脑上启动MATLAB后，执行程序的结果真如郝思所述，屏幕上出现了郝思介绍的诸图。

(a) 单瓣1/4光束的衍射受限像   (b) 四瓣实像的非相干叠加像

(图像宽度16.4324mm)

▲ 图13-6　单瓣1/4高斯光束的衍射受限像及利用对称性获得的非相干叠加像强度

为能认真阅读程序，尚进洗澡换了衣服后，继续往后阅读。

我的另一个收获是，虽然现在的成像公式只能计算像光场的振幅分布，但根据几何光学分析，可以为像光场引入一个相位分布，不但能完成4个1/4光束像的相干叠加计算，而且还能实现离开像平面后观测平面上各光束的相干叠加运算。李老师书上给出他采用菲涅耳函数计算离焦像场的一些理论计算与实验测量的比较，干涉条纹分布的理论预计与实验测量极吻合。李老师基于现有的成像理论解决实际问题的方法值得点赞。

看完师弟的微信，尚进觉得自己应该再做点什么才好。

仔细考虑后，他按照书中提供的矩形光斑叠加系统的参数，很快得到矩形光斑的非相干及相干的叠加图像。他将图像发出后立即给郝思拨通电话。

"老弟，你的程序写得很好，先点个赞！基于你的程序，我已经修改成可以计算矩形光斑的程序。计算图像及我修改后的程序已经发到你的邮箱。你看一下，有问题再电话讨论。"

"太好了！我马上下载看。"

放下电话，郝思很快收到师兄发来的图像及下面的文字说明。

图13-7～图13-10是我基于你的程序修改的结果。事实上，只要将虚物按照李老师书中给出的参数L_x=4.80mm，L_y=6.49mm，x_f=3.38mm，y_f=4.64mm，对程序做修改便行。为能较直观地了解相干及非相干叠加光斑的强度分布，我增加了叠加光斑的轴向强度分布曲线，并且，在同一标度下用红色曲线示出原高斯光束的强度曲线。

这里，对图13-10做简单说明，图13-10（a）图像是亮度与光斑强度成正比的线性化模拟图像，图13-10（b）的热敏纸采样模拟是将《激光的衍射及热作用计算》一书中图7.6.4（b′）直接拍摄后，利用图像处理软件按照尺寸剪贴到图13-10（b）上而得的。估计是热敏纸对能量响应的灰度非线性变化，两幅图像的

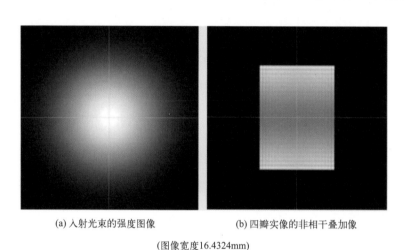

(a) 入射光束的强度图像　　　　　　(b) 四瓣实像的非相干叠加像

(图像宽度16.4324mm)

▲ 图13-7　经叠像系统变换前后非相干叠加的模拟强度图像比较

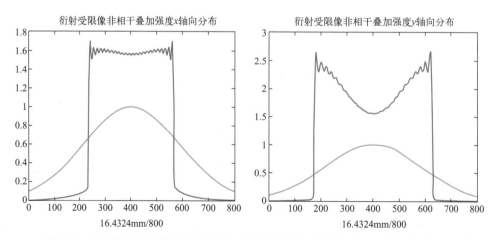

▲ 图13-8　非相干叠加光斑的轴向强度分布曲线（蓝色）与原高斯光束强度曲线（红色）的比较

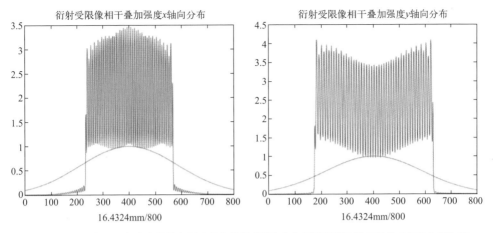

衍射受限像相干叠加强度x轴向分布　　　　　　衍射受限像相干叠加强度y轴向分布

16.4324mm/800　　　　　　　　　　　16.4324mm/800

▲ 图13-9　相干叠加光斑的轴向强度分布曲线（蓝色）与原高斯光束强度曲线（红色）的比较

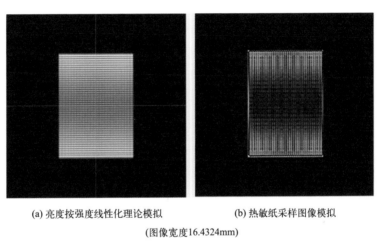

(a) 亮度按强度线性化理论模拟　　　　　　(b) 热敏纸采样图像模拟

(图像宽度16.4324mm)

▲ 图13-10　相干叠加光斑强度的两种理论模拟比较

灰度变化不一致，但比较干涉条纹的分布可以看出，我们进行的模拟计算与李老师当年完成的计算结果是一致的。

很明显，光学系统能将强度分布不均匀的高斯光束会聚为矩形光斑。按照李老师在书上的描述，由于金属材料具有较好的热传导特性，干涉条纹对用这种形式的光斑进行铁基材料的激光相变热处理时，若让光斑沿横向扫描，振铃震荡及干涉条纹并不对热处理结果产生影响，能够获得纵向均匀的相变硬化带[1]。

收到师兄微信的郝思立即给尚进回了电话。

"尚兄，看着这些图像，我真不知李老师当年是如何想出这个高招的？难怪这个光学系统得到法国著名汽车公司的投资研究。我想，在完成后面讲述的离焦像场的计算前，可以向肖教授汇报一次，让教授知道我们在认真学习和研究，我真盼着这个暑假的再次时空穿越。"

"很好！我整理一下文字，给肖教授发一个微信。但我想先问一下彭师姐，请她设法去问一下李老师，看看书上没有找到的透镜到入射光瞳的距离 d_4 是一个什么数值。按照这个数值计算后，再给肖教授发微信。"

"好的！"郝思完全赞同。

13.4　李老师的建议

彭颖接到尚进的微信后，刚好在学校遇上李老师。为便于说明情况，她将调出图像的手机交给李老师。李老师看着这个图像很惊奇，因为这已经是他30年前研究的光学系统了[4]。但当他从彭颖那里知道是肖毅教授让这两个年轻人去读他那本书的时候，便笑着回答道："我知道肖毅，老朋友了！我回去查一下当年这个光学系统的光学设计论文，应该能找到所有参数。你将你的电话告诉我，我会和你联系。"

"李老师，不如我们联上微信吧？这样更方便，今后若有问题还可向您请教。"

"好的，但我的眼睛不好，较少看微信，也许不能及时回复。"

那天晚上，李老师用微信告知彭颖，他已经找到那篇光学设计论文了，该论文1998年发表于法国《光学》杂志[5]，光学系统下面一个组合反射镜中心到透镜的距离为45mm，可以视为《激光的衍射及热作用计算》一书中图7.6.2光学系统光路图中的 d_4。另外，图中每一反射镜的设计边长 a=40mm。

当年对光学系统的性能研究最后是通过菲涅耳衍射积分进行光波场的空间追迹完成的。在追迹计算时，将成像系统的孔径光阑视为虚物平面上对高斯光束分割的矩形孔，孔的边长为2倍高斯光束半径，透过矩形孔的光波场即如前面式（13-2）所描述的光波场。若按照图13-2，计算步骤是：①用菲涅耳衍射积分计算到达透镜平面的光场；②光波通过透镜时让光场乘上透镜引入的二次相位变化因子；③再进行透镜后方任意给定距离的菲涅耳衍射积分运算。由于计算中不需要组合反射镜到透镜间的距离d_4，在《激光的衍射及热作用计算》一书中查不到这个参数。

然而，按照上述计算步骤，通过一系列数学分析，复杂的衍射计算可以归结为一维菲涅耳衍射积分的计算。其光波场强度计算公式即《激光的衍射及热作用计算》一书中7.6.3节的公式。这组公式可以很准确地计算光学系统后任意给定观测平面的光波场强度。对于各光束之间的干涉研究，则是按照透镜焦点发出的球面波来考虑的。由于理论计算与实验测量吻合很好，研究论文被法国《光学》杂志发表了[6]。

李老师扫描了这篇论文上的几幅理论模拟与实验测量的图像，附上译文，并将主要计算公式及参数发给彭颖，让彭颖转交给两位年轻人，期望为他们的计算提供可信的比较依据。

李老师建议，当年的理论计算是采用只能计算像光场振幅分布的理论进行的，在考虑像光场之间的干涉时，不得不人为地引入相位分布。现在，《激光的衍射及热作用计算》以及《信息光学教程》第2版均给出可以计算像光场振幅及相位分布的计算公式，建议彭颖指导两位年轻人再对这个光学系统进行一次计算。关于相干光成像公式的理论推导及按照公式对该光学系统叠像平面光斑的计算，可以上网观看2020年他在国防科技大学的专题讲座视频，该视频后来收入清华大学云盘[7]及中国激光前沿在线[8]。

彭颖看到这里，不觉给李老师发了一个微信："李老师，我们研究生都看过您的这个视频。听说您最初导出单透镜系统相干光成像计算公式时，还特地到里昂应用科技学院进行实验证明。但视频中您没有详细讲解这个公式的推导，不知您能否给我们单独再做一次讲座？"

李老师回信道："没问题的。"

为能锻炼两位年轻人灵活应用所学知识的能力，李老师让彭颖转达给郝思和尚进他的建议："MATLAB是一个非常适用的科学计算软件，对于光波场强度分布图像，是按照与强度的数值成正比的亮度进行自动归一化显示的，图13-10中引用的实验图像是热敏纸采样图像，图像的灰度并不与强度分布值成线性关系。因此，还建议参照《激光的衍射及热作用计算》一书中提供的热敏纸的响应特性曲线，对计算结果进行显示。"

很快，彭颖给郝思和尚进转达了李老师的上述建议。为能让两位年轻人较好地按照李老师的建议完成计算，她补充了下面的说明。

在你们的模拟研究中，与激光功率相关的高斯光束的表达式没有正确写出。

为能准确模拟像光场的热敏纸采样图像，我将功率为 P、半径为 w 的基横模高斯光束的振幅分布理论表达式推导如下。

令该光束的强度分布为：

$$I(x,y) = C_p \exp\left(-2\frac{x^2+y^2}{w^2}\right)$$

式中，C_p 为待定常数。按照光传播时光能流的物理意义，则有：

$$P = C_p \iint_\infty \exp\left(-2\frac{x^2+y^2}{w^2}\right) \mathrm{d}x\mathrm{d}y$$

由于积分有解析解 $\dfrac{\pi w^2}{2}$，因此 $C_p = \dfrac{2P}{\pi w^2}$。

于是，高斯光束的振幅可以写为 $U(x,y) = \sqrt{I(x,y)} = \sqrt{\dfrac{2P}{\pi w^2}}\exp\left(-\dfrac{x^2+y^2}{w^2}\right)$。按照这个表达式进行光传播的理论计算，得到观测平面的光波场强度分布后，利用作用时间内热敏纸吸收能量的"焦耳"数及热敏纸的灰度响应特性，才能较好地完成李老师建议的光学系统性能的理论模拟研究。

参考文献

[1] 李俊昌. 激光的衍射及热作用计算[M]. 修订版. 北京：科学出版社，2008.

[2] Joseph. W. Goodman. 傅里叶光学导论[M]. 詹达三，董经武，顾本源，译. 秦克诚，校. 北京：科学出版社，1976.

[3] Joseph. W. Goodman. 傅里叶光学导论[M]. 陈家璧，秦克诚，曹其智，译. 北京：科学出版社，2020.

[4] Li Junchang, J. Merlinet al. Etude théorique d'un dispositif permettant de condenser un faisceau laser gaussien en une tache carrée de dimension variable avec une répartition d'énergie homogène[J]. Revue de Physique Appliquée, 1989, (25): 1111-1118.

[5] JunChang Li, J.Merlin. La conception optique d'un dispositif permettant de transformer un faisceau laser de puissance en une tache carrée [J]. J. Optics, 1998, (29): 376-382.

[6] Li Junchang, C. Renard et, J. Merlin. Etude théorique et expérimentales d'un dispositif optique de transformation de faisceau laser en une tache rectangulaire[J]. Journal of Optics, 1993, 2, (24): 55-64.

[7] 李俊昌国防科大讲座 (2020). https://cloud.tsinghua.edu.cn/f/20d812f80176496dbd76/.

[8] 李俊昌. 相干光成像计算及应用研究. 光学前沿在线. http://opticsjournal.net/columns/online?posttype=view&postid=PT210112000094qWtZw.

相干光成像经典理论的再研究

第13章介绍了笔者引用光学名著《傅里叶光学导论》中的相干光成像经典理论在科学研究中取得的成功及遇到的问题。由于成像公式不能计算像光场的相位，为获得与实验测量吻合的结果，不得不人为地在像光场中引入相位分布。为此，在20世纪末，研究能够准确计算像光场振幅和相位分布的理论成为笔者努力进行的工作。

通过不懈努力，笔者基于不同的理论途径导出了能够计算像光场复振幅的数学公式。

本章通过给研究生讲座的故事，介绍利用菲涅耳衍射积分作光波场空间追迹导出相干光成像公式的数学过程，介绍笔者2000年专程从法国巴黎到里昂对该公式进行的第一次实验证明。

14.1 研究背景

在近代光学研究领域，玻恩（M. Born）和沃耳夫（E. Wolf）的《光学原理》[1]以及顾德门（Joseph W. Goodman）的《傅里叶光学导论》[2, 3]对光的传播、干涉和衍射的电磁理论进行了系统描述。两部名著中的相干光成像理论是当代科技工作者广泛引用的经典理论[4-8]。然而，这两种理论均是在不同的近似条件下得到的。《光学原理》中的成像公式是假定被照明物体的尺寸很小及像光场存在"等晕区"的前提下导出的。《傅里叶光学导论》中，在只考虑像光场振幅分布的前提下，对成像系统的脉冲响应进行了简化，导出了被照明物体尺寸小于光学系统入射光瞳直径1/4时像光场振幅分布的计算公式。从数学形式上看，两部光学名著导出的公式有相同的形式，并且，相干光成像系统均是线性空间不变系统，由出射光瞳定义的传递函数的物理意义是理想像频谱的滤波器。

随着科技的进步，上述理论逐渐不能满足实际需要。例如，2016年，R. Horstmeyer等学者在《Nat. Photonics》发表的论文[7]引用《傅里叶光学导论》的相干光成像理论后，建议对成像系统做像质评价时应给出一种辐射形状条纹的分辨率板（西门子星）在像平面不同位置的图像。这表明，相干光照明的成像系统并不是线性空间不变系统。又如，20世纪90年代，笔者基于《傅里叶光学导论》中给出的成像公式去研究一种叠像式强激光整形系统时，必须人为地引入像光场的相位分布才能解决像光场叠加时的干涉问题[4]。

基于顾德门教授的研究方法，但不对脉冲响应做近似，2002年笔者导出了能够计算像光场复振幅的表达式[8]。此后，按照该表达式重新定义了相干传递函数的物理意义[9]，并给出较好的实验证明[9, 10]。该公式不但能对当前结构光照明改变像光场振幅分辨率的热点研究进行定量讨论[11]，而且在提高像面数字全息检测质量的研究中能发挥积极作用[13]。基于所导出的公式对《光学原理》中的相干光照明成像公式进行的研究结果表明，对于实际光学系统，像光场中不存在"等晕区"，并且不存在与物光场无关而只与成像系统出射光瞳及像差有关的光瞳函数[14]。

鉴于应用基础理论的重要性，本章将介绍2024年2月在《光学学报》上发表的利用光波场空间追迹简明地导出相干光成像公式的数学过程[14]。

14.2　学术讲座上的感慨

昆明，金秋，一个晴朗的早晨，笔者到了云南师范大学的报告厅，那是师大物理学院邀约的一次讲座。到会者是光学博士点的年轻教师、研究生及部分光学专业的本科生。由于昆明理工大学距离云南师范大学不远，昆明理工大学光学点的研究生彭颖及几位同窗知道这个信息后，也到了会场。

"大家好！我非常高兴今天能有机会进行这次讲座。应该说，今天讲座的内容涉及到20年前我导出的一个相干光成像公式，涉及到对两部近代光学名著中相干光成像理论的修改及完善，涉及到2000年为证明成像公式的正确性在法国里昂应用科技学院的一个相干光成像实验。

"那么，是哪两部光学名著呢？

"其一，是诺贝尔奖获得者玻恩和沃耳夫的光学名著《光学原理》；其二，是大家熟知的美国工程院院士顾德门教授所著，影响着国内外几代光学工作者的《傅里叶光学导论》。

"为什么这个20年前所做的工作现在才与大家交流呢？事实上，这个成像公式的理论推导我已经写在2002年科学出版社出版的《激光的衍射及热作用计算》一书中[8]。估计是所做的工作涉及对两部光学名著中相干光成像理论的修改，通过许多年的努力，最近才得到学术界的认可。借此，我首先感谢国防科技大学周朴研究员在2020年8月邀请我对来自90多个国家的研究生及年轻的科技工作者进行的线上学术讲座，让我有机会能对相干光成像计算公式的理论及应用研究进行较详细的介绍。其次，我要感谢清华大学曹良才教授及《中国激光》杂志社的马沂老师，他们将这次讲座的视频先后放到清华大学云盘[11]及中国激光'光学前沿在线'[12]网络，让这项研究在国内光学界产生了较广泛的影响。最后，我要特别感谢国内光学界的评审专家及《光学学报》的总编，让基于成像公式的第一篇论文——《相干光成像系统传递函数的物理意义及实验证明》于2021年在《光学学报》上发表了[9]。

"我的科学研究是从学习顾德门教授的《傅里叶光学导论》第1版开始的。20世纪60年代，我是云南大学物理系的学生，当时还没有这门光学课，甚至对于激光也只是听说在国外有'来塞'这个东西，至于'来塞'是什么则完全不知。大学毕业后，我在部队农场和工厂又做了十多年与物理专业毫不相干的工作，所学的数学物理知识几乎全部忘记了。改革开放后的1980年，我从工厂调入昆明理工大学，基于当年云南大学物理系老师们给予的出色教育，我还能逐步读懂这部光学名著，利用书中介绍的标量衍射理论及相干光成像公式，在1984年赴法国进修时理论上论证了我当年提出的一个叠像式强激光变换系统的可行性。从此，代表昆工开始与法国多所大学的教学及科研合作。

"应该说，我对这部光学名著深有感情，《傅里叶光学导论》的每一个新版本是我始终跟踪学习的经典著作。

"然而，实践是检验真理的标准，由于书中介绍的相干光成像公式是在对成像系统脉冲响应进行简化及近似后导出的。利用该公式，只能在特定的近似条件下计算像光场的振幅分布。因此，20世纪90年代在法国进行叠像式强激光变换系统的实际研制时，不得不基于系统的几何光学分析，人为地引入像光场的相位分布才能得到与实验相吻合的结果。从此，研究能够同时计算像光场振幅和相位的相干光成像理论成为我努力研究的工作。

"研究期间，我曾经查阅过玻恩和沃耳夫的光学名著《光学原理》，该著作给出的相干光成像公式也是在特定的近似条件下获得的。以上两部名著给出的公式具有相同的形式，按照公式的数学分析，成像系统均是线性空间不变系统。然而，实验研究表明，像光场在不同区域有不同的成像分辨率[7]，相干光成像系统并不是线性空间不变系统。

"今天的讲座，将基于2024年2月在我国《光学学报》发表的论文[14]，介绍从另外一种途径，利用衍射场的空间追迹，导出相干光成像公式及理论模拟证明；介绍2000年我在法国里昂应用科技学院为证明这个公式的正确性进行的红外激光照明的相干光成像实验。"

14.3　基于光波场的空间追迹导出相干光成像公式

在直角坐标系 $O\text{-}xyz$ 中建立图14-1所示的单透镜成像系统，成像系统光轴与 z 轴重合。

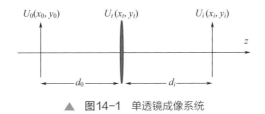

▲ 图14-1　单透镜成像系统

令物平面坐标为 $x_0 y_0$，透镜平面坐标为 $x_t y_t$，透镜焦距为 f，透镜光瞳函数为 $P(x_t, y_t)$，像平面坐标为 $x_i y_i$，物距和像距分别为 d_0, d_i。若 $U_0(x_0, y_0)$ 是物平面光波场，到达透镜左侧表面的光波场可以用菲涅耳衍射积分表示为：

$$U_t(x_t, y_t) = \frac{1}{\lambda d_0} \int_{-\infty}^{\infty} \int_{-\infty}^{\infty} U_0(x_0, y_0) \exp\left\{\frac{jk}{2d_0}\left[(x_t - x_0)^2 + (y_t - y_0)^2\right]\right\} dx_0 dy_0 \quad (14\text{-}1)$$

式中，$j = \sqrt{-1}$；$k = 2\pi/\lambda$，λ 为光波长。

该列光波穿过透镜到达像平面的光波场则为：

$$
\begin{aligned}
U_i(x_i, y_i) = &\frac{1}{\lambda d_i} \int_{-\infty}^{\infty} \int_{-\infty}^{\infty} U_t(x_t, y_t) P(x_t, y_t) \exp\left[-\frac{jk}{2f}(x_t^2 + y_t^2)\right] \\
&\times \exp\left\{\frac{jk}{2d_i}\left[(x_i - x_t)^2 + (y_i - y_t)^2\right]\right\} dx_t dy_t
\end{aligned}
\quad (14\text{-}2)
$$

将式（14-1）代入式（14-2），令 $M = -d_i/d_0$，注意在像平面满足 $\dfrac{1}{d_0} + \dfrac{1}{d_i} - \dfrac{1}{f} = 0$，

可以得到：

$$U_i(x_i, y_i) = \frac{1}{\lambda^2 d_0 d_i} \exp\left[\frac{jk}{2d_i}(x_i^2 + y_i^2)\right] \int\int_{-\infty}^{\infty}\int U_0(x_0, y_0) \exp\left[\frac{jk}{2d_0}(x_0^2 + y_0^2)\right] dx_0 dy_0$$

$$\int\int_{-\infty}^{\infty}\int P(x_t, y_t) \exp\left\{-j2\pi\left[(x_i - Mx_0)\frac{x_t}{\lambda d_i} + (y_i - My_0)\frac{y_t}{\lambda d_i}\right]\right\} dx_t dy_t \tag{14-3}$$

再令 $f_x = \dfrac{x_t}{\lambda d_i}, f_y = \dfrac{y_t}{\lambda d_i}$ ， $x_a = Mx_0, y_a = My_0$ ，式（14-3）可以写为：

$$U_i(x_i, y_i) = \exp\left[\frac{jk}{2d_i}(x_i^2 + y_i^2)\right]$$

$$\int\int_{-\infty}^{\infty} -\frac{1}{M} U_0\left(\frac{x_a}{M}, \frac{y_a}{M}\right) \exp\left[-\frac{jk}{2d_i M}(x_a^2 + y_a^2)\right] h(x_i - x_a, y_i - y_a) dx_a dy_a \tag{14-4}$$

式中，

$$h(x, y) = \int\int_{-\infty}^{\infty} P(\lambda d_i f_x, \lambda d_i f_y) \exp\left[-j2\pi(xf_x + yf_y)\right] df_x df_y \tag{14-5}$$

为便于理论分析，将式（14-4）用傅里叶变换 $F\{\ \}$ 及逆变换 $F^{-1}\{\ \}$ 重新表示为：

$$U_i(x_i, y_i) = \exp\left[\frac{jk}{2d_i}(x_i^2 + y_i^2)\right] \times$$

$$F^{-1}\left\{F\left\{-\frac{1}{M} U_0\left(\frac{x_i}{M}, \frac{y_i}{M}\right) \exp\left[-\frac{jk}{2d_i M}(x_i^2 + y_i^2)\right]\right\} \times P(-\lambda d_i f_x, -\lambda d_i f_y)\right\} \tag{14-6}$$

至此，简明地导出了相干光成像的计算公式。这个推导过程2024年2月发表于国内《光学学报》[10]，下面的理论分析也主要取材于这篇论文。

14.4 光学名著《光学原理》中的相干光成像理论

基于《光学原理》第7版9.5节的讨论[1]，在空间建立笛卡儿坐标，若成像系统的横向放大率为 M，物平面上的点为 (X_0, Y_0)，引用尺度归一化坐标 $x_0 = MX_0$，$y_0 = MY_0$，令物平面光波场为 $U_0(x_0, y_0)$；像平面坐标为 (x_1, y_1)，像平面光波场 U_1 可表示为：

$$U_1(x_1, y_1) = \int_{-\infty}^{\infty} \int_{-\infty}^{\infty} U_0(x_0, y_0) K(x_0, y_0; x_1, y_1) \mathrm{d}x_0 \mathrm{d}y_0 \tag{14-7}$$

式中，K为描述系统成像特性的一个传输函数。

为便于后续讨论，不采用尺度归一化坐标，用(x_0, y_0)及(x_i, y_i)代表物平面及像平面的笛卡儿坐标，并注意到理想像光场由$\frac{1}{|M|} U_0\left(\frac{x_0}{M}, \frac{y_0}{M}\right)$表示[2, 3]，则像平面光波场可重新写为：

$$U_i(x_i, y_i) = \int_{-\infty}^{\infty} \int_{-\infty}^{\infty} \frac{1}{|M|} U_0\left(\frac{x_0}{M}, \frac{y_0}{M}\right) K'(x_0, y_0; x_i, y_i) \mathrm{d}x_0 \mathrm{d}y_0 \tag{14-8}$$

式中，K'仍然是描述系统成像特性的一个传输函数。

设出射光瞳平面坐标为(x_t, y_t)，光瞳函数由$G(x_t, y_t)$表示，当点(x_t, y_t)位于光瞳外时，G取零值，G的相位是系统的像差函数，幅值表示成像波的不均匀性[1]。令成像系统出射光瞳到像平面距离为d_i，《光学原理》第7版9.5节的讨论指出，当被相干光照明的物体尺寸很小时，像平面存在一个特殊的等晕区。若照明光波长为λ，令$f_x = \frac{x_i}{\lambda d_i}, f_y = \frac{y_i}{\lambda d_i}$，在等晕区近似下，通过数学分析得到像光场的表达式：

$$U_i(x_i, y_i) = \int_{-\infty}^{\infty} \int_{-\infty}^{\infty} \frac{1}{|M|} U_0\left(\frac{x_0}{M}, \frac{y_0}{M}\right) K_A(x_i - x_0, y_i - y_0) \mathrm{d}x_0 \mathrm{d}y_0 \tag{14-9}$$

式中

$$
\begin{aligned}
&K_A(x_i - x_0, y_i - y_0) = \\
&\int_{-\infty}^{\infty} \int_{-\infty}^{\infty} G(\lambda f_x d_i, \lambda f_y d_i) \exp\left\{-\mathrm{j}2\pi\left[(x_i - x_0)f_x + (y_i - y_0)f_y\right]\right\} \mathrm{d}f_x \mathrm{d}f_y
\end{aligned} \tag{14-10}
$$

书中指出"光瞳函数G与物点无关"。换言之，是与光学系统结构相关而物平面光波场分布无关的函数。

采用傅里叶变换及逆傅里叶变换符号，式（14-9）可以重新表示为：

$$U_i(x_i, y_i) = F^{-1}\left\{F\left\{\frac{1}{|M|} U_0\left(\frac{x_i}{M}, \frac{y_i}{M}\right)\right\} G(-\lambda f_x d_i, -\lambda f_y d_i)\right\} \tag{14-11}$$

从数学形式上看，该式与《傅里叶光学导论》中引入波像差函数 W 定义广义光瞳函数后的像光场振幅表达式相似。具体而言，若系统的出射光瞳函数为 $P(x_t, y_t)$，定义 $k=2\pi/\lambda$，《傅里叶光学导论》中有像差系统像光场的表达式为：

$$U_i(x_i, y_i) = F^{-1}\left\{ F\left\{ \frac{1}{|M|} U_0\left(\frac{x_i}{M}, \frac{y_i}{M} \right) \right\} H(f_x, f_y) \right\} \tag{14-12}$$

式中

$$H(f_x, f_y) = P(\lambda d_i f_x, \lambda d_i f_y) \exp\left[jkW(\lambda d_i f_x, \lambda d_i f_y) \right] \tag{14-13}$$

然而，《傅里叶光学导论》在推导这个公式时已经指出，式（14-12）只能在物体尺寸小于入射光瞳直径1/4时计算像光场的振幅分布。但《光学原理》第7版9.5节的讨论认为，式（14-11）可以计算等晕区近似下像光场的振幅及相位分布，但是，没有给出与出射光瞳及像差相关的传递函数 G 的具体表达式。

以下，基于成像公式（14-6）讨论是否能导出式（14-11）中传递函数 G 的具体表达式。

参照《傅里叶光学导论》中定义的广义光瞳函数，有像差系统的成像公式可以利用公式（14-6）表示为：

$$
\begin{aligned}
U_i(x_i, y_i) = &\exp\left(jk\frac{x_i^2 + y_i^2}{2d_i} \right) \times \\
&F^{-1}\left\{ F\left\{ \frac{1}{|M|} U_0\left(\frac{x_i}{M}, \frac{y_i}{M} \right) \exp\left(-jk\frac{x_i^2 + y_i^2}{2Md_i} \right) \right\} H(f_x, f_y) \right\}
\end{aligned}
\tag{14-14}
$$

参照式（14-11），将式（14-14）重新写为：

$$U_i(x_i, y_i) = F^{-1}\left\{ F\left\{ \frac{1}{|M|} U_0\left(\frac{x_i}{M}, \frac{y_i}{M} \right) \right\} G'(f_x, f_y) \right\} \tag{14-15}$$

式中，

$$G'(f_x, f_y) = \frac{F\left\{ \frac{1}{|M|} U_0\left(\frac{x_i}{M}, \frac{y_i}{M} \right) \exp\left(-jk\frac{x_i^2 + y_i^2}{2Md_i} \right) \right\} \exp\left(jk\frac{x_i^2 + y_i^2}{2d_i} \right) H(f_x, f_y)}{F\left\{ \frac{1}{|M|} U_0\left(\frac{x_i}{M}, \frac{y_i}{M} \right) \right\}} \tag{14-16}$$

研究式（14-16）可以看出，G' 是与物光场相关的函数。如果要让 G' 与物光场无关，并且可以表示成式（14-11）中的 $G(-\lambda f_x d_i, -\lambda f_y d_i)$ 的形式，式（14-16）中的像距 d_i 应为无穷大。

由于实际光学系统的像距都是有限值，因此，对于实际成像系统不存在与物光场无关的光瞳函数。如果式（14-6）是正确的，要利用表达式（14-15）进行像光场复振幅的运算，式中的光瞳函数 G' 必须采用式（14-16）。

讲座至此，李老师说："如果式（14-6）能够得到完美的实验证明，以上对两部光学名著中相干光成像理论的不足之处的讨论才是正确的。事实上，公式（14-6）的第一次推导是20世纪末按照顾德门教授在《傅里叶光学导论》第1版的方法，不对成像系统的脉冲响应做近似后才导出的[8]。我们稍作休息，等一会儿给大家讲为证明公式（14-6）的正确性，2000年我专程从巴黎到里昂应用科技学院进行的红外大功率激光照明的相干光成像实验。"

休息期间，一些研究生来到李老师面前提了不少问题。

例如："李老师，新导出的公式那么复杂，能否在下面的讲座中讲一下公式的计算方法。"

又如："李老师，既然相干光成像的准确计算理论那么重要，为什么不早点向著名的科学杂志投稿呢？"

李老师表示，他会在后续讲座中尽可能地回答大家的问题。

14.5 2000年在里昂应用科技学院的实验研究

休息过后，讲座重新开始。

"讲座开始之前，我简单回答刚才两位同学提出的问题。其一，如何计算刚才给大家介绍的相干光成像公式？其二，既然相干光成像的准确计算那么重要，为什么不向国外著名的科学杂志投稿？

"对于第一个问题，关于成像公式的计算，正是下面我将基于2000年在法国里昂应用科技学院的实验，用理论模拟成像过程时要讲述的内容。

"对于第二个问题，我们是学习物理的，我们学习过的理论基本都是得到物理实验证明的。如果应用研究中有一个新的发现，必须通过实验去证明，这是一个基本常识。20年前我在巴黎高等工业大学工作时，通过对繁杂复函数四重积分的研究，导出了相干光成像计算公式，我非常高兴。为证明公式的正确性，2000

年我特地从巴黎到里昂进行了实验证明。然而，这个公式得到证明后，我没有充分意识到该公式的理论意义及实用价值。因为当年的主要精力用于研究激光对材料的热作用，没有考虑过将该成果形成论文发表。只是在撰写《激光的衍射及热作用计算》一书时，考虑到书中相干光成像理论内容的完整性，将相干光成像公式的理论推导写入2002年出版的这本书里了。

"然而，2000年后，昆明理工大学激光所的研究逐渐转向全息干涉计量及数字全息。大家都知道，在全息检测研究中，像光场的振幅和相位是同等重要的物理量。2016年，当我在英国《自然》杂志上看到一篇讨论相干光成像质量的论文才知道[7]，科技工作者还没有解决顾德门教授当年推导相干光成像公式时遇到的困难。对于相干光成像，至今国内外始终引用的是只能计算像光场振幅分布的理论。

"基于上述情况，在昆工年轻教师的热心帮助下，通过多次像面数字全息实验较好地证明了我20年前导出公式的正确性。我们曾经将成像公式的理论推导及实验证明整理成文于2016年向英国《自然》杂志投过稿，但没有被录用。杂志编辑给我的回答是：我们特别欣赏您对相干传递函数的物理意义的讨论，但是，由于每年收到的优秀文章太多，我们只能好中求好，因此，建议您改投到其他杂志。

"按照《自然》杂志的建议，此后我们又向国内外的几个著名学术期刊投过稿，但得到的回答基本是：理论推导无误，但不适合在本杂志发表，建议改投其他杂志。正如前面我所讲过的，估计是所进行的研究涉及对两部光学名著中相干光成像理论的修改及完善，所有杂志均持谨慎态度。

"尽管该计算公式的理论推导至今还没有在科学杂志上发表过，但基本内容已经写在2002年出版的《激光的衍射及热作用计算》一书中了。近20年来，对于书中关于单透镜相干光成像公式的讨论，没有读者质疑过，也没有看到过科技工作者引用书中介绍的成像公式。后来，我基于光波通过傍轴光学系统的柯林斯衍射积分，理论上直接导出适用于多元件构成的成像系统的相干光成像公式，并将其写入2017年出版的《信息光学教程》第2版[15]中。

"是否再投稿，将基于该公式对相干光成像的研究有新的成果再考虑。由于相干光成像公式可以解决光学成像研究中的许多理论及实际问题，在国家自然科学基金的支持下，我们正在进行这方面的研究，今后有机会我会再与大家交流。

"在下面的讲座中，我将介绍2000年为证明成像公式的正确性专程到法国里昂应用科技学院进行的实验及理论模拟。所谓‘专程’，是因为2000年我在巴黎高等工业大学指导激光对金属材料热处理的研究生，所在学校不便搭建我需要的激光实验平台。

"图14-2是实验研究光路。物平面入射光波场由准基模高斯光束照射具有十字叉的圆孔光阑形成，十字叉丝直径1mm，圆孔直径60mm；透镜焦距$f=127$mm，直径45mm；物平面到透镜平面的距离为$2f=254$mm；像平面到透镜平面的距离也为2f。在薄透镜前$d_1=10$mm处放置一尺寸可变的方孔光阑，让光轴通过方孔光阑的中心，方孔边与十字叉平行。利用功率500W，波长10.6μm，半径$w=7.2$mm的准基模高斯光束沿系统光轴入射。

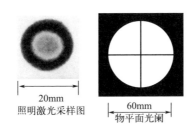

20mm
照明激光采样图

60mm
物平面光阑

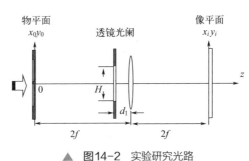

▲ 图14-2 实验研究光路

"大家可能想问这么简单的一个实验为什么还得专程到里昂做？

"是的，实验很简单。若用现在学校里的全息实验平台，用可见光做这个实验及CCD记录像光场的强度分布，是轻而易举之事。但是，当年我代表学校在法国进行的教学及科研合作是红外大功率激光对金属材料热处理的研究，我所在巴黎高等工业大学（ENSAM de Paris）指导的研究生是到巴黎的一个大功率激光实验中心去做实验的。研究生做的工作是圆柱形金属材料用激光扫描进行相变硬化处理时，硬化带尺寸的理论计算及实验研究，我较难请校外这个实验室单独为我做这个大功率红外激光照明的成像实验。

"由于我在法国里昂应用科技学院激光实验室工作过三年，对那里的人员非常熟悉，通过电话，对方非常欢迎我到实验室来。乘坐法国的高速火车很方便，两地均是市中心上下车，一小时一趟，从巴黎出发两个小时可以到达里昂。

"约定日期后，在一个大清早我从巴黎出发，借用里昂实验室现有的不同形式的光阑，实验在当天中午前便完成了。现将那天完成的实验及相关理论模拟整理如下。

"图14-3（a）是放置两种不同尺寸光阑及无光阑时，在像平面得到的采样时间为15ms的热敏纸采样光斑图样。

"很明显，只有孔径光阑宽度H足够大，即在透镜前不设置孔径光阑时，像平面的光波场才近似于几何光学的完整像。

"图14-3（b）是不考虑像差，用《傅里叶光学导论》中的公式（14-12）模拟的图像。很明显，对于H=8.8mm及H=3.8mm这两种情况不能得到正确结果。然而，回

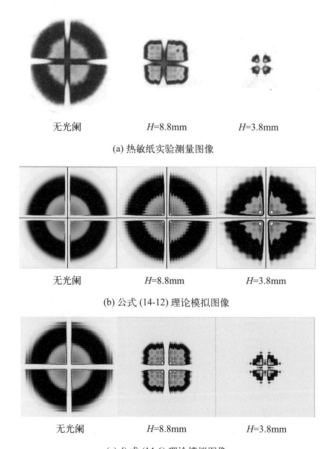

无光阑　　　　　　H=8.8mm　　　　　　H=3.8mm

(a) 热敏纸实验测量图像

无光阑　　　　　　H=8.8mm　　　　　　H=3.8mm

(b) 公式 (14-12) 理论模拟图像

无光阑　　　　　　H=8.8mm　　　　　　H=3.8mm

(c) 公式 (14-6) 理论模拟图像

▲　图14-3　实验测量与两种计算理论模拟图像的比较（图像宽度20mm）

顾《傅里叶光学导论》在推导出该公式后特地指明的公式使用条件：物体尺寸应小于透镜直径1/4。这两种情况均不满足使用条件，得不到正确的结果是正常的。

"图14-3（c）是利用公式（14-6）得到的模拟图像。应该说，放置不同尺寸光阑后，所成之像的理论计算与实验测量吻合甚好，仅仅是实验时物平面十字叉光阑中心没有与照明的激光光束中心对齐，引起实验测量的图像不对称。

"为什么实验测量图像的四瓣像中间会出现黑色区，而理论模拟图像上没有呢？那是热敏纸采样时间内纸面被加热后有轻微热扩散引起的。按照热敏纸的"吸收能量 - 灰度响应曲线"[8]，四瓣像中间出现的黑色区只代表那里的纸面吸收了很小的能量，但理论模拟却是对于无热扩散特性的纸面完成的。

"理论模拟与实验测量的比较很好地证明了公式（14-6）的正确性，特别令人高兴的是公式可以不受光瞳尺寸的限制，获得与实验测量相吻合的图像。

"不虚此行！带着满意的实验成果，我那天回到巴黎还不到下午6时。"

"应该指出，在上面给出的理论与实验测量的比较研究中，当基于两种公式正确计算出像光场的强度分布后，还应根据激光强度及热敏纸对吸收能量的灰度变化响应曲线才能获得能与实验测量相比较的图像[8]。但对于实际问题，正确使用FFT

计算相干光成像公式（14-6）十分重要。计算步骤可以参考2021年《激光与光电子学进展》发表的论文《傍轴光学系统的相干光成像计算》[10]。（见本书附录中的程序LM7.m）

"可能有同学会问：为什么到法国里昂不做像光场的相位分布的实验测量呢？"

"由于当年我在国内外从事的科研工作是红外大功率激光热处理。按照干涉理论，理论上可以通过分束镜引入参考光到达该实验系统的像平面，通过两光束的干涉条纹测量来确定像平面的相位。但实验室的设备配置完全由激光对材料的热处理研究方向决定。实验室没有适用于10.6μm波长红外激光的分束镜，不能完成这项检测。"

"然而，基于衍射积分通过衍射场的空间追迹数据来研究成像过程中几个重要平面的振幅和相位分布是容易实现的。当空间追迹计算也能准确获得像平面强度图像时，可以认为空间追迹得到的像光场的振幅和相位与实际像的振幅和相位一致。这样，若理论公式计算的像光场相位与空间追迹像的相位一致，则是对相干光成像公式的一个较好的理论证明。对于可见光的相干光成像的相位分布，在2022年《光学学报》发表的论文《像面数字全息物体像的完整探测及重建》中已经对成像公式的相位计算作出很好的证明[13]。"

14.6　无傍轴近似的相干光成像计算

应该指出，理论上导出相干光成像公式对于成像问题的理论研究具有重要意义。但是，若应用研究中只期望通过衍射计算获得更接近实际的数值解，可以通过无傍轴近似的衍射计算——角谱衍射理论计算公式对衍射场进行空间追迹获得更好的结果。下面是我在《激光的衍射及热作用计算》一书中总结的传递函数法进行衍射场空间追迹的公式[8]：

$$U_{n+1}(x,y) = F^{-1}\left\{ \begin{array}{l} F\left\{U_n(x,y)T_n(x,y)\right\} \\ \exp\left[j\dfrac{2\pi}{\lambda}z_n\sqrt{1-(\lambda f_x)^2-(\lambda f_y)^2}\right] \end{array} \right\} \quad (14\text{-}17)$$

这是第n个空间平面的光波场U_n向第$n+1$个空间平面传播时，到达第$n+1$个平面时成为光波场U_{n+1}的计算公式。式中，z_n是两平面间的距离；T_n是第n个平面上光学元件的傅里叶变换函数，该函数取决于该元件的性质。例如，如果是一个焦距为f_n的透镜，则$T_n(x,y)=\exp\left[-j\dfrac{\pi}{\lambda f_n}(x^2+y^2)\right]$；如果是边长为$H_n$的方孔，

则 $T_n(x,y) = \text{rect}\left(\dfrac{x}{H_n}, \dfrac{y}{H_n}\right)$。

利用快速傅里叶变换 FFT 及逆变换 IFFT 计算，不难用式（14-17）模拟光波通过不同元件构成的成像系统的成像过程。

作为实例，采用图 14-2 的实验参数，图 14-4 给出了光阑宽度 $H=8.8\text{mm}$ 时，沿着光传播方向，按照物平面→光阑平面→透过光阑平面→透镜平面→像平面的追迹顺序，获得五组衍射场的空间追迹图像。每组图像的左边是热敏纸采样图，右边是强度分布的三维曲线。（见本书附录中的程序 LM8.m）

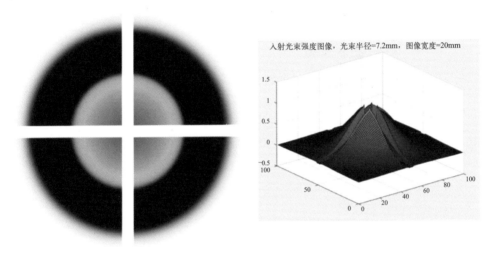

(a) 物平面光波场强度图像

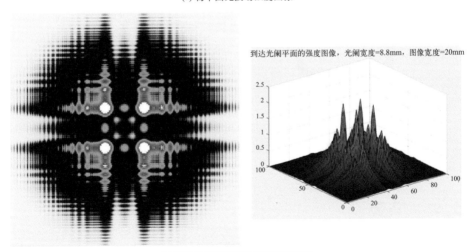

(b) 到达光阑平面的光波场强度图像

▲ 图14-4

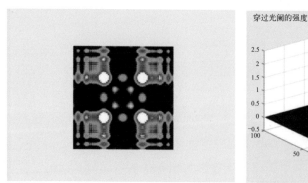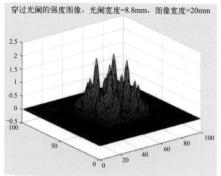

穿过光阑的强度图像，光阑宽度=8.8mm，图像宽度=20mm

(c) 穿过光阑平面的光波场强度图像

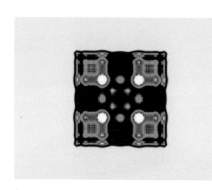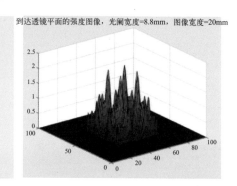

到达透镜平面的强度图像，光阑宽度=8.8mm，图像宽度=20mm

(d) 到达透镜平面的光波场强度图像

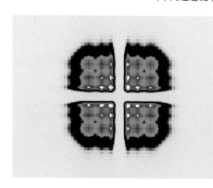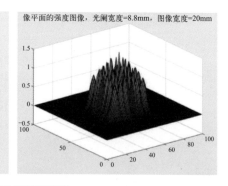

像平面的强度图像，光阑宽度=8.8mm，图像宽度=20mm

(e) 像平面的光波场强度图像

▲ 图14-4 光阑宽度 H=8.8mm 时成像过程的光波场空间追迹图像

14.7 结束语

基于衍射场空间追迹导出相干光成像公式，可视为求解了顾德门教授1968年在他的《傅里叶光学导论》（*Introduction to Fourier Optics*）第1版中给读者提出的一个高等数学难题。因为顾德门教授按照线性系统理论讨论相干光成像时，由于脉冲响应的数学表达式太复杂，当物光场 U_0 通过脉冲响应表示光学系统的像光场 U_i 时，需要计算的是一个繁杂复函数的四重积分。面对这个繁杂的积分，在《傅里叶光学导论》这部专著的 1～4 版都有这样两句话："除非做进一步简化，否则很难确定可以把 U_i 合理地当作 U_0 的像的条件。"此后，为能够得到像光场的表达式，以只讨论像光场的振幅分布为前提，对脉冲响应表达式进行了简化。最后，导出了在被照明物体的尺寸小于成像系统入射光瞳直径 1/4 时才能使用的表达式。

至今国内外的物理光学专著及教材一直在引用 1968 年《傅里叶光学导论》第 1 版至 2017 年的第 4 版中导出的相干光成像公式。这就意味着至今还没有人认真地对顾德门教授提出的这个数学题求解。因此，按照顾德门教授的研究方法，不对脉冲响应做近似导出相干光成像公式[8]，以及今天利用衍射场空间追迹再次导出这个成像公式[14]，应该是对 50 多年来国内外一成不变的相干光成像理论的一个补充和完善。

"谢谢大家！今天的讲座到此，有什么问题请给我提出。"

……

李老师对同学所提的问题作了回答后，讲座结束。

由于昆明理工大学距云南师范大学不远，彭颖在陪同李老师返回昆明理工大学的途中提了一个问题："李老师，今天讲的光波场追迹计算是否可以引入柯林斯积分公式让计算简化呢？我觉得，用角谱衍射积分计算到光阑平面后，穿过光阑到像平面的衍射应该可以用柯林斯公式一次计算完成。"

"可以的，以前我做过这种计算。在 2002 年出版的《激光的衍射及热作用计算》一书中，我整理过用柯林斯公式进行衍射场空间追迹的计算公式。只是今天的讲座时间有限，许多同学可能对柯林斯积分公式还不熟悉。为简单起见，没有介绍这种更简明的光波场追迹成像计算方法。

"现在，《傅里叶光学导论》的第 4 版已经介绍了柯林斯积分公式，我觉得今后的类似讲座或研究可以用柯林斯公式来讨论。

"我想，你可以将今天讲座的内容告诉你认识的在北京上学的那两个好学生。如果他们能够利用相干光成像的计算公式再对叠像式成像系统进行认真的理论研究，对他们的学习能力是一个很好的锻炼。"

参考文献

[1] M. Born, E. Wolf. 光学原理 [M]. 杨葭荪, 等, 译.7 版. 北京: 电子工业出版社, 2006.

[2] Joseph. W. Goodman. 傅里叶光学导论 [M]. 詹达三, 董经武, 顾本源, 译. 秦克诚, 校. 北京: 科学出版社, 1976.

[3] Joseph W. Goodman. 傅里叶光学导论 [M]. 陈家璧, 秦克诚, 曹其智, 译.4 版. 北京: 科学出版社, 2020.

[4] Li Junchang, C. Renard et, J. Merlin. Etude théorique et expérimentales d'un dispositif optique de transformation de faisceau laser en une tache rectangulaire[J], Journal of Optics, 1993, 2 (24): 55-64.

[5] 苏显渝, 李继陶. 信息光学 [M]. 北京: 科学出版社, 1999.

[6] 奥坎 K.埃尔索伊. 衍射、傅里叶光学及成像 [M]. 蒋晓瑜, 闫兴鹏, 等, 译. 北京: 机械工业出版社, 2016.

[7] R. Horstmeyer, R. Heintzmann, G. Popecu, et al. Standardizing the resolution claims for coherent microscopy. Nat. Photonics, 2016(10): 68-71.

[8] 李俊昌. 激光的衍射及热作用计算 [M]. 北京: 科学出版社, 2002.

[9] 李俊昌, 罗润秋, 彭祖杰, 等. 相干光成像系统传递函数的物理意义及实验证明 [J]. 光学学报, 2021, 41(12): 1207001.

[10] 李俊昌, 彭祖杰, 桂进斌, 等, 傍轴光学系统的相干光成像计算 [J]. 激光与光电子学进展, 2021, 58(18): 181.

[11] 李俊昌国防科大讲座 (2020). https://cloud.tsinghua.edu.cn/f/20d812f80176496dbd76/.

[12] 李俊昌教授. 相干光成像计算及应用研究. 光学前沿在线. http://opticsjournal.net/columns/online?posttype=view&postid=PT210112000094qWtZw.

[13] 李俊昌, 桂进斌, 宋庆和, 等, 像面数字全息物体像的完整探测及重建 [J], 光学学报, 2022, 42 (13): 1309001-1.

[14] 李俊昌, 宋庆和, 桂进斌, 等. 相干光成像理论及振铃震荡的计算研究 [J]. 光学学报, 2024, 44(04): 0405001.

[15] 李俊昌, 熊秉衡. 信息光学教程 [M]. 2 版. 北京: 科学出版社, 2017.

一个搁置30年
科研难题的答案
——相干光成像公式的应用实例

—

在20世纪90年代初赴法国的科研合作过程中，笔者研制的一个叠像式激光整形系统在工业激光热处理中获得实际应用。这个光学系统是4个非圆对称的子成像系统构成的复合系统，子系统所成之像及其离焦像场还在观测平面叠加产生干涉。利用《傅里叶光学导论》中的相干光成像公式对该光学系统研究只能得到子系统像的振幅分布，为描述子系统像光场间的干涉，不得不人为地引入像光场的相位分布。现在，利用能够同时计算像光场振幅及相位分布的公式对该光学系统再研究，这个搁置30年的科研难题终于得到圆满答案。

本章通过几个虚拟的年轻人对光学系统工作原理的学习及计算研究故事，对相干光成像公式的计算及偏离像平面的光波场计算方法做较详细的介绍。

15.1 相干光成像计算理论

时空穿越到1818年的巴黎访问菲涅耳的旅行，让郝思和尚进留下难忘的记忆。他们意犹未尽，能在暑假期间随肖教授再次穿越到30年前的法国，看看当年中国留学人员是如何在国外学习和生活的，成为他们的强烈愿望。但按照肖教授的建议，这次时空穿越旅行前他们必须先做知识准备，将李老师当年研究的光学系统工作原理搞清楚。

光阴荏苒，一个学期过去了。利用寒假，两位年轻人通过认真学习《激光的衍射及热作用计算》一书[1, 2]，不但看懂了这个光学系统的工作原理，而且在书中看到当物距为d_0，像距为d_i，在直角坐标$O\text{-}xyz$中表示的单透镜成像系统像光场$U_i(x,y)$复振幅的计算公式：

$$U_i(x,y) = \exp\left[\mathrm{j}\frac{k}{2d_i}(x^2+y^2)\right]\times$$
$$F^{-1}\left\{F\left\{-\frac{1}{M}U_0\left(\frac{x}{M},\frac{y}{M}\right)\exp\left[-\mathrm{j}\frac{k}{2Md_i}(x^2+y^2)\right]\right\}P(-\lambda d_i f_x, -\lambda d_i y)\right\} \tag{15-1}$$

式中，$\mathrm{j}=\sqrt{-1}$；$k=2\pi/\lambda$，λ是光波长；$M=-d_i/d_0$是像的放大率；$U_0(x,y)$是物平面光波场复振幅；$P(x,y)$是出射光瞳函数；f_x、f_y是与x、y对应的频谱坐标。

目前流行的像光场振幅分布的近似计算公式是[1, 2]：

$$U_i(x,y) = F^{-1}\left\{F\left\{-\frac{1}{M}U_0\left(\frac{x}{M},\frac{y}{M}\right)\right\}P(-\lambda d_i f_x, -\lambda d_i y)\right\} \tag{15-2}$$

利用公式（15-2），郝思和尚进已经按照李老师30年前采用的方法[2, 3]，人为地为像光场引入相位，利用MATLAB重复了当年李老师的计算。此外，按照彭师姐的建议，两人在假期都看过中国激光的"光学前沿在线"视频[4]，对储备的知识信心十足。

但是，当他们看着彭颖师姐发来的需要让成像计算结果与李老师当年的热敏纸探测实验测量相对比的时候，才觉得自己的知识准备还不够。

春节过后，新学期开始了。两人商定，找一个时间共同讨论如何将计算结果变为热敏纸采样图像的问题。

15.2 热敏纸采样图像与吸收激光热能的关系

按照他们约定的时间，一个周六上午，二人在尚进学校图书馆阅览室会合了。但是，郝思晚来一步，尚进已经在图书馆二楼大厅约定的地点等候。

"抱歉！师兄，不知道今天为什么地铁特别挤，落下了两趟车，我小跑着来的。"郝思边说边放下双肩包，拿出笔记本电脑。

"没事，老弟。你先别忙着打开电脑，我给你讲一下我对热敏纸采样学习的体会。你看，我将李老师《激光的衍射及热作用计算》一书中的那幅曲线图放到电脑上了。"说着，便让尚进看他调出的图像。

"这是书中的图3.2.1（图15-1），热敏纸的灰度-能量特性曲线是非线性变化的。我们用MATLAB编写程序时，光波场强度的二维图像是MATLAB软件按照线性变化规律显示的，以往我们编写的程序均将高斯函数前方与激光功率相关的那一项省略了，按照彭师姐的意见，必须保留这一项编程才行。"

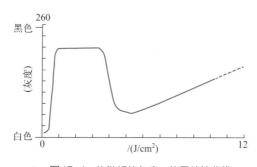

▲ 图15-1 热敏纸的灰度-能量特性曲线

"是的！"郝思回答道："当纸面吸收激光的能量约低于0.8J/cm²时，纸面对激光照射无灰度变化响应；但当吸收能量高于这个阈值时，纸面灰度迅速增高并很快达到灰度的饱和极大值；而吸收激光的能量进一步增加到3.5J/cm²附近时，纸面灰度开始下降，并在吸收光能5.5J/cm²达到该能量区域灰度的极小值；此后，纸面灰度随吸收激光的量的增加缓慢上升，在10.5J/cm²附近达到新的灰度极大值。但当吸收激光的能量再增加时，因纸面焦化破损（图15-1中虚线）而失去探测作用。"

"不错嘛！老弟。看来你已经做好功课了。你看，图15-2是书中图3.2.2的采样时间15ms毫秒、半径7.2mm的高斯光束的热敏纸采样与理论模拟的图像。我想，我们应首先将高斯光束的强度分布按照这幅图给定的参数画出来。"

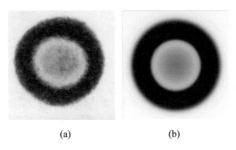

(a)　　　　　　(b)

▲ 图15-2　基模高斯光束的热敏纸采样光斑（a）及其模拟图样（b）

接着，尚进打开彭颖上次的微信，指着公式说道："这是功率为P_0、半径为w的高斯光束强度分布表达式：

$$I(x,y) = \frac{2P_0}{\pi w^2} \exp\left(-2\frac{x^2+y^2}{w^2}\right)$$

尚进拿起笔在纸上边写边说："光照的时间为t时，纸面吸收光能的表达式是：

$$E(x,y) = t \times I(x,y) = t\frac{2P_0}{\pi w^2}\exp\left(-2\frac{x^2+y^2}{w^2}\right)$$

书中对这两幅图的说明是，高斯光束半径w=7.2mm，采样时间t=0.015s时，半径4.8mm区域的纸面吸收激光能量是4.5J/cm²。

按照上面的参数，我昨晚求得激光的功率P_0约600W。我们应该按照吸收能量的表达式编写程序，再利用热敏纸的响应曲线就能表示出热敏纸采样图像了。"

郝思认真思索后同意道："唔！老兄，真是那么回事。但是，若要用热敏响应曲线编写程序，数学上要先用数值拟合法得到该曲线的方程。"

"是的，我们应先做这件事。但应该按照图上标的坐标通过曲线像素位置比较得到曲线上的值才行。"

约一个小时以后，两人商量着将程序编好了。其间，曾经出现的让他们折腾多时的错误是长度单位的不统一引起的问题。他们编写程序计算时的长度单位习惯采用mm，但热敏响应曲线的面积单位是cm²。当统一长度单位为mm后，若采样时间t的单位为s，功率为W，能量为J，程序中的$t\dfrac{2P_0}{\pi w^2}$应乘上100才能对应上热敏曲线上的值。这样，他们得到了与书上相似的高斯光束光斑采样图像。

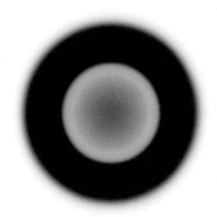

功率=594.2178W，图像宽=20mm，照射时间=15ms，光斑半径=7.2mm

▲ 图15-3　高斯光束光斑采样图像

看着得到的图像（图15-3），二人均高兴道："好啦！可以正式编程了。"

由于他们已经有现成的按照公式（15-2）所编写的程序，能较方便地进行下一步工作。仔细研究书中图7.6.4模拟与实验测量的比较图采用的参数后，觉得该图虽然是透镜后距离为d=301mm、281mm及211mm的图像。但按照书上提供的参数，d=281mm与像平面距离d_i=276.9mm最接近，可以将自己的计算结果与d=281mm的图像比较。

书上提供的计算参数是：λ=10.6μm，w=7.6mm，P_0=350W；虚物平面光斑宽L_x=4.80mm，高度L_y=6.49mm，透镜后某1/4光束焦点坐标x_f=3.38mm，y_f=4.64mm。物距d_0=337mm，透镜焦距f=152mm，采样时间t=0.008s。

将上述参数输入程序，选择部分相干系数F = 0.8，他们将d_i=276.9mm计算图与书中d=281mm的图像放到一起，形成图15-4。

面对得到的图像，两人讨论后认为：由于程序中热敏响应曲线是手机拍摄书上曲线的照片放到电脑上后，通过像素位置测量及数学拟合得到的，拟合曲线与李老师当年采用曲线的微小区别会让图像灰度显示有轻微变化。但他们计算光斑的边界整齐，是像平面应有的特性。此外，光斑尺寸及干涉条纹的分布差异很小。应该说，模拟计算成功了！两人很兴奋。

"但为什么书中不给出理想像平面的模拟及探测图呢？"郝思不禁一问。

他们仔细阅读书中图7.6.4的计算公式的推导过程后才发现，原来书中是采用菲涅耳函数表示的衍射计算公式对透镜后方任意位置的叠加光斑进行计算的，没有特别给出像平面图像。

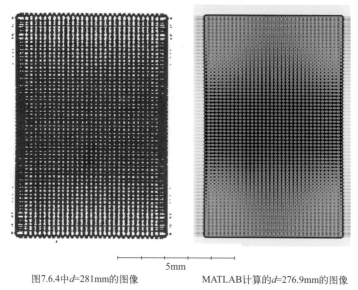

5mm

图7.6.4中 d=281mm的图像   MATLAB计算的 d=276.9mm的图像

▲ 图15-4 采用经典理论公式（2）对两不同距离叠加光斑强度的模拟比较

对此，尚进建议："先将我们用公式（15-2）计算的上面图像发给彭颖，看看她有什么意见？也许她还能从李老师那里得到像平面图像。此外，下面要干的事就是要用公式（15-1）来重新研究光学系统了。但公式如此复杂，还真难下手。"

"非常好！师兄整理一下发出吧。我想，最好是我们和彭颖建一个群，今后讨论方便。"

15.3 光学系统出射光瞳的讨论

三天以后，在他们仨的微信群中出现彭颖的微信。

两位好！

我将你们做的工作转到李老师那里了，李老师对你们的计算结果很称赞。他说，《激光的衍射及热作用计算》一书中的热敏纸采样图像是基于1993年他在法国《光学》（*Journal of Optics*）杂志上发表的论文整理的[3]。应用研究中通常希望快速了解激光强度分布，虽然当年实验室有扫描式红外测温仪，但根据扫描数据形成图像，远远不如观察热敏纸采样直观方便。由于应用研究中不可能将热处理工件表面精准地放在像平面上，为面向实际应用，李老师是用他导出的菲涅耳函数表示的衍射近似计算公式[2]，计算光学系统后任意观测区域光场强度的。

李老师说，当年他曾经做过像平面的探测，现在已经找不到实验图像，但像平面前后5mm的叠加光斑模拟图像区别不大。你们俩若能计算出邻近像平面的那些图像，并能与实验测量相吻合，像平面图像的计算就是正确的。

关于你们说到如何进行成像公式的计算，可以参考《激光与光电子学进展》上发表的论文《傍轴光学系统的相干光成像计算》[5]。我听过李老师最近的一次讲座。为便于讨论，我将成像公式（15-1）重新写在下面：

$$U_i(x,y) = \exp\left[j\frac{k}{2d_i}(x^2+y^2)\right] \times$$

$$F^{-1}\left\{F\left\{-\frac{1}{M}U_0\left(\frac{x}{M},\frac{y}{M}\right)\exp\left[-j\frac{k}{2Md_i}(x^2+y^2)\right]\right\}P(-\lambda d_i f_x, -\lambda d_i y)\right\}$$

用FFT计算上式的步骤是：

① 确定光学系统的出射光瞳；

② 选择像平面计算区域的宽度 L 及取样数 N；

③ 建立理想像 $-\frac{1}{M}U_0\left(\frac{x}{M},\frac{y}{M}\right)$ 的二维数组；

④ 进行式中带有二次相位因子理想像的FFT计算；

⑤ 计算结果与出射光瞳定义的传递函数 $P(-\lambda d_i f_x, -\lambda d_i y)$ 相乘；

⑥ 对上面得到的结果进行快速傅里叶逆变换IFFT；

⑦ 计算结果再与等号右边的二次相位因子相乘；

⑧ 给定采样时间，按照热敏纸响应特性画出图像。

在第③步计算时，应注意我告诉你们的利用功率为 P 的高斯函数的振幅表达式来正确写出理想像。

在上述计算中，很重要的是如何确定光学系统的出射光瞳。李老师查找到当年设计的光学系统尺寸，每一组合反射镜中方形子反射镜的宽度 $a=40mm$，而成像透镜的半径 r 小于30mm。因此，每一1/4光束对应的最后一个矩形子反射镜沿光轴在透镜平面的投影宽度大于透镜半径。为简单起见，可以让透镜平面的直角扇形孔为出射光瞳，孔的半径为透镜半径。图15-5是李老师发来的图像。

我会抽空利用公式（15-1）对你们给我的程序做修改，如果有好的计算结果，我会立即告诉你们。建议你们先认真看看最近两年昆明理工大学发表于《光学学报》及《激光与光电子学进展》的关于该公式的研究论文[5-8]。

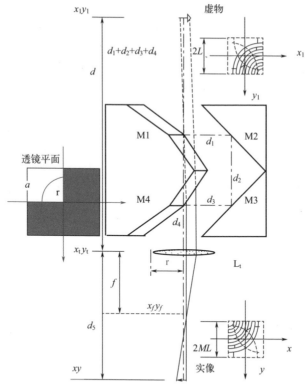

▲ 图15-5 出射光瞳选择示意图

15.4 彭师姐对叠像光斑的第一次计算

毫无疑问，两位年轻人愿意接受新的计算研究任务。但由于一时还理不出头绪，决定先按师姐的建议，看看最近两年昆工发表的关于相干光成像公式的研究论文。

为能获得透镜后任意观测平面的光波场，彭颖回顾李老师关于相干光成像理论及应用的几次讲座后认为：既然李老师在推导傍轴光学系统的脉冲响应时，将出射光瞳平面的光波场视为理想像平面之像的衍射逆计算[9]，那么，只要正确计算出像平面的光场，在像平面前后的光波场就可以通过角谱衍射理论直接计算。

她将计算思想电话告诉李老师后，李老师非常赞同。李老师说，像空间衍射的这种计算方法，他曾经在数字全息研究中用过[10]，非常好。按照能够计算像光场复振幅的公式对光学系统再研究，利用这种方法应该能得到与当年实验测量更吻合的结果。

大约经过一整天的努力，彭颖圆满地完成了计算，并将计算结果与李老师在1993年发表的论文中的理论模拟及实验测量进行了比较，她将相关图像附上说明发给李老师。

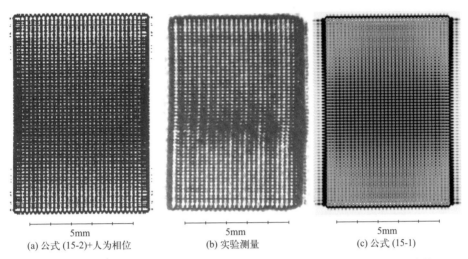

(a) 公式 (15-2)+人为相位　　　(b) 实验测量　　　(c) 公式 (15-1)

▲ 图15-6　理想像面后方4.1mm的离焦像场强度的两种理论计算与实验测量的比较

图15-6（c）是她用公式（15-1）模拟的采样时间7ms的热敏纸采样图像，图15-6（b）是当年实验得到的向光传播方向离焦4.1mm的热敏纸采样离焦像，图15-6（a）是当年李老师按照公式（15-2）计算后，人为引入相位获得的模拟图像。分析图15-6可以看出，公式（15-1）计算的图像边界强度变化相对平缓，与实验测量更接近。

图15-7是彭颖按照《激光的衍射及热作用计算》一书中图7.6.4的参数作的模拟图与实验测量图的比较。图上方标注的是观测平面到透镜的距离。

李老师看到彭颖的这些模拟图像后，通过电话告诉彭颖："你的模拟计算是正确的，由于热敏纸采样时间范围内，在纸面上还会产生热扩散，在 $d=211$mm 的模拟图上，那些微细的干涉条纹在实验测量时间内因热扩散看不到了。"

随后，李老师感慨地说："回想当年，我是基于顾德门教授的《傅里叶光学导论》第1版的学习开始我的研究生涯的。这个光学系统像光场的理论研究，最初是基于这部名著中的相干光成像公式完成的。然而，应用研究中被激光处理的材料表面通常不是平面，需要快速知道邻近像平面区域的激光强度计算，便采用菲涅耳函数表示的柯林斯公式来完成后续研究了。后续研究较好地适应了任意给定曲面上的激光强度分布计算的实际需要。

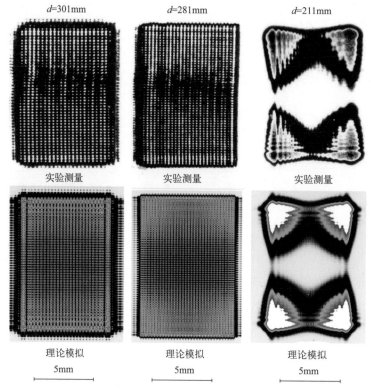

▲ **图15-7** 透镜后方不同距离d的实验测量光斑与理论模拟的比较

　　"事实上，在像平面观察像光场时，每一瓣光束的切割边界上还出现振铃震荡。以前是按照顾德门教授给出的成像公式进行研究的。现在，《傅里叶光学导论》第4版中，对振铃震荡的描述与第1版一样，没有对振铃震荡做定量研究。不久前，我和宋庆和老师他们商量过，正准备按照现在重新导出的相干光成像公式进行定量研究。如果做实验，我会告诉你。"

　　"没问题的，李老师。我这次的计算虽然是针对以前您在国外提出的那个光学系统做的，但通过这次计算，已经对相干光成像公式有较好的理解。做实验时请李老师告诉我。"

　　李老师接着说道："30年前在法国研制那个光学系统用于汽车曲轴激光热处理研究时，事实上是在2500W的激光下进行的，高功率输出时光束强度分布已经不再能用高斯函数表示。虽然当年已经找到足够准确的强度分布表达式，但由于不能分离变量，其计算量太大，很难满足实际制定热处理工艺的需要。"

　　彭颖答道："李老师，对于任意给定的输入光场，若采用FFT，该公式应该是可以在微机上快速计算的，我想试试看。"

"那再好不过了！按照论文中2500W光束的采样图像，激光的截面强度是一个环状分布，估计我在书中总结的一个近似公式能够用上。你等一下，我找找看！"

不一会儿，李老师电话告知，是《激光的衍射及热作用计算》一书中8.7.2节的公式。

15.5　成像公式用于光学系统的计算研究

彭颖将她的计算结果及与李老师通话的内容整理成文后，给两位年轻人发了微信。她除了认真讲述她的计算思路外，还将她修改后的计算程序进行了认真的标记后发出。她建议两位小学弟通过比较研究的方式，用公式（15-1）及公式（15-2）同时进行计算，给出理论计算与实验测量的比较。

两位年轻人不负师姐的期望，通过认真学习相关知识，两周以后完全看懂了彭师姐发来的程序。最后，他们总结计算成果，用微信给师姐回复如下：

彭师姐，谢谢你对我们程序的修改，我们认真学习和补充了一些图像显示语句后，将两种计算公式的比较计算结果放在PDF的附件中，请看看还有什么问题。

他们发给彭颖的这个PDF文件是这样的：

由于对称性，只需要讨论任意一瓣1/4高斯光束的成像计算。图15-8（a）是虚物平面上的1/4光束的振幅分布，图15-8（b）是其理想像振幅分布图。

图15-9（a）是公式（15-2）中理想像 $-\dfrac{1}{M}U_0\left(\dfrac{x}{M},\dfrac{y}{M}\right)$ 的频谱振幅图像，

虚物平面1/4高斯光束振幅归一化分布
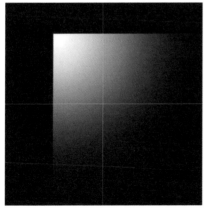
图像宽度16.4324mm，取样数800

像平面1/4高斯光束振幅归一化分布
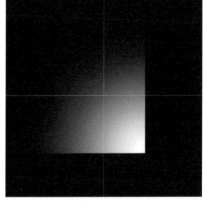
图像宽度16.4324mm，取样数800

▲　**图15-8**　虚物平面1/4高斯光束及其理想像振幅归一化分布

图 15-9（b）是公式（15-1）中带有二次相位因子的理想像 $-\dfrac{1}{M}U_0\left(\dfrac{x}{M},\dfrac{y}{M}\right)\exp\left[-\mathrm{j}\dfrac{k}{2Md_i}(x^2+y^2)\right]$ 的频谱振幅图像，两幅图像均是将大于最大幅度 1/20 的区域视为白色而显示的。可以看出，带有二次相位因子的理想像的频谱振幅分布的确与理想像经过一定距离的衍射图像相似。

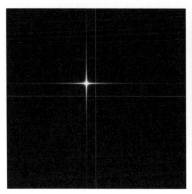

频谱图像宽度48.6842mm

(a) 公式 (15-2)

频谱图像宽度48.6842mm

(b) 公式 (15-1)

▲ 图15-9 两种公式中理想像的频谱

分析图 15-9（a）可以看出，由于虚物平面发出的光束是倾斜的，理想像的表达式中有一次相位因子，按照傅里叶变换的相移定理，其频谱是无相位因子时频谱的一个平移，0 级频谱移到第 2 象限。对于图 15-9（b），带有一次及二次相位因子的理想像频谱同样产生相同距离的平移。

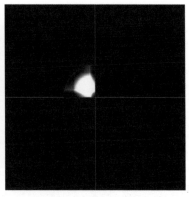

频谱图像宽度48.6842mm

(a) 公式 (15-2)

频谱图像宽度48.6842mm

(b) 公式 (15-1)

▲ 图15-10 两种公式衍射受限像的频谱

图15-10（a）是公式（15-2）中经过传递函数窗口的衍射受限像频谱，图15-10（b）是公式（15-1）中带有二次相位因子的理想像频谱穿过传递函数窗口的频谱。两种公式中穿过传递函数窗口的频谱具有完全不同的分布。

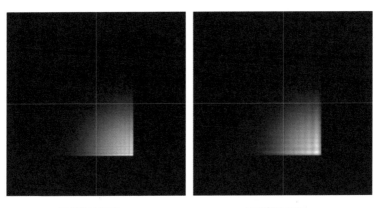

像面宽16.4324mm

(a) 公式 (15-2)　　　　　　(b) 公式 (15-1)

▲ 图15-11　两种公式计算像的振幅分布图像

图15-11（a）是公式（15-2）重建的衍射受限像振幅分布图像，图15-11（b）是公式（15-1）重建的衍射受限像振幅分布图像。

比较两图可以看出，两种公式计算得到像振幅是不一致的，公式（15-1）获得的像边界变化平缓，丧失了较多的高频分量。

图15-12（a）是按照对称性，利用图15-11（a）的计算结果，用4个1/4光束

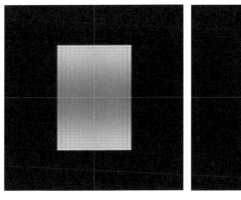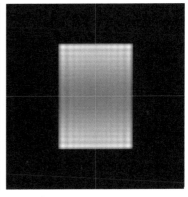

像面宽16.4324mm

(a) 公式 (15-2)　　　　　　(b) 公式 (15-1)

▲ 图15-12　两种公式计算像的非相干叠加矩形光斑强度分布图像

像非相干叠加得到的矩形光斑强度分布图，图15-12（b）是利用图15-11（b）数据得到的非相干叠加矩形光斑强度分布。

比较两图可以看出，两种公式计算得到的叠加光斑强度分布有区别，公式（15-2）获得的像边界强度变化清晰，拥有较多的高频分量。

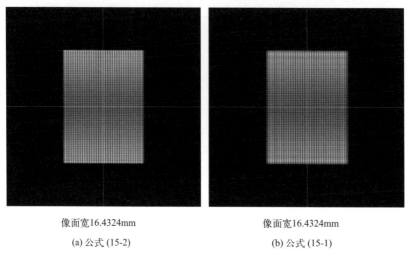

像面宽16.4324mm

(a) 公式 (15-2)

像面宽16.4324mm

(b) 公式 (15-1)

▲ 图15-13 两种公式计算像的相干叠加强度分布图像

图15-13（a）是按照对称性，利用图15-11（a）的计算结果，人为地引入相位因子[2, 3]，用4个1/4光束像相干叠加的矩形光斑强度分布图。图15-13（b）是利用图15-11（b）的复振幅数据直接得到的相干叠加光斑强度分布。

比较两图可以看出，两种公式计算得到的叠加光斑强度分布虽然有区别，但干涉条纹的分布是一致的。这个研究表明，为解决公式（15-2）不能计算像光场相位分布的问题，李老师30年前人为地引入相位分布的物理意义是正确的。但是，现在用公式（15-1）却能直接得到正确的相干叠加像光场。

为便于考查计算结果是否正确，采用本章参考文献[3]的图像，以透镜后281mm、采样时间为7ms的采样图像近似为像平面图像，将图15-13的两图像用热敏纸采样图像重新显示，图15-14是两种计算公式的模拟图像与实验测量的比较。可以看出，实验测量的图像边界强度变化平缓，公式（15-1）的理论模拟更接近实际。

最后，我们非常高兴地告诉彭师姐一个好消息，按照你后来补充转来的图像，我们将工作于2500W的激光通过光学系统的变换结果算出来了。

按照《激光的衍射及热作用计算》一书中8.7.2节给出的$TEM_{00}+TEM_{01}$模式光束的模拟公式，作用时间为t时热敏纸吸收的能量可以表示为：

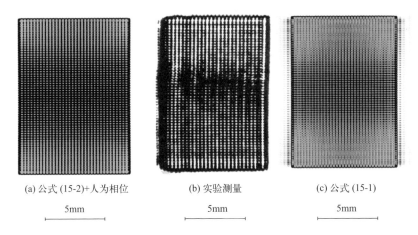

(a) 公式 (15-2)+人为相位	(b) 实验测量	(c) 公式 (15-1)
5mm	5mm	5mm

▲ 图15-14　两种公式计算像的相干叠加光斑模拟与实验测量的比较

$$E(x,y) = t \times \frac{4P_0}{\pi w^2 (2\eta+1)}\left(\eta + \frac{x^2+y^2}{w^2}\right)\exp\left(-2\frac{x^2+y^2}{w^2}\right)$$

让公式中激光功率P_0=2500W，作用时间t=5ms，通过尝试法编写程序，式中$\eta=0.1$及$w=6$mm时的光斑图像与实验图像较接近。

将这组参数输入程序后，得到变换后光斑在采样时间t=1.5ms时的图像与你发来的图像是非常相似的。这两组图像分别见图15-15和图15-16。

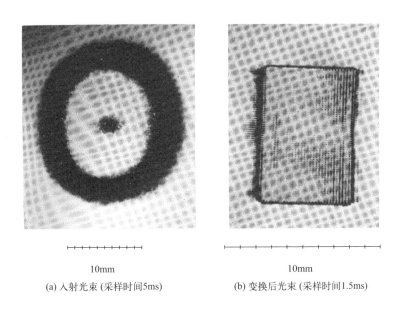

10mm	10mm
(a) 入射光束 (采样时间5ms)	(b) 变换后光束 (采样时间1.5ms)

▲ 图15-15　参考文献[3]提供的2500W激光经过叠像装置变换前后的热敏纸采样图像

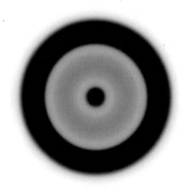

图像宽度24.6486mm   图像宽度24.6486mm

(a) 入射光束 (采样时间5ms)   (b) 变换后光束 (采样时间1.5ms)

▲ 图15-16 利用公式（15-1）模拟参考文献[3]提供的图像（图像宽度24.65mm）

参考文献

[1] 李俊昌. 激光的衍射及热作用计算[M]. 北京：科学出版社，2002.

[2] 李俊昌. 激光的衍射及热作用计算[M]. 修订版. 北京：科学出版社，2008.

[3] Li Junchang, C. Renard et, J. Merlin. Etude théorique et expérimentales d'un dispositif optique de transformation de faisceau laser en une tache rectangulaire[J]. Journal of Optics, 1993, 2(24): 55-64.

[4] 李俊昌教授. 相干光成像计算及应用研究. 光学前沿在线. http://opticsjournal.net/columns/online?posttype =view&postid=PT210112000094qWtZw.

[5] 李俊昌，彭祖杰，桂进斌，等. 傍轴光学系统的相干光成像计算[J]. 激光与光电子学进展，2021, 58(18): 181.

[6] 李俊昌，罗润秋，彭祖杰，等. 相干光成像系统传递函数的物理意义及实验证明[J]. 光学学报，2021, 41(12): 1207001.

[7] 李俊昌，桂进斌，宋庆和，等. 像面数字全息物体像的完整探测及重建[J]. 光学学报，2022, 42(13): 1309001.

[8] 李俊昌，宋庆和，桂进斌，等. 相干光成像理论及振铃震荡的计算研究[J]. 光学学报，2024, 44(04): 0405001.

[9] 李俊昌，熊秉衡. 信息光学教程[M]. 2版. 北京：科学出版社，2017.

[10] 李俊昌，樊则宾，彭祖杰. 数字全息变焦系统的研究及应用[J]. 光子学报，2008, 7(37): 1420-1424.

16

相干光成像的振铃震荡计算及像质评价研究

—

近代光学检测研究中，相干光照明的数字全息检测是一个重要的研究领域。然而，对于振幅突变的物体边界区域，其像光场振幅的振铃震荡效应是实现精密检测的干扰。本章基于能够计算像光场复振幅的理论，对振铃震荡进行定量计算，探索数字全息检测中如何消除振铃震荡对像光场振幅干扰的方法。此外，简要介绍新的评价像光场频谱的理论公式及实验证明。

16.1　研究背景及物理意义

近代光学检测研究中，像光场的振幅和相位是同等重要的物理量，相干光照明的数字全息检测是一个重要研究领域。然而，对于振幅突变的物体边界区域，其像光场振幅的振铃震荡效应是实现精密检测的干扰，如何准确计算振铃震荡并消除这种干扰是需要研究的课题。此外，按照目前广泛采用的像光场振幅分布的近似计算理论[1]，成像系统在特定的近似条件下是一个线性空间不变系统。当系统无像差时，像光场的成像质量只与出射光瞳的物理尺寸及照明光波长发生关系。然而，实验观测表明，相干光成像系统并不是一个线性空间不变系统，像平面上的光波场在不同位置有不同的质量。如何评价像光场的成像质量，至今在国际光学界尚未形成共识[2]。

《傅里叶光学导论》对振铃震荡效应产生的物理原因做了清晰的理论分析，但由于书中给出相干光成像的理论只能近似计算像光场的振幅分布，尚未进行振铃震荡理论计算与实验测量的比较[1]。20世纪80年代，借助《傅里叶光学导论》第1版给出的相干光照明的成像理论，笔者曾经导出矩形出射光瞳情况下振铃震荡条纹分布公式[3]。利用这个公式，简明地解决了当年国际科研合作中遇到的问题。然而，由于采用的成像理论是特定条件下才能使用的近似理论，这个公式是否还能准确描述振铃震荡分布是一个值得研究的问题。本章基于可以计算像光场复振幅的成像公式[4, 5]对振铃震荡再进行较细致的理论分析，导出新的计算式。

此外，为对相干光成像的像质评价提供一个可循的理论依据，将简要介绍与观测位置相关的像光场拥有最高频谱的新的理论表达式。

为验证以上两个理论结果，将进行USAF1951分辨率板的相干光照明成像实验。

16.2　师生合作的研究任务

五月的昆明，林木苍翠，繁花似锦。为解除平日学习的疲劳，一个周六的下午，彭颖邀约同宿舍好友到学校附近的公园散步。正当她们在捞渔河湿地公园清澈的溪水边尽情享受着大自然给予的愉悦时，小彭手机响了！一看，原来是师兄王超的电话。

"小彭！明天你有时间吗？桂老师要和我做一个实验，可能李老师也会来。

主要是通过实验证明相干光成像振
铃震荡条纹分布是否能用李老师重
新导出的公式进行较准确的计算。"

"没问题的，不久前我遇到过李
老师，他说过要做这个实验，我非
常感兴趣。不知什么时候开始？"

"明天上午8点来吧。今天我已
经按桂老师的建议初步准备好实验
器材，桂老师特别让我将李老师发
给他的微信转发给你。微信上说了
这次实验的意义，介绍了新导出的
振铃震荡分布计算公式。"

"好的，我现在捞渔河公园，晚
上回去看微信。"

傍晚时分，彭颖一行返回昆工。回宿舍后，小彭立即打开微信。

李老师给桂老师的微信是这样的：

小桂，你好！

基于顾德门教授《傅里叶光学导论》第1版的学习，我曾经在20世纪80年
代利用书中的相干光成像理论导出振铃震荡分布公式，较好地完成了一个叠像式
强激光变换系统的可行性论证[3]。然而，当年采用的成像理论，是只能在物体尺
寸小于入射光瞳直径1/4时计算像光场振幅的理论。现在，我们已经有可以较准
确地计算像光场振幅和相位的计算公式，当年导出的振铃震荡分布公式是否还适
用？这是需要研究的问题。此外，在目前的数字全息检测研究中，重建像的振铃
震荡是对像光场振幅的干扰，如何计算振铃震荡及如何消除这种干扰，至今还没
有看到较好的研究报道。

在《傅里叶光学导论》的第1版及第4版中，分别给出矩形及圆形出射光瞳
的成像系统物像边界的振铃震荡理论计算曲线及照片，但未给出计算参数，未做
定量的实验比较。最近，我基于可以计算像光场复振幅的公式重新导出了振铃震
荡的计算公式。如果新导出的公式能更准确地计算振铃震荡，对消除振铃震荡干
扰的研究应该很有价值。

因此，想请你抽空带两个研究生做一下实验，通过实验来定量证明以前导出

的公式和现在新导出的公式哪一个更准确。实验很简单，就一个CCD作为接收器的单透镜成像，估计半天能够做完。实验时间确定后提前告诉我，我争取能参加。

虽然实验简单，为让学生在实验前对所做实验有一个较好的认识，我将理论计算公式做简单介绍，最好让学生也做一下详细推导。如果我的推导有问题，也好及时修改。但无论如何，实验是可以先做的。

16.3　振铃震荡计算理论

设成像系统的出射光瞳函数为 $P(x,y)$，像距为 d_i，像光场横向放大率为 M，照明光波长为 λ，物平面光波场为 $U_0(x,y)$。引入二维傅里叶变换及逆变换符号 $F\{\ \}$、$F^{-1}\{\ \}$ 及频率空间坐标 f_x、f_y，《傅里叶光学导论》中计算像光场振幅分布的近似公式是：

$$U_i(x_i,y_i) = F^{-1}\left\{F\left\{-\frac{1}{M}U_0\left(\frac{x_i}{M},\frac{y_i}{M}\right)\right\}P(-\lambda d_i f_x, -\lambda d_i f_y)\right\} \tag{16-1}$$

基于该公式，1986年我导出的宽度为 L 的矩形出射光瞳在振幅突变像边界的振铃震荡周期

$$T_G = \frac{2\lambda d_i}{L} \tag{16-2}$$

现在，可以较准确地计算像光场复振幅的公式为：

$$U_i(x_i,y_i) = \exp\left[\frac{jk}{2d_i}(x_i^2 + y_i^2)\right] \times$$
$$F^{-1}\left\{\begin{array}{l} F\left\{-\frac{1}{M}U_0\left(\frac{x_i}{M},\frac{y_i}{M}\right)\exp\left[-\frac{jk}{2d_iM}(x_i^2+y_i^2)\right]\right\} \\ \times P(-\lambda d_i f_x, -\lambda d_i f_y) \end{array}\right\} \tag{16-3}$$

式中，$j = \sqrt{-1}$；$k = 2\pi/\lambda$。

如果物光场及出射光瞳函数均可以分离变量，设 $U_0(x,y) = U_{0x}(x)U_{0y}(y)$，$P(x,y) = P_x(x)P_y(y)$。用 $F_1\{\ \}$、$F_1^{-1}\{\ \}$ 表示一维傅里叶变换及逆变换，式（16-3）可以表示为：

$$U_i(x_i, y_i) = -\frac{1}{M} U_{xi}(x_i) U_{yi}(y_i) \tag{16-4}$$

其中，

$$\begin{cases} U_{xi}(x_i) = \exp\left(\frac{jk}{2d_i} x_i^2\right) \\ \times F_1^{-1}\left\{ F_1\left\{ U_{0x}\left(\frac{x_i}{M}\right) \exp\left(-\frac{jk}{2d_iM} x_i^2\right) \right\} P_x(-\lambda d_i f_x) \right\} \\ U_{yi}(y_i) = \exp\left(\frac{jk}{2d_i} y_i^2\right) \\ \times F_1^{-1}\left\{ F_1\left\{ U_{0y}\left(\frac{x_i}{M}\right) \exp\left(-\frac{jk}{2d_iM} y_i^2\right) \right\} P_y(-\lambda d_i f_y) \right\} \end{cases} \tag{16-5}$$

像光场的强度分布则为：

$$\begin{aligned} I_i(x_i, y_i) &= I_{xi}(x_i) \times I_{yi}(y_i) \\ &= \frac{1}{M} U_{xi}(x_i) U_{xi}^*(x_i) \times \frac{1}{M} U_{yi}(y_i) U_{yi}^*(y_i) \end{aligned} \tag{16-6}$$

虽然采用快速傅里叶变换 FFT 及逆变换 IFFT 可以对式（16-5）计算，但为了获得与计算参数相关的振铃震荡的分布表达式，应将该式展开再做数学分析。

设物平面是尺度 $d_x \times d_y$ 的矩形透光孔，出射光瞳是 $L_x \times L_y$ 的矩形孔，令物函数为：

$$U_0(x, y) = \mathrm{rect}\left(\frac{x}{d_x}\right) \mathrm{rect}\left(\frac{y}{d_y}\right) \tag{16-7}$$

引入卷积符号"*"，可以将式（16-5）重新整理成：

$$\begin{cases} U_{xi}(x_i) = \exp\left(\frac{jk}{2d_i} x_i^2\right) \\ \qquad \times \mathrm{rect}\left(\frac{x_i}{Md_x}\right) \exp\left(-\frac{jk}{2d_iM} x_i^2\right) * \frac{L_x}{\lambda d_i} \mathrm{sinc}\left(\frac{L_y}{\lambda d_i} x_i\right) \\ U_{yi}(x_i) = \exp\left(\frac{jk}{2d_i} y_i^2\right) \\ \qquad \times \mathrm{rect}\left(\frac{y_i}{Md_y}\right) \exp\left(-\frac{jk}{2d_iM} y_i^2\right) * \frac{L_y}{\lambda d_i} \mathrm{sinc}\left(\frac{L_y}{\lambda d_i} y_i\right) \end{cases} \tag{16-8}$$

如果利用公式（16-1），类似的讨论得到：

$$\begin{cases} U_{xi}(x_i) = \text{rect}\left(\dfrac{x_i}{Md_x}\right) * \dfrac{L_x}{\lambda d_i}\text{sinc}\left(\dfrac{L_x}{\lambda d_i}x_i\right) \\[2mm] U_{yi}(x_i) = \text{rect}\left(\dfrac{y_i}{Md_y}\right) * \dfrac{L_y}{\lambda d_i}\text{sinc}\left(\dfrac{L_y}{\lambda d_i}y_i\right) \end{cases} \tag{16-9}$$

矩形出射光瞳的振铃震荡周期表达式（16-2）是基于式（16-9）实函数卷积积分的几何意义得到的[3]。而式（16-8）是复函数的卷积，但是，如果利用欧拉公式将式（16-8）展开，可以变为一维实函数的单积分运算，式中 x 方向的分量可以写成：

$$U_{xi}(x_i) = \exp\left(\frac{jk}{2d_i}x_i^2\right)$$
$$\times \left[\begin{array}{l} \text{rect}\left(\dfrac{x_i}{Md_x}\right)\cos\left(-\dfrac{k}{2d_iM}x_i^2\right) * \dfrac{L}{\lambda d_i}\text{sinc}\left(\dfrac{L}{\lambda d_i}x_i\right) \\[2mm] + j\text{rect}\left(\dfrac{x_i}{Md_x}\right)\sin\left(-\dfrac{k}{2d_iM}x_i^2\right) * \dfrac{L}{\lambda d_i}\text{sinc}\left(\dfrac{L}{\lambda d_i}x_i\right) \end{array} \right] \tag{16-10}$$

将式（16-10）与式（16-9）中的 x 分量相比较可以看出，两式均是 sinc 函数的卷积运算。但基于式（16-10），光波场强度 x 方向的分量由实部及虚部计算值的平方和表示：

$$I_{xi}(x_i) = \frac{1}{|M|}U_{xi}(x_i)U_{xi}^{*}(x_i)$$
$$= \frac{1}{|M|}\left(\frac{L_x}{\lambda d_i}\right)^2\left[\text{rect}\left(\frac{x_i}{Md_x}\right)\cos\left(-\frac{\pi}{\lambda d_iM}x_i^2\right) * \text{sinc}\left(\frac{L_x}{\lambda d_i}x_i\right)\right]^2$$
$$+ \frac{1}{|M|}\left(\frac{L_x}{\lambda d_i}\right)^2\left[\text{rect}\left(\frac{x_i}{Md_x}\right)\sin\left(-\frac{k}{2d_iM}x_i^2\right) * \text{sinc}\left(\frac{L_x}{\lambda d_i}x_i\right)\right]^2 \tag{16-11}$$

对于许多实际问题，如果式（16-11）中的正弦及余弦函数的变化周期足够大，振铃震荡的分布周期表达式（16-2）应该还能用，但有待数值计算及实验证明。

估计该工作对数字全息检测中消除振铃震荡干扰的研究很有价值，建议学生在实验完成后能编程计算。

为简明起见，实验研究可以采用放大率为1的成像系统。实验室有质量较好而焦距为150mm的透镜，可以用USAF1951分辨率板为物，用一个长条形矩形透光孔的光阑放在透镜前形成孔径光阑，CCD记录下像的强度分布即可。

16.4 实验研究

看完上述信息，彭颖寻思：如果做这样的实验，那太简单了。不妨引入参考光设计成一个数字全息光路，实验结果今后还会有新的用途。于是，她简单地绘制了一个光路图（图16-1），通过微信发给王超。

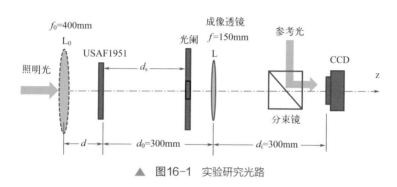

▲ 图16-1 实验研究光路

王师兄，明天我会按时到实验室。我觉得，为能让实验结果今后有新的用途，不妨搭建成一个数字全息光路，至少可以基于去年我们光学点在《光学学

报》发表的《像面数字全息物体像的完整探测及重建研究》那篇论文[6]，再次考查具有狭缝光阑时，采用适当的球面波照明是否能获得完整像。

实验时先用平行光照明，对于振铃震荡条纹分布的实验，可以遮住参考光，用CCD记录下像光场的强度图像就可以了。此后，在物平面前放一个透镜L_0，理论确定可以获得完整像的波面半径后，平移透镜产生需要的球面波，再进行数字全息实验。

次日，彭颖到达实验室的时候，没想到李、桂两位老师及王超已经先到了。

看到小彭，李老师指着实验用的光阑说："你给王超提出实验方案很好。你看，这是我带来的矩形孔光阑。"

原来，这个光阑是用2017年昆工组织全息光学年会时的代表名牌做成的，名牌上拴牌子的孔是长条形的。将牌子下半段截下放在上面，后方粘贴遮挡住接缝后，便成了实验用的光阑。

"这个光阑便于装夹，实验完成后可以认真测量透光孔的尺寸。如果今后要重复实验，用这个光阑就不会出问题。"

实验进程很顺利，为能较细致地考查振铃震荡条纹，选择了2048×1536面阵、像素宽度0.0032mm的CCD。实验用的激光型号0532-04-01-0050-300S/N:6463，波长λ=0.000532mm。

经过认真测量后，光阑是宽12.50mm、高3.23mm的矩形孔，光阑到物平面的距离d_s=240mm，物平面到像平面距离是600mm。由于透镜焦距是150mm，所成之像放大率为1。图16-2是将光阑分别水平及垂直放置时用CCD记录的两幅图像。

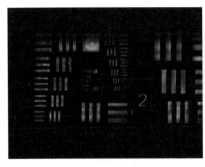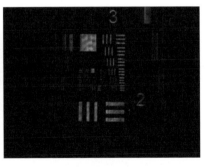

(a) 光阑水平放置　　　　　　　　(b) 光阑垂直放置

(图像尺寸6.5536mm×4.9152mm)

▲ 图16-2　光阑水平及垂直放置时CCD拍摄图像

在计算机前记录CCD图像的彭颖很快便发现，光阑水平放置时，在矩形线条像的横向边界不但有较细密的条纹，而且边界较清晰，纵向放置情况刚好相反。

她将此情况告知大家后，桂老师高兴地说："这就对了！因为水平方向光阑允许通过较多的物平面发出的高频角谱，线条像的纵向边界必然比横向要清晰。"

李老师走到计算机前仔细看过后说道："将两幅图像先拷贝给我吧，这里光线太暗，我到外面房间再仔细看看。你们接着做后面的实验，实验完成后，请将实验结果整理成一个文件，打包发到我的信箱。"

此后的实验基本按照彭颖提出的建议，进行了不同照明情况的数字全息实验。

16.5　像质评价理论公式简介

实验完成时，面对从暗室出来的师生，李老师指着电脑上调出的CCD拍摄图像说："你们看，对于这次的实验参数，成像系统的入射光瞳尺寸总有一个方向不满足《傅里叶光学导论》中限定的物体尺寸必须小于入射光瞳直径1/4的条件，不能使用书中的成像公式。但是，利用我们补充和完善的相干光成像理论，已经可以准确计算光阑水平及垂直放置时的相干光成像图像（图16-3）。"

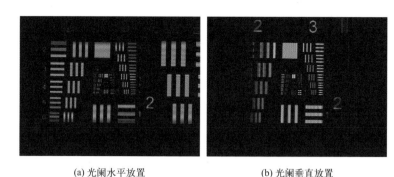

(a) 光阑水平放置　　　　　　　　(b) 光阑垂直放置

(图像尺寸6.5536mm×4.9152mm)

▲ 图16-3　光阑水平及垂直放置时理论计算强度图像

"无论是实验测量还是理论模拟均可以看出，像平面上不同区域的像质是不一样的。在距离光轴较远的区域，线条像的低频成分要低于离光轴较近的区域。按照可以计算像光场复振幅的公式，理论上还可以导出像光场频谱与距离光轴距离变化的关系式。这对于相干光成像系统的像质评价有重要作用。"

随后，李老师在电脑上让大家看了当给定光波长λ、出射光瞳直径D、出射光瞳到像平面距离d_{pi}以及像平面观测点到光轴的距离r_i后，传递函数能传递的最高频谱的新的表达式：

$$f_{\max}(r_i) = \left| \frac{D}{2\lambda d_{pi}} \right| + \left| \frac{r_i}{\lambda d} \right| \qquad (16\text{-}12)$$

"《傅里叶光学导论》中没有右边第二项，这一项中d代表什么呢？"彭颖提出这个问题。

李老师答道："这是按照传递函数物理意义重新定义后的一个距离参数。现在，在频率空间由出射光瞳定义的传递函数的作用相似于理想像经过一特定距离d衍射的空间滤波器[5]。应该说，今天的实验对这个新的最高频谱表达式是一个很好的实验证明。例如，可以看一下光阑垂直放置时的实验或理论模拟图像右上方那个线条像。由于离开光轴较远，线条亮度不高，但边沿比较清晰。这说明相对于离光轴较远的线条像，像光场有较少的低频分量，但有较多的高频分量。这就表明相干光成像系统不是一个线性空间不变系统。目前的光学教材中，将成像系统近似为线性空间不变系统，传递函数能传递的最高频谱公式就没有公式（16-12）的右边第二项。今后编写《信息光学教程》第3版时，我将把这个评价像光场质量重要公式的理论推导及实验证明写进去。"

"但是，现在我们还是转回到振铃震荡计算的话题。桂老师已经告诉我，你们俩将编写程序计算振铃震荡。我想，为能仔细进行理论计算与实验测量的比较，可以选择图中两个方形孔及有代表性的一组条纹单独计算。"

但方孔及线条的像离光轴有一定距离，这样计算方便吗？两师兄妹略有迟疑。

面对此景，桂老师立即说道："这是可以的，因为计算的是像强度图像，这两幅图像是用平行光照明测量的，如果用FFT计算，不在光轴附近的线条像光场频谱只会增加一个线性相移因子，频谱仍然在频谱平面中央区。矩形出射光瞳形成的滤波窗选取频谱并进行IFFT逆变换后，对重建像的振幅没有影响。"

"噢！真的是，明白了。"彭颖回答后接着说："因为需要的是像的强度分布，将选择线条的理想像放在计算区域中央进行计算，便不需要考虑这个线性相移因子了，这样简单得多。"

"是的！"王超也完全赞同。

李老师高兴地说："用FFT计算是很简单的事。但是，如果你们同时能用卷积算式编程计算，对两种计算结果做比较可能更有意义。"

此后，桂老师给王超分配了任务。桂老师认为，振铃震荡对数字全息检测是一种干扰，但应用研究中通常是圆形出射光瞳，为让研究结果更具实际意义，他建议王超对同一问题同时用直径与方形光瞳边长相同的圆形出射光瞳模拟像光场的强度图像。

16.6　彭颖的初次理论模拟

当天晚上，彭颖调出了USAF1951分辨率板的结构说明，对照图16-2知道分辨率板第2组及第2号线右边方孔的边长是2.5/4.49=0.5568mm。彭颖觉得不妨利用FFT先计算两图中的方形孔像。

基于公式（16-3），她很快便得到理论模拟结果。图16-4是光阑水平及垂直放置时方孔实验测量与理论模拟的比较。

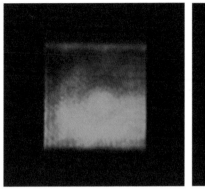

CCD实验测量像 (1mm×1mm)　　　公式 (16-3) FFT理论模拟像 (1mm×1mm)

(a) 光阑水平放置

CCD实验测量像 (1mm×1mm)　　　公式 (16-3) FFT理论模拟像 (1mm×1mm)

(b) 光阑垂直放置

▲ 图16-4　光阑水平及垂直放置时分辨率板第2组方孔实验测量与理论模拟的比较

理论计算与实验测量吻合甚好，她很高兴，禁不住通过微信立即给李老师发去了这两幅比较图像。

没想到，她很快收到李老师的视频电话。

"小彭，很高兴这么快就收到你的计算结果。利用FFT计算公式（16-3）的确方便。但是，如果按照式（16-11）分别对sinc函数与另外两函数的卷积编程，基于积分的几何意义分析，若能在理论上获得振铃震荡分布周期与光波长及成像系统相关参数的关系，对消除振铃震荡对像光场的干扰影响的研究更有意义。"

"是的，李老师。我知道我应该利用公式（16-11）编程进行计算，但没想到

FFT计算式（16-3）能得到如此好的结果，就先发给您了。"

"谢谢小彭！迄今为止，我还没看到过对振铃震荡分布定量研究的报道。由于公式（16-1）是只能近似计算像光振幅分布的理论。究竟基于该式导出的公式（16-2）是否能准确与实验测量相吻合呢？非常希望你利用这次实验给出较好的答案。"

"好的，李老师。"彭颖回答。

李老师接着说："FFT计算很快，不过，如果当年我知道FFT，也许就不会对菲涅耳衍射积分及成像公式认真地进行数学分析，就导不出振铃震荡周期及直边衍射条纹公式。我想，你不妨用顾德门教授的公式（16-1）对于你发来的方形孔的像用FFT重新计算一次，并与实验图像相比较，我很想知道这个结果。另外，我会将1986年发表的论文中利用积分的几何意义导出振铃震荡周期公式的图像发给你，估计对你编程是一个好的参考。虽然MATLAB有卷积计算的语句，但建议你仍然能按照卷积的积分式直接用积分代码编程，较方便分析计算结果。"

"好的，李老师。但现在太晚了，不好意思再打扰。我会认真看您发来的微信，接着往后做，一旦有结果，我会及时告诉您。"

由于公式（16-3）的计算程序稍作修改后便能计算公式（16-1），彭颖立即计算了光阑与图16-4相对应的图像。让她大为惊奇的是，两公式的模拟图像竟看不出本质区别。图16-5是光阑垂直放置时两个模拟图像的比较。

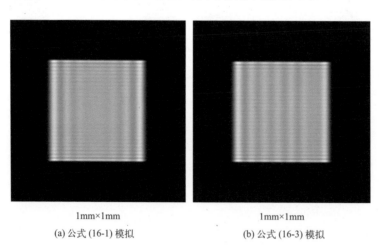

1mm×1mm   1mm×1mm

(a) 公式 (16-1) 模拟   (b) 公式 (16-3) 模拟

▲ 图16-5 光阑垂直放置时分辨率板第2组方孔的两种理论模拟的比较

看着这两幅图像，她心里暗想：看来李老师曾经导出的公式可以正确描述实际的振铃震荡啊！但她转念一想：别忙！明天用式（16-11）编写程序后再下结论吧。

16.7 振铃震荡的再次模拟及详细讨论

次日，正当彭颖埋头按公式（16-11）进行编程时，李老师的微信来了。她立即在电脑上打开李老师发来的文件。

小彭好！这是摘自1986年我发表在法国《应用物理评论》杂志上那篇论文的一幅图像（图16-6）。为能与前面公式中的变量符号相吻合，我只重新修改了变量及函数的标示。

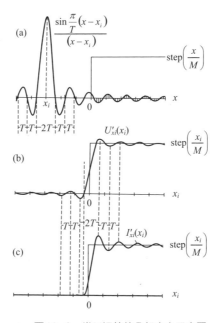

▲ 图16-6　卷积运算的几何意义示意图

20世纪80年代，没有现在如此流行的MATLAB类的计算软件，所有计算都要自己编写程序。当年我利用顾德门的成像公式计算时，等效于将式（16-11）简化为：

$$I_{xi}(x_i) = \frac{1}{|M|}\left(\frac{L_x}{\lambda d_i}\right)^2 \left[\text{rect}\left(\frac{x_i}{Md_x}\right) * \text{sinc}\left(\frac{L_x}{\lambda d_i}x_i\right)\right]^2 \tag{16-13}$$

图16-6（a）中，矩形线条是高度为1的阶跃函数step，可以用来研究式（16-13）中矩形函数足够宽时在像光场边界出现的振铃震荡。研究卷积运算的几何意义可知，对于给定的计算点x_i，卷积积分的数值取决于两函数相交区域所包含sinc函数图形的面积（见图16-6中阴影部分）。由于在x轴下方的面积为负值，随着计

算点 x_i 取值的增加，sinc 函数图像右移，当 sinc 函数左方第一个零点到达 x 轴零点时，积分值达到最大 [见图 16-6（b）]。由于像光场的强度正比于卷积值的平方，图 16-6（c）定量给出振铃震荡各峰值出现的位置与 sinc 函数傍瓣变换周期的关系，从而得到了振铃震荡分布周期公式（16-2）。

然而，式（16-11）的计算是 sinc 函数与分别受到 $\cos\left(-\dfrac{\pi}{\lambda d_i M}x_i^2\right)$ 及 $\sin\left(-\dfrac{\pi}{\lambda d_i M}x_i^2\right)$ 两函数调制的矩形函数的卷积运算，情况比较复杂。因此，希望你能用式（16-11）计算出与图 16-6（c）相对应的两条强度曲线，从而较好地解释振铃震荡的分布与相关参数的关系。

彭颖看到此，在知道李老师的意愿后，深知严谨数学分析的重要性。

通过两天的努力，她获得了很好的结果，并给李老师回了微信。作为实例，下面用图 16-7 给出光阑水平放置时分辨率板第 2 组第 4 号线的实验测量图像。

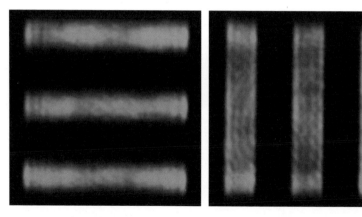

(a) 第2组第4号水平线
(0.5mm×0.5mm)

(b) 第2组第4号垂直线

▲ 图16-7　光阑水平放置时 USAF1951 分辨率板第 2 组第 4 号线实验测量图像

由于线条的长是宽的 5 倍，利用公式（16-11）及公式（16-13）可以对线条的横向及纵向分别计算，最后综合出线条的二维强度图。图 16-8 及图 16-9 分别是基于公式（16-11）及公式（16-13）获得的模拟图像。（见本书附录中的程序 LM9. m）

比较以上三图可以看出，两公式理论模拟结果不但难分辨差异，而且与实验吻合很好。为获得一个较好的理论解释，图 16-10 给出与图 16-9（a）相对应的两组曲线。其中，图 16-10（a）是 sinc 函数曲线，图 16-10（b）中的点画线是卷积计算后的平方值获得的轴上强度曲线，矩形线条是理想像的强度。

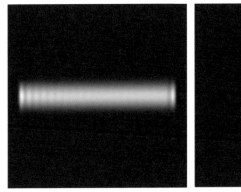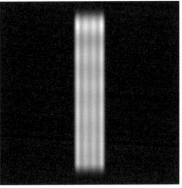

(a) 第2组第4号水平线　　　　　　(b) 第2组第4号垂直线

(0.5mm×0.5mm)

▲ 图16-8　光阑水平放置时基于公式（16-13）模拟的图像

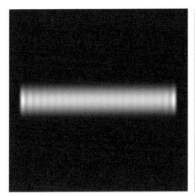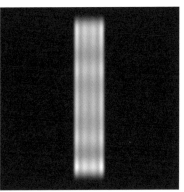

(a) 第2组第4号水平线　　　　　　(b) 第2组第4号垂直线

(0.5mm×0.5mm)

▲ 图16-9　光阑水平放置时基于公式（16-11）模拟的图像

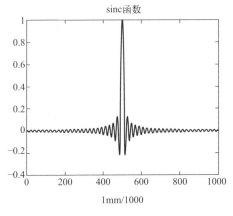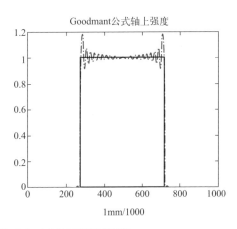

▲ 图16-10　卷积计算图16-6（a）时对应的两组曲线

分析图16-10可以看出，振铃震荡分布周期与公式（16-2）的描述是相同的。

图16-11给出了与实验测量的图16-7（a）相对应的sinc函数与正弦及余弦两函数卷积计算后获得的轴上振幅曲线，图中的矩形线条是理想像的振幅。

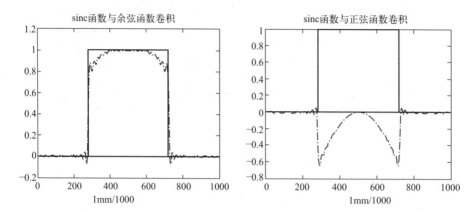

▲ 图16-11 计算图16-7（a）时sinc函数与两不同函数卷积计算后获得的轴上振幅曲线

对图16-11的分析复杂一些，但按照公式（16-11），其强度由两图中点画曲线值的平方和表示，虽然在理想像左右两侧sinc函数与余弦函数卷积的数值低于理想像，但在对应区域与正弦函数的卷积的量值可以给予相应的补充。数值计算比较表明，二者模拟的强度图像只有很微小的差别。对于该研究实例，用公式（16-2）来描述振铃震荡的分布是可行的。

16.8 消振铃震荡干扰的探索研究

那天实验完成后，两研究生就处理实验研究数据的情况一直保持沟通。小彭将上述工作整理成文发给李、桂两位老师的同时，也发给了王超。而王超则按桂老师的要求认真考虑在数字全息检测研究中如何消除振铃震荡干扰的问题。

数字全息检测研究中，全息图重建像的振幅和相位是同等重要的物理量，振铃震荡无疑会形成重建像的振幅干扰。虽然李老师重新导出的计算公式得到较好的实验证明，但应用研究中成像系统的出射光瞳通常都是圆形，究竟这个公式是否有实际意义，是需要研究的另一问题。与桂老师多次交流后，王超决定立足于圆形光瞳对振铃震荡进行研究。

基于像光场频谱及传递函数物理意义的研究，若让矩形出射光瞳的直径与方形出射光瞳的宽度相等，对于方形图像边沿的振铃震荡分布应该基本相同。因此，可以设计一个圆形光瞳进行计算。另外，在《傅里叶光学导论》第4版中，虽然给出了圆形出射光瞳的相干光照明成像与非相干光照明成像在阶跃物边界的强度曲线比较，但没有给出对应的计算参数。利用这次处理实验参数的机会，可以对同波长的非相干光照明成像也进行计算，定量地给出相应的曲线。

按照这个思路，王超仍然用USAF1951分辨率板第2组第2号线的方形孔为物，设出射光瞳直径与实验研究中的长方形光阑长边相等，即12.5mm，获得了一组很有意义的图像。

图16-12（a）和图16-12（b）分别是他给出的方形及圆形出射光瞳所成之像在x轴向的三条强度曲线的比较。其中，黑色矩形线是几何光学的理想像，红色线是相干光照明的强度，点画线是他利用《信息光学教程》第2版所附的程序LXM13.m计算的非相干照明像强度。

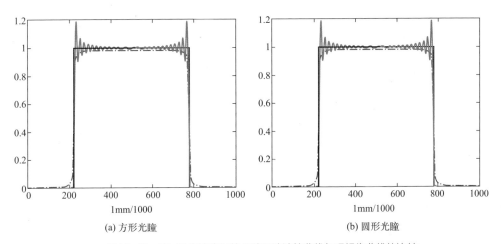

(a) 方形光瞳　　　　　　　　　　　　　　(b) 圆形光瞳

▲ **图16-12**　在x轴向像光场的几种理论计算曲线与理想像曲线的比较

非常明显，对于所计算的实例，方形及圆形出射光瞳所得的振铃震荡条纹没有本质区别。因此，公式（16-2）可以足够准确地描述直径为方形出瞳边宽的圆形出射光瞳的振铃震荡条纹分布。该图给出的另一重要信息是非相干照明的强度曲线与理想像最接近。

为了更好地总结研究成果，李、桂两位老师在实验室组织了一次讨论会。会上，李老师感慨地说道："公式（16-2）是我1986年在法国的一个激光热处理实验室进行合作研究时推导出来的，后来始终没有对这个公式进行较严格的实验证明，这次研究真是让我了了一个心愿。应用研究中的出射光瞳通常是圆形的，小刘用直径与矩形孔宽度相同的出射光瞳做了理论模拟，得到非常相近的振铃震荡分布。但是，为了让研究工作简化，验证公式（16-2）的实验是一个放大率为1的特殊成像实验，还不能为公式（16-2）的可行性下结论。我和宋老师曾用放大率倍数为20的显微物镜做过一次实验，用的也是USAF1951分辨率板。公式（16-1）和公式（16-3）模拟计算的结果是不同的，只是公式（16-3）可以得到与实验测量更接近的振铃震荡分布。这项研究已经总结成论文，2024年2月发表在《光学学报》[8]上。"

说到此，李老师请小刘打开电脑，并将带来的U盘插入后，调出图16-13和图16-14所示的两幅图像。

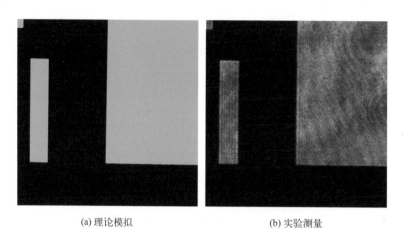

(a) 理论模拟　　　　　　　　　　　　(b) 实验测量

（图像尺寸8.32mm×8.32mm）

▲ 图16-13　公式（16-1）的重建像强度的局部放大图像与CCD测量图像的比较

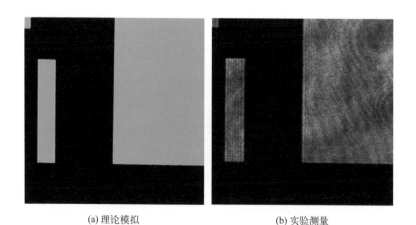

(a) 理论模拟　　　　　　　　　　　　(b) 实验测量

（图像宽度8.32mm，取样数1600）

▲ 图16-14　公式（16-3）的重建像强度的局部放大图像与CCD测量图像的比较

"你们看，这两组图右上方是第4组第2号线旁边的方形孔的局部，左边是一条竖线像。比较竖线像上的条纹可以看出，公式（16-1）获得的条纹比较细密，没有公式（16-3）的模拟像更接近实验。那么，是什么原因呢？"

王超思索一会儿回答道："我想，有可能利用传递函数新的物理意义会得到答案。"

"说得很对！"李老师接着便调出图16-15所示的两幅图像。接着解释道："你们都知道，计算公式（16-1）及公式（16-3）时，首先要计算式中的傅里叶变换。

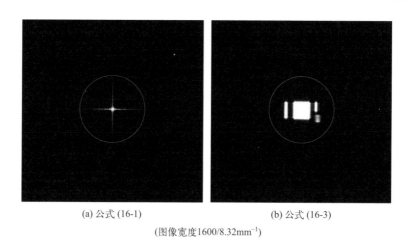

(a) 公式 (16-1)   (b) 公式 (16-3)

（图像宽度1600/8.32mm^{-1}）

▲ 图16-15 两公式中傅里叶变换的频谱强度及圆形滤波窗图像

由于公式（16-3）的傅里叶变换是带二次相位因子的理想像频谱，频谱的强度分布与理想像经过一距离的菲涅耳衍射图像相似，其频谱的分布范围较宽。而公式（16-1）是理想像的频谱，其图像与理想像经过透镜后的透镜焦平面上的衍射图像相似，按照角谱的衍射理论，向不同方向传播的角谱均被会聚于频谱平面上，相对于图16-15（b），其频谱的高频分量距频谱面中心更近。因此，用同一尺寸的圆形传递函数孔在频率空间滤波后，公式（16-1）则获得更多的高频分量。这样，成像计算后像边界包含更多的高频成分，便形成较细密的振铃震荡条纹。"

听到这里，彭颖插话道："是的，李老师，我曾经变换不同的参数进行计算，发现过这样的结果，只是还没有认真从理论上来讨论这个问题。"

接着这个话题，桂老师说道："从理论上认真研究圆形出射光瞳的振铃震荡分布，是一个应该继续认真研究的课题。不过，王超的非相干照明与相干光计算的比较很有意思。非相干光成像不但没有振铃震荡干扰，而且其计算值还较接近理想像。如果能设计一个数字全息实验系统，同时用相干及非相干光照明，通过数字化处理，让最后所成之像是非相干光照明的强度，数字全息重建像的相位，那不就消除振铃干扰了！"

至此，大家都比较兴奋。

李老师高兴地说："很好的建议！我想，照明用的非相干光的波长不一定要与相干光一致，半反半透镜是一个常用的元件，同时用相干及非相干光照明物体，让一个CCD记录全息图，另一个CCD单独记录非相干光所成之像，是有可能设计成这个系统的。可以认真思考后设计这个实验系统。"

参考文献

[1] Joseph. W. Goodman. 傅里叶光学导论[M]. 4版. 陈家璧, 秦克诚, 曹其智, 译. 北京: 科学出版社, 2020.

[2] R. Horstmeyer, R. Heintzmann, G. Popescu, et al. Standardizing the resolution claims for coherent microscopy. Nat. Photonics , 2016(10): 68-71.

[3] J.C.Li, J. Merlin et, J. Perez. Etude comparative de différents dispositifs permettant de transformer un faisceau laser de puissance avec une répartition énergique gaussienne en une répartition uniforme[J]. Revue de Physique Appliquée, 1986, (21): 425-433.

[4] 李俊昌. 激光的衍射及热作用计算[M]. 北京: 科学出版社, 2002.

[5] 李俊昌, 罗润秋, 彭祖杰, 等. 相干光成像系统传递函数的物理意义及实验证明[J]. 光学学报, 2021, 41(12): 1207001.

[6] 李俊昌, 桂进斌, 宋庆和, 等. 像面数字全息物体像的完整探测及重建[J]. 光学学报, 2022, 42(13): 1309001-1.

[7] 李俊昌. 相干光成像计算及应用研究[EB/OL]. [2023-11-20]. http://opticsjournal.net/columns/online?posttype=view&postid=PT210112000094qWtZw.

[8] 李俊昌, 宋庆和, 桂进斌, 等. 相干光成像理论及振铃震荡的计算研究[J]. 光学学报, 2024, 44(04): 0405001.

相干传递函数的物理意义及实验测定

—

相干光成像的应用研究中，目前广泛采用近似计算像光场振幅分布的理论。按照该理论，相干光成像系统是线性空间不变系统，由光学系统出射光瞳定义的振幅传递函数是理想像频谱的低通滤波器。分析能够计算像光场振幅和相位分布的理论公式可知，相干光成像系统不是线性空间不变系统，在频率空间相干传递函数的物理意义相似于理想像经过特定距离菲涅耳衍射的空间滤波器。相干传递函数可以通过实验测量，是衍射受限成像系统成像计算及像质评价的重要依据。

本章通过两位老师组织研究生进行实验研究的故事，对上述工作进行介绍。

17.1　研究背景

激光出现以后，相干光照明成像是近代光学的一个重要应用及研究领域。《光学原理》一书中[1]，玻恩及沃尔夫假定，成像系统出射光瞳足够大的情况下，像光场中存在一个等晕区，在等晕区内可以将成像系统视为一个线性空间不变系统，从而导出了能够计算具有振幅和相位分布的成像公式。《傅里叶光学导论》一书中[2, 3]，顾德门教授将单透镜成像系统视为线性系统，通过对成像系统脉冲响应的近似，导出了物体尺寸小于透镜光瞳1/4时能够计算像光场振幅分布的表达式。基于该理论成果，顾德门教授将透镜光瞳视为成像系统的出射光瞳，将透镜到像平面的距离视为成像系统出射光瞳到像平面的距离，引入波像差函数定义广义振幅传递函数，将公式推广于有像差系统的成像计算。

从数学形式上看，玻恩、沃尔夫以及顾德门教授给出的相干光成像公式是相同的[4]，成像系统均是线性空间不变系统。

50多年来，以上两部名著是近代光学研究中最具影响的经典著作，不但被译成多种语言出版，而且被国内外专著及教材广泛引用[5-11]。20世纪80年代，本书作者的科学研究就是从学习及应用《傅里叶光学导论》第1版中的相干光成像理论开始的[12]。

显微数字全息检测是相干光成像的一个重要研究领域。为提高成像分辨率，近十多年来人们采用不同相位分布的结构光照明物体，取得许多可以超越瑞利分辨极限[13, 14]的研究成果。但是，实验研究表明，像光场不同区域的成像质量不同，相干光成像系统不是一个线性空间不变系统，如何评价成像系统分辨率获得改进后的成像质量，是一个重要的研究课题。

针对这个课题，2016年，Roarke Horstmeyer等研究人员在英国《自然》杂志上提出评价成像质量的建议[15]。主要内容为：

① 由于出射光瞳定义的振幅传递函数的物理意义是理想像频谱的滤波器，振幅传递函数的量值不重要，只要给出其非零区；

② 由于像平面不同区域有不同的成像质量，应提供一种辐射型分辨率板——西门子星在像平面不同区域的实验图像；

③ 由于目前的成像理论只能计算像的振幅分布，期望研究人员提供一种基于数字全息图准确获取衍射受限的理想像振幅和相位的数学方法。

然而，相干光成像系统的像质评价仍未取得共识。近年来，提高像光场分辨率的研究在继续，人们仍然只给出像平面特定区域的振幅图像[13, 14]。

本章将利用作者导出的能够准确计算像光场复振幅的理论公式，对本章参考文献[15]提出的建议给出较好的响应。

17.2 两种相干光成像计算理论的学习

《傅里叶光学导论》是影响着国内外几代光学工作者的经典著作。入学一年的黄金鑫已经买到这部著作第4版的最新中文译本，但过去的一年，因课程较多，除了偶尔参阅外，还没有认真阅读。

新学年开始了，小黄开始有计划地阅读这本大部头的经典著作。

小黄先认真回顾了《信息光学教程》一书中的相干光成像理论，相干光成像的计算公式表述如下。

在直角坐标系 $O\text{-}xyz$ 中，设成像系统光轴与 z 轴重合，光学系统能由 2×2 元素的光学矩阵 $\begin{bmatrix} A & B \\ C & D \end{bmatrix}$ 描述，$U_0(x,y)$ 是物平面光波场复振幅，计算像光场振幅及相位分布的表达式为：

$$
\begin{aligned}
U(x,y) = {} & \exp\left[\frac{\mathrm{j}k}{2d_{pi}}(x^2+y^2)\right] \\
& \times F^{-1}\left\{
\begin{aligned}
& F\left\{-\frac{1}{A}U_0\left(\frac{x}{A},\frac{y}{A}\right)\exp\left[\mathrm{j}\frac{k}{2}\left(\frac{C}{A}-\frac{1}{d_{pi}}\right)(x^2+y^2)\right]\right\} \\
& \times P(-\lambda d_{pi}f_x, -\lambda d_{pi}f_y)
\end{aligned}
\right\}
\end{aligned}
\tag{17-1}
$$

式中，$\mathrm{j}=\sqrt{-1}$；$k=2\pi/\lambda$，λ 为光波长；$P(x,y)$ 是出射光瞳函数；d_{pi} 为出射光瞳到像平面的距离；$F\{\ \}$ 及 $F^{-1}\{\ \}$ 分别是二维傅里叶变换及逆变换符号；f_x、f_y 分别是二维频率空间坐标。

对于焦距 f 的单透镜成像系统，设物距和像距分别为 d_0、d_i，对应的光学矩阵为 $\begin{bmatrix} A & B \\ C & D \end{bmatrix}=\begin{bmatrix} A & 0 \\ -1/f & 1/A \end{bmatrix}$，且 $A=-d_i/d_0$。由于出射光瞳即透镜光瞳，将 $d_{pi}=d_i$，$C=-1/f$ 代入式（17-1）得：

$$U(x,y) = \exp\left[\frac{jk}{2d_i}(x^2 + y^2)\right]$$

$$\times F^{-1}\left\{\begin{matrix} F\left\{-\dfrac{1}{A}U_0\left(\dfrac{x}{A}, \dfrac{y}{A}\right)\exp\left[-jk\dfrac{1}{2Ad_i}(x^2 + y^2)\right]\right\} \\ \times P(-\lambda d_i f_x, -\lambda d_i f_y) \end{matrix}\right\} \qquad (17\text{-}2)$$

在《傅里叶光学导论》第4版中，关于相干光成像计算，顾德门教授通过对物平面图上点源在像平面上的光波场——成像系统脉冲响应的研究，将成像系统视为线性系统推导相干光成像的公式。然而，由于脉冲响应的数学表达式太繁杂，当物光场 U_0 通过脉冲响应式（6-33）表示光学系统的像光场 U_i 时，U_i 的表达式（6-28）需要计算的是一个繁杂复函数的四重积分。为此，书中153页有这样几句话："（6-28）和（6-33）式提供了一个规定物 U_0 和像 U_i 之间关系的形式解。但是，除非作进一步简化，否则很难确定可以把 U_i 合理地当作 U_0 的像的条件。"此后，为能够得到像光场的表达式，以只讨论像光场的振幅分布为前提，对脉冲响应表达式进行了简化。最后，在156页导出了物距为 z_1，像距为 z_2，像放大率为 $M=-z_2/z_1$，在物体的尺寸小于成像系统入射光瞳直径1/4时才能使用的表达式：

$$U_i(u,v) = \int\!\!\!\int_{-\infty}^{\infty} \tilde{h}(u - \tilde{\xi}, v - \tilde{\eta})\left[\frac{1}{|M|}U_0\left(\frac{\tilde{\xi}}{M}, \frac{\tilde{\eta}}{M}\right)\right]\mathrm{d}\tilde{\xi}\mathrm{d}\tilde{\eta} \qquad (17\text{-}3)$$

其中，

$$\tilde{h}(u,v) = \int\!\!\!\int_{-\infty}^{\infty} P(\lambda z_2 \tilde{x}, \lambda z_2 \tilde{y})\exp\left[-j2\pi(u\tilde{x} + v\tilde{y})\right]\mathrm{d}\tilde{x}\mathrm{d}\tilde{y} \qquad (17\text{-}4)$$

为便于与式（17-2）做比较，将式中坐标 (u,v) 换为 (x,y)，z_2 换为 d_i，M 换为 A，注意到光瞳函数进行两次傅里叶变换后自变量有一个负号，利用卷积定理，式（17-3）可以写为：

$$U(x,y) = F^{-1}\left\{F\left\{-\frac{1}{A}U_0\left(\frac{x}{A}, \frac{y}{A}\right)\right\}P(-\lambda d_i f_x, -\lambda d_i f_y)\right\} \qquad (17\text{-}5)$$

他发现，式（17-5）可以视为式（17-2）在 $Ad_i \to \infty$ 的特定情况下的近似表达式[4]。

黄金鑫看到这里十分感叹："这可是对相干光经典成像理论的一个补充和完

善的研究啊！也许，基于公式（17-1）还能有一些重要的理论研究成果呢。"

正当他沉浸于思考之时，彭颖打来了手机视频电话。

"小黄，不知你下午是否能来实验室帮个忙？我和宋老师正在做一个实验，要验证宋老师与李老师讨论后提出的相干传递函数的实验测量方法。由于宋老师接到通知要去开会，让我请一名研究生来帮忙。"

"好的，彭师姐。我正寻思李老师导出的相干光成像公式太有价值，如果能通过实验测定相干传递函数，那么，理论上准确计算有像差系统的像光场就完全可能了。但是，如何通过实验测量呢？不知师姐能否告诉点信息，我上午认真看看，我心中有数，也许能更好地帮上忙。"

"没问题的，我一会儿就通过微信发给你，有什么问题可打电话给我。下午两点准时到啊！"

很快，黄金鑫收到彭颖的微信。原来，计算相干光成像系统像光场复振幅的公式近年来已经得到学术界认可，彭颖的指导老师宋庆和教授申请到一项国家自然科学基金，将基于该公式对"显微数字全息光学移频全场超分辨率成像理论及实验"进行研究。李老师是该项目的主要参加者，在该研究项目中，建立相干传递函数的实验测定方法是一项重要研究内容，测量方法就写在这个微信中。

17.3 相干传递函数的实验测量理论

按照顾德门教授在《傅里叶光学导论》中采用的方法，在式（17-1）中定义下式为有像差系统的广义相干传递函数[2, 3]：

$$Q(-\lambda d_{pi}f_x, -\lambda d_{pi}f_y) = P(-\lambda d_{pi}f_x, -\lambda d_{pi}f_y)\exp\left[jkw(-\lambda d_{pi}f_x, -\lambda d_{pi}f_y)\right] \quad (17\text{-}6)$$

引入探测器窗口函数 $w_i(x,y)$，根据式（17-1）有：

$$Q(-\lambda d_{pi}f_x,-\lambda d_{pi}f_y)=\frac{F\left\{w_i(x,y)U(x,y)\exp\left[-\dfrac{jk}{2d_{pi}}(x^2+y^2)\right]\right\}}{F\left\{-\dfrac{1}{A}U_0\left(\dfrac{x}{A},\dfrac{y}{A}\right)\exp\left[j\dfrac{k}{2}\left(\dfrac{C}{A}-\dfrac{1}{d_{pi}}\right)(x^2+y^2)\right]\right\}}\quad（17\text{-}7）$$

令 $U_0(x,y)=a\exp\left[-\dfrac{jk}{2d_e}(x^2+y^2)\right]$ 是振幅为 a 波面半径为 d_e 的会聚球面波，式（17-7）变为：

$$Q(-\lambda d_{pi}f_x,-\lambda d_{pi}f_y)=\frac{F\left\{w_i(x,y)U(x,y)\exp\left[-\dfrac{jk}{2d_{pi}}(x^2+y^2)\right]\right\}}{F\left\{-\dfrac{a}{A}\exp\left[j\dfrac{k}{2}\left(\dfrac{C}{A}-\dfrac{1}{d_{pi}}-\dfrac{1}{A^2 d_e}\right)(x^2+y^2)\right]\right\}}\quad（17\text{-}8）$$

再令 $\dfrac{1}{d}=\dfrac{C}{A}-\dfrac{1}{d_{pi}}-\dfrac{1}{A^2 d_e}$，经过数学运算并忽略常数相位因子后，可以得到：

$$Q(-\lambda d_{pi}f_x,-\lambda d_{pi}f_y)$$
$$=\frac{A}{a\lambda d}\exp\left[j\pi\lambda d(f_x^2+f_y^2)\right]F\left\{w_i(x,y)U(x,y)\exp\left[-\dfrac{jk}{2d_{pi}}(x^2+y^2)\right]\right\}\quad（17\text{-}9）$$

若探测器窗口 $w_i(x,y)$ 足够大，让数字全息图重建的像 $w_i(x,y)U(x,y)$ 充分包含出射光瞳对光传播的限制信息，便能通过上式求得相干传递函数。

看到这里，小黄想通过电话问师姐，为什么不给出中间推导过程呢？但转念一想，式（17-8）中分母的傅里叶变换是有解析解的，今后再抽空自己推导吧。只是探测器窗口 $w_i(x,y)$ 应该就是数字全息中的 CCD，看看是用什么实验来完成这个测量的。于是，他接着往后看……

17.4 显微数字全息测试系统

为通过实验测量 $w_i(x,y)U(x,y)$，今天上午，我和宋老师已经搭建好一个显微数字全息实验系统，并进行了初步实验，实验系统见图17-1。

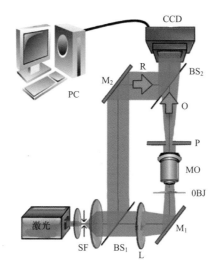

▲ 图17-1　显微数字全息实验系统

波长为 $\lambda = 633nm$ 的激光透过空间滤波器SF扩束及准直后形成平面波，通过半反半透镜 BS_1 分为物光与参考光。其中，水平方向传播的物光经透镜L聚焦再由反射镜 M_1 反射，成为球面波照射到物体OBJ（分辨率板 USAF1951）上。穿过物体的光波依次经过物镜MO、光阑P及半反半透镜 BS_2 后，在微机PC控制的影像传感器CCD上成像。由半反半透镜 BS_1 向上反射的光波为参考光，经反射镜 M_2 及半反半透镜 BS_2 反射后到达CCD，两列光波干涉形成的数字全息图由CCD记录。

这次实验的基本参数为：物镜型号RMS 20X，焦距 $f = 9mm$，数值孔径 $NA=0.4$。物距 $d_0 = 9.45mm$，像距 $d_i= 189mm$，CCD阵列数 $1200×1600$，像素尺寸0.0052mm，光阑P的直径3mm，到达CCD的距离为100mm。照射物体的是会聚球面照明波，焦点在物平面上方约 $d_e \approx 1mm$ 处。

利用以上实验系统，通过数字全息图重建出像光场 $w_i(x,y)U(x,y)$ 后，便能利用式（17-9）测量出相干传递函数。

"为什么要加一个孔径较小的光阑P呢？"看到这里，小黄有些纳闷，不觉给彭师姐打了电话。

彭颖回答道："由于CCD探测器窗口 $w_i(x,y)$ 尺寸较小，不能让数字全息图重建的像 $w_i(x,y)U(x,y)$ 充分包含出射光瞳对光传播的限制信息，不满足使用式（17-9）进行测量的条件。

"李老师因临时有事，没来实验室。当我们将此情况告知李老师后，李老师说，今天的实验只是证明公式（17-9）的可行性，可以在显微物镜与半反半透镜BS2间放置一个直径较小的光阑P进行实验研究，并要我们将物平面放置及不放置USAF1951分辨率板的数字全息图及相关实验参数通过电子邮件发给他。由于宋老师要去开会，我已经将上午没有放置分辨率板的数字全息图发给李老师。"

"为什么还要补充有分辨率板的数字全息图呢？"黄金鑫再问。

"李老师说，补充有分辨率板的数字全息图后，可以用测量的传递函数代入式（17-1）进行计算，再与数字全息图重建像进行比较，便能确认测量的可行性。并说，为完成这个计算，还需要遮挡参考光及抽出光阑P后CCD记录的强度图像，这样才能较准确地设计模拟计算时的像光场。"

"那么，这次实验测量的是由光阑P为出射光瞳定义的传递函数了？"

"是的。"

17.5　相干传递函数的实际测试

当天下午到达实验室的黄金鑫看到彭师姐和另一位师兄正在调试光学系统。彭颖回头简单说道："小黄，快套上脚套，你来记录全息图。"

不一会儿，李老师也到了。由于上午的实验系统调整得不错，插入分辨率板为物体的数字全息实验以及抽出光阑P后记录无参考光时CCD记录像光场强度图像的工作很快完成了。

李老师用U盘拷贝了实验结果后，对三位研究生说："谢谢大家的工作，我回去会和宋老师商量整理实验数据。今天的实验如果得到预期结果，为能用尺寸较小的CCD测量光学系统的传递函数，最近会抽空组织大家进行一次讨论会，根据讨论结果会再做实验。小彭对今天的实验研究比较熟悉，建议小彭也能处理数据，有问题可与宋老师或我联系。"

两天后，小彭不负老师的期望，她高兴地将处理结果总结后通过微信发给两位老师，主要内容如下。

按照公式（17-9），令照明光振幅$a=1$，波面半径$d_e=1$mm，图17-2（a）、（b）是物平面不放置物体时式（17-1）计算的像平面光波场的振幅及相位分布图像，图17-2（c）、（d）是数字全息图实验重建图像（为便于比较，这里的两组图像及后续图像的振幅显示均按照同一能量归一化数值处理，用$0\sim255$的灰度图像显示）。可以看出，图17-2（c）振幅值分布的不均匀是由照明光强度不均匀引起的。但研究公式（17-8）可知，传递函数非零区的振幅值应为1，相位分布才是确定波像差函数$w(-\lambda d_{pi}f_x, -\lambda d_{pi}f_y)$的依据，照明光强度的轻微不均匀并不影响传递函数的相位测量。

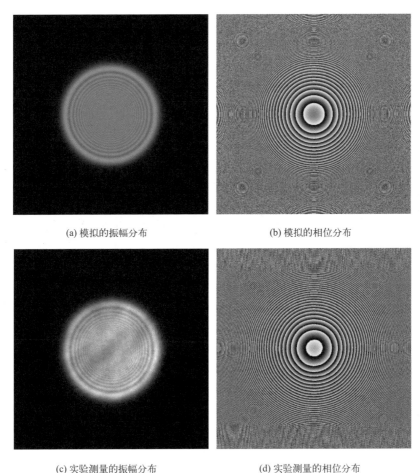

(a) 模拟的振幅分布　　　　　　　　(b) 模拟的相位分布

(c) 实验测量的振幅分布　　　　　(d) 实验测量的相位分布

▲ 图17-2　像平面光波场的理论计算与实验测量比较（图像宽度8.24mm）

图17-3（a）是传递函数振幅分布图像。图17-3（b）、（c）分别是理论模拟及实验测量的相位分布图像（图中$0\sim2\pi$的相位变化由$0\sim255$的亮度变化表

示）。实验测量的相位图像表明，光学系统存在轻微像差。

(a) 模拟及实验测量的振幅分布　　　(b) 模拟测量的相位分布　　　(c) 实验测量的相位分布

▲ 图17-3　传递函数的模拟测量与实验测量的比较（图像宽度8.24mm）

为证明理论模拟及实验测量传递函数的可行性，按照本章参考文献[16]的形成理想像的数值处理方法，对无光阑及遮住参考光时CCD测量的像进行二值化处理形成理想像后，将图17-3表示的传递函数代入式（17-1）进行计算。图17-4是分辨率板对应的有光阑P的实验重建像及理论模拟图像。

(a) 数字全息实验重建像振幅　　(b) 实测传递函数计算像振幅　　(c) 理论模拟传递函数计算像振幅

(d) 数字全息实验重建像相位　　(e) 实测传递函数计算像相位　　(f) 理论模拟传递函数计算像相位

▲ 图17-4　有分辨率板时实验测量及理论模拟的像光场图像（图像宽度8.24mm）

17.6 研究工作小结

李老师和宋老师收到小彭发来的上述信息很高兴，因为两位老师得到了同样的计算结果。李老师给彭颖的微信回答是：通过最近两年的研究，我们已经较好地对2016年英国《自然》杂志上Roarke Horstmeyer等研究人员所发表论文中提出评价成像质量的三点建议作出了较科学的响应。这三点建议是[15]：

① 由于出射光瞳定义的振幅传递函数的物理意义是理想像频谱的滤波器，振幅传递函数的量值不重要，只要给出其非零区；

② 由于像平面不同区域有不同的成像质量，应提供一种辐射型分辨率板——"西门子星"在像平面不同区域的实验图像；

③ 由于目前的成像理论只能计算像的振幅分布，期望研究人员提供一种基于数字全息图准确获取衍射受限的理想像振幅和相位的数学方法。

对于建议①，我们的回答是，出射光瞳定义的传递函数的物理意义并不是理想像频谱的滤波器，其物理意义相似于理想像经过特定距离的衍射的空间滤波器。相干传递函数的量值很重要，我们可以通过实验测量。

对于建议②，由于相干光成像系统不是线性空间不变系统，像平面不同区域有不同的成像质量，我们同意Roarke Horstmeyer等研究人员的意见，对于像光场质量的评价，应提供一种辐射型分辨率板——"西门子星"在像平面不同区域的实验图像。

对于建议③，目前的成像理论只能计算像的振幅分布，基于公式（17-1）及我们提出的相干传递函数的测量方法，我们已经建立了基于数字全息图准确获取衍射受限的理想像振幅和相位的数学方法。

我和宋老师已经研究出采用小面阵尺寸的CCD测量任意给定成像系统相干传递函数的方法，最近将组织大家进行新的实验。

参考文献

[1] M. Born, E. Wolf. Principles of Optics[M]. Seventh Edition. London: Cambridge University Press,1999.

[2] Joseph W. Goodman. Introduction to Fourier Optics[M]. New York: MCGRAW-HILL, 1968.

[3] Joseph W. Goodman. Introduction to Fourier Optics[M].Fourth Edition. San Francisco: W. H. Freeman and Company, 2017.

[4] 李俊昌，宋庆和，桂进斌，等. 相干光成像理论及振铃震荡的计算研究[J]. 光学学报，2024, 44(04): 0405001.

[5] Joseph W. Goodman. Introduction to Fourier Optics[M]. New York: MCGRAW-HILL, 1968.

[6] Joseph W. Goodman. 傅里叶光学导论[M]. 詹达三, 董经武, 顾本源, 译. 北京: 科学出版社, 1976.

[7] 马科斯·玻恩, 埃米尔·沃耳夫. 光学原理[M]. 7版. 杨葭荪, 等, 译. 北京: 电子工业出版社, 2006.

[8] Joseph W. Goodman. 傅里叶光学导论[M]. 4版. 陈家璧, 秦克诚, 曹其智, 译. 北京: 科学出版社, 2020.

[9] Okan K. Eraoy. Diffraction, Fourier, Optics and Imaging. Hoboken: John Wiley & Sons, 2007.

[10] 苏显渝. 信息光学[M]. 北京: 科学出版社, 2012.

[11] Jose-Philippe Perez. Optique—Fondements et applications[M]. 6^{et}. Paris: Masson Sciences. 2000.

[12] J.C.Li, J. Merlin et, J. Perez. Etude comparative de différents dispositifs permettant de transformer un faisceau laser de puissance avec une répartition énergique gaussienne en une répartition uniforme[J]. Revue de Physique Appliquée, 1986, (21): 425-433.

[13] Shaohui Li, Jun Ma, et al. Phase-shifting-free resolution enhancement in digital holographic microscopy under structured illumination[J]. Optics Express, 2018(9), 23572.

[14] Han-Yen Tu, Xin-Ji Lai, Chau-Jern Cheng. Adaptive wave front correction structured illumination holographic tomography[J]. Scientific Repo Rts, 2019(9), 10489.

[15] Roarke Horstmeyer, Rainer Heintzmann, Gabriel Popescu, et al. Standardizing the resolution claims for coherent microscopy[J]. Nature Photonics. 2016, 10(2): 68-71.

[16] 李俊昌, 罗润秋, 彭祖杰, 等. 相干光成像系统传递函数的物理意义及实验证明[J]. 光学学报, 2021, 41(12): 1207001.

消相位畸变的光学移频超分辨率成像

—

激光应用研究中，相干光照明的显微数字全息检测是一个重要的应用研究领域。为提高检测分辨率，近年来，科技工作者采用不同结构形式的照明光进行了光学移频超分辨成像技术的大量研究。然而，实际光学检测中，像光场的振幅和相位通常是同等重要的物理量，结构光照明将引起像光场的相位畸变，成为必须消除的干扰。本章通过给研究生讲座的形式，基于能够计算像光场振幅和相位分布的理论，讨论用偏振面相互垂直的多组轴对称倾斜光照明物平面的光学移频成像系统的设计，介绍消除结构光照明相位干扰的方法。

18.1　讲座背景

相干光照明的显微数字全息检测是激光应用一个重要的研究领域。科技工作者为提高检测分辨率，采用不同结构形式的照明光进行了大量研究。其中，采用偏振面相互垂直的多组轴对称倾斜光照明物平面，让像光场频谱的高频分量移入探测区而获得高分辨率像光场的技术被称为光学移频超分辨率成像技术[1-4]。

然而，实际光学检测中，像光场的振幅和相位通常是同等重要的物理量，结构光照明将引起像光场的相位畸变，成为必须消除的干扰。

目前广泛采用的相干光成像理论只能在特定的条件下计算像光场的振幅分布[5]，较难对相位畸变进行研究。为考查这类研究的成像质量，早在2016年，英国《自然》杂志的一篇论文便提出，建议给出振幅或相位型的一种辐射型分辨率板——"西门子星"在像平面不同区域的实验图像[6]。然而，由于国际光学界尚未形成共识，此后的研究报道仍然只给出像平面特定区域的振幅图像[1-3]。

基于能够计算像光场振幅和相位分布的公式[7, 8]，本章对光学移频超分辨率成像技术进行理论研究。由于偏振面相互垂直的两束倾斜光照明物平面是为让CCD同时记录两幅互不干扰的全息图。可以先对单一倾斜光照进行讨论，然后再做推广。此外，平面波可以视为波面半径无限大的球面波，为不失一般性，对倾斜球面波的照明进行研究。

研究结果表明，不但可以根据实际需要进行轴对称倾斜照明光的定量设计，而且能形成一种方便适用的消除像光场相位干扰的方法。由于相干光成像公式已经得到大量实验证明[9-11]，只进行相应的数值模拟证明。

昆明理工大学的信息光学工程专业是国家级本科建设专业，从事教学及科研的老师们在全息干涉计量、衍射计算及数字全息领域逐渐形成特色。特别是在数字全息研究领域，该专业的老师们与法国知名大学长期保持着联合培养博士生的合作。许多本科学生都期望毕业后继续在学校攻读研究生，争取能够成为中法双方联合培养的博士生。因此，他们时常关注着昆工研究生点的研究动向，老师们也经常给他们提供研究生点学术活动的信息。

一天，从事信息光学教学的楼宇丽教授在结束书中的相干及非成像的教学内容后，给同学们说道："近年来，为提高像光场的分辨率，光学移频超分辨率成像技术已成为国内外的一个研究热点。本周五下午4点，李老师将基于本章介绍的相干光成像公式，对光学移频超分辨率成像技术为研究生做一次讲座，地点就在理学院会议室，建议同学们能去听一下。"

周五下午，在物理系主任桂进斌教授的主持下，李老师的讲座正式开始。

"同学们！很高兴能为大家做这次讲座。我看到许多本科生也在会场，特别高兴。你们现在学习的书本知识将来都是要用于实际的。楼老师告诉我，现在你们刚学完衍射受限成像这一章。这一章中，相干光成像计算公式可以解决许多重要的应用研究问题。今天，我将这个公式用于目前国内外的一个研究热点——光学移频超分辨率成像技术的研究[4]。"

"关于光学移频超分辨率技术的研究进展，浙江大学光电科学与工程学院于2021年1月发表于《光学学报》创刊40周年的特邀综述论文《光学移频超分辨成像技术进展》做了较全面的阐述，大家可以去认真阅读。

"何为光学移频？顾名思义，就是采用特殊的照明物光，将像光场频谱进行平移，让成像系统的探测器能够探测到本来探测不到的高频频谱，实现超瑞利分辨率的高分辨成像。但是，结构光照明事实上让所成之像带上了照明光成像的相位，形成对像光场的相位干扰。目前流行的相干光成像公式只能计算像光场的振幅分布，这篇文章没有就这个问题进行讨论。今天这个讲座，将基于可以计算像光场复振幅的公式，对光学移频超分辨率成像技术以及如何消除照明光相位干扰的问题进行理论研究。如果有什么问题，可以在讲座后提问。"

18.2　光学移频超分辨率成像技术的理论分析

直角坐标系 O-xyz 中，设成像系统光轴与 z 轴重合，光学系统能由 2×2 元素的光学矩阵 $\begin{bmatrix} A & B \\ C & D \end{bmatrix}$ 描述，$U_0(x,y)$ 是平面波照明情况下物平面光波场复振幅，$P(x,y)$ 是系统的出射光瞳，d_{pi} 为出射光瞳到像平面的距离，引入二维傅里叶变换及逆变换符号 $F\{.\}, F^{-1}\{.\}$，像光场振幅及相位分布的表达式为[8]：

$$
\begin{aligned}
U(x,y) &= \exp\left[\frac{jk}{2d_{pi}}(x^2+y^2)\right] \\
&\times F^{-1}\left\{ \begin{matrix} F\left\{-\frac{1}{A}U_0\left(\frac{x}{A},\frac{y}{A}\right)\exp\left[j\frac{k}{2}\left(\frac{C}{A}-\frac{1}{d_{pi}}\right)(x^2+y^2)\right]\right\} \\ \times P(-\lambda d_{pi}f_x, -\lambda d_{pi}f_y) \end{matrix} \right\}
\end{aligned}
\tag{18-1}
$$

式中，$j = \sqrt{-1}$；$k = 2\pi / \lambda, \lambda$ 为光波长；A 为像的横向放大率；f_x、f_y 为频率空间坐标。

由于式中的 $-\dfrac{1}{A} U_0 \left(\dfrac{x}{A}, \dfrac{y}{A} \right)$ 是理想像[5]，为便于后续讨论，令理想像频谱为：

$$G(f_x, f_y) = \int_{-\infty}^{\infty} \int_{-\infty}^{\infty} -\frac{1}{A} U_0 \left(\frac{x}{A}, \frac{y}{A} \right) \exp \left[-j2\pi (f_x x + f_y y) \right] \mathrm{d}x \mathrm{d}y \quad (18\text{-}2)$$

若照明物光是波束中心偏移光轴的倾斜球面波：

$$E(x, y) = \exp \left\{ \frac{jk}{2R} \left[(x+a)^2 + (y+b)^2 \right] \right\} \quad (18\text{-}3)$$

则式（18-1）变为：

$$U(x, y) = \exp \left[\frac{jk}{2d_{pi}} (x^2 + y^2) \right]$$
$$\times F^{-1} \left\{ \begin{array}{l} F \left\{ -\dfrac{1}{A} U_0 \left(\dfrac{x}{A}, \dfrac{y}{A} \right) E \left(\dfrac{x}{A}, \dfrac{y}{A} \right) \exp \left[j\dfrac{k}{2} \left(\dfrac{C}{A} - \dfrac{1}{d_{pi}} \right) (x^2 + y^2) \right] \right\} \\ \times P(-\lambda d_{pi} f_x, -\lambda d_{pi} f_y) \end{array} \right\} \quad (18\text{-}4)$$

将式（18-3）代入式（18-4），并且令 $\dfrac{1}{RA^2} + \dfrac{C}{A} - \dfrac{1}{d_{pi}} = 0$，即让：

$$R = \frac{d_{pi}}{A^2 - C d_{pi} A} \quad (18\text{-}5)$$

通过数学运算可以将式（18-4）写为：

$$U(x, y) = \exp \left[\frac{jk}{2d_{pi}} (x^2 + y^2) \right] \exp \left[\frac{jk}{2R} (a^2 + b^2) \right]$$
$$\times F^{-1} \left\{ G \left(f_x - \frac{a}{AR\lambda}, f_y - \frac{b}{AR\lambda} \right) P(-\lambda d_{pi} f_x, -\lambda d_{pi} f_y) \right\} \quad (18\text{-}6)$$

上式表明，倾斜球面波照射将让理想像频谱中心平移到 $\left(\dfrac{a}{AR\lambda}, \dfrac{b}{AR\lambda} \right)$，在频谱平面的平移距离是：

$$\Delta R_f = \sqrt{\left(\frac{a}{AR\lambda}\right)^2 + \left(\frac{b}{AR\lambda}\right)^2} \qquad (18\text{-}7)$$

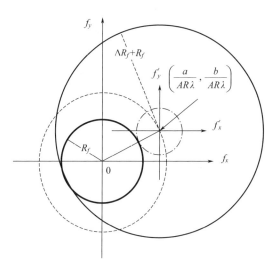

▲ 图18-1 理想像频谱中心平移示意图

图18-1是讨论理想像频谱中心平移的示意图。设光学系统的出射光瞳直径为D，传递函数半径为$R_f = \dfrac{D}{2\lambda d_i}$，图中实线小圆环表示圆形出射光瞳定义的传递函数$P(-\lambda d_i f_x, -\lambda d_i f_y)$的非零区。

若改变式（18-7）中a、b的数值，让照明球面波的波束中心始终处于以光轴为中心、半径为$\sqrt{a^2 + b^2}$的圆周上，将能得到频谱中心在图中虚线框上的一序列像光场的频谱。这时，如果建立新的频谱平面(f_x', f_y')，让每次平移的像光场的频谱零点在新的坐标面上重合，通过特殊的数值处理方法综合不同方向平移后的频谱，将等效于将光学系统的传递函数半径扩大为$R_f + \Delta R_f$。图中用实线大圆环给出可能获得的最大等效传递函数非零区，重建像光场的振幅分辨率必然高于原出射光瞳所定义的瑞利分辨率极限。

分析图18-1还可知，当$\Delta R_f > R_f$时，等效传递函数非零区中央区域存在综合频谱的盲区（图18-1中点画线圆）。当盲区直径小于或等于原传递函数半径时，可以用沿光轴传播的球面波照明物平面获得的像光场频谱填充，当盲区直径大于原传递函数半径时，原则上可在同一倾斜方向增加一次倾斜角略小的照明物光获得的相应频谱填充。然而，这两种处理办法将显著增加检测系统的使用及综合频谱的难度。因此,在应用研究中,当成像系统给定后,应根据提高振幅分辨率的实际需要,合理设计a、b的数值。

下面以离轴像面数字全息系统为研究对象,给出设计实例。

18.3 离轴像面数字全息光学移频系统的设计

图18-2是一离轴像面显微数字全息系统,波长为$\lambda = 633$nm的激光透过空间滤波器SF扩束及准直后形成平面波,通过分束镜BS_1分为物光与参考光。其中,水平方向传播的物光经透镜L聚焦再由可以准确控制旋转角的反射镜M_1反射,成为预定倾斜角的球面波照射到物体上。穿过物体的光波经过物镜MO及半反半透镜BS_2后,在微机PC控制的影像传感器CCD上成像。由半反半透镜BS_1向上反射的光波为参考光,经反射镜M_2及半反半透镜BS_2反射后到达CCD,两列光波干涉形成的离轴数字全息图由CCD记录。

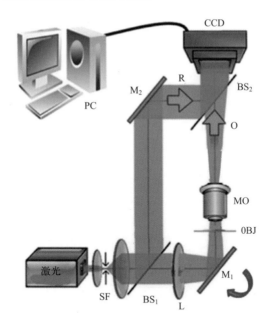

▲ 图18-2 离轴像面显微数字全息系统

令物镜焦距f=9mm,数值孔径NA=0.4,物距$d_0 = 9.45$mm,像距d_i= 189mm。CCD阵列数1000×1000,像素间隔0.0052mm。

基于上述参数,出射光瞳半径$w=d_0 \times \tan(\arcsin(NA))$=4.1243mm。按照瑞利分辨极限[5],能够分辨的两像点的最小间隔为d_r=1.22$\lambda d/w$=0.035mm。设物

平面是36瓣的振幅型西门子星，像平面的最小分辨半径满足$2\pi r_{min}=36d_r$，求解得$r_{min}=0.2027mm$。如果通过移频技术将出射光瞳扩大M倍，最小分辨半径将变为r_{min}/M。

按照上述讨论，则$\Delta R_f + R_f = MR_f$，即$\Delta R_f = (M-1)R_f$。因此有：

$$(M-1)\frac{D}{2\lambda d_i} = \sqrt{\left(\frac{a}{AR\lambda}\right)^2 + \left(\frac{b}{AR\lambda}\right)^2} \qquad (18\text{-}8)$$

于是得到：

$$\frac{\sqrt{a^2+b^2}}{R} = (M-1)\frac{|A|D}{2d_i} \qquad (18\text{-}9)$$

应用研究中，只要将照明球面波的倾斜参数按照上式控制，则能实现将出射光瞳半径扩大M倍的超分辨率成像。

由于平行光照明是球面波面半径趋于无穷大的情况，注意到球面照明光可以展开为：

$$
\begin{aligned}
E(x,y) &= \exp\left\{\frac{jk}{2R}\left[(x+a)^2 + (y+b)^2\right]\right\} \\
&= \exp\left[\frac{jk}{2R}(x^2+y^2+a^2+b^2)\right]\exp\left[jk\left(\frac{a}{R}x + \frac{b}{R}y\right)\right]
\end{aligned}
\qquad (18\text{-}10)
$$

当$R\to\infty$时，式中第一个e指数函数等于1，后一个则是倾斜平面波的表达式，让式中$\frac{a}{R}$、$\frac{b}{R}$的选择满足式（18-9），则能实现倾斜平面波照明时光瞳半径扩大M倍的超分辨率成像。

18.4 理论模拟

现通过理论模拟来证明上述研究。图18-3（a）是36瓣的西门子星在CCD上的理想像振幅，图像宽度为L_i=5.2mm，取样数N=1000。图18-3（b）是利用快速傅里叶变换FFT求得的频谱振幅图像。按照式（18-1），这是带二次相位因子的理想像频谱。为便于观察出射光瞳定义的相干传递函数对频谱的滤波作用，图像显示时做了低频限幅显示处理，即让数值并不高的高频振幅也能在图中显示。此外，用白色圆环表示传递函数窗口。

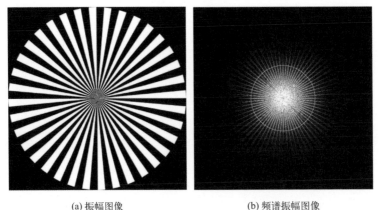

(a) 振幅图像
(宽度5.2mm)

(b) 频谱振幅图像
(宽度1000/5.2mm^{-1})

▲ 图18-3 带二次相位因子的理想像及其频谱的振幅图像

图18-4（a）是经过传递函数窗口的频谱振幅图像，对该频谱快速傅里叶反变换IFFT后，按照式（18-1）获得的衍射受限像振幅图像示于图18-4（b）。与图18-3（a）理想图像比较可见，由于传递函数滤除了原图像的高频角谱，衍射受限像中央区的线条已经不能分辨。图中用白色圆绘出半径r_{min}=0.2027mm的分辨率极限圆环。可以看出，对本研究实例，瑞利分辨极限很好地确定了分辨率板像光场的最小分辨半径。

(a) 透过滤波窗的频谱
(宽度1000/5.2mm^{-1})

(b) 衍射受限重建像
(宽度5.2mm)

▲ 图18-4 透过滤波窗的频谱及衍射受限重建像

现进行等效出射光瞳直径扩大1.5倍的设计研究。图18-5（a）是采用4次对称倾斜照明光照明后，每次移频在频率平面上传递函数圆孔的叠加图像。图18-5（b）用白色图像表示出这4次移频后扩大的传递函数范围，在图像中央的圆环是原光学系统的传递函数范围。不难看出，经过4次移频，传递函数范围扩大后能够传递较多高频频谱。

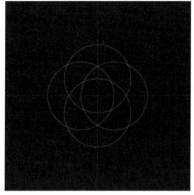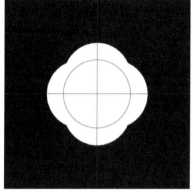

(a) 传递函数圆形区的叠加像   (b) 扩大后的传递函数区

(图像宽度$1000/5.2\,\text{mm}^{-1}$)

▲ **图18-5** 基于4次移频扩大传递函数范围的示意图

(a) 4次移频获得的频谱   (b) 模拟计算的像振幅

(宽度$1000/5.2\,\text{mm}^{-1}$)   (宽度5.2mm)

▲ **图18-6** 综合4次移频获得的频谱及模拟计算的像振幅

图18-6是综合4次移频获得的频谱及模拟计算的像振幅。为便于比较扩瞳后分辨率的变化，图18-6（b）上用绿色圆环示出半径为$r_{\text{min}}/1.5=0.13513\text{mm}$的分辨率极限圆环，白色圆环是扩瞳前$r_{\text{min}}=0.2027\text{mm}$的分辨率极限圆环。很明显，4次移频处理已经显著提高了像光场的振幅分辨率。

以上研究只对4次移频进行了讨论。事实上，数值模拟容易证明，采用轴对称的6次、8次或更多次数的移频，理论上能够获得质量更高的图像，但综合每次移频的频谱数值处理时间将加长，理论模拟的像光场图像无本质区别。因此，应用研究中应根据实际需要确定优化的移频次数。

对式（18-1）的研究表明，倾斜照明光将对像光场引入照明光的相位干扰，即便是单纯的沿光轴传播的平面或球面光波照明，到达像平面的光波场的相位分布通常也会附加上成像系统像方焦点而来的球面波相位。采用移频技术后，尽管像光场的振幅分辨率获得提高，但相位分布更显复杂。图18-7给出沿同一波面半径沿光轴照射及向下倾斜的球面波照明时像光场的相位分布。

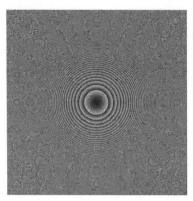 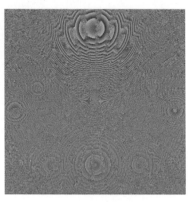

(a) 沿光轴的球面波照明 (b) 向下倾斜的球面波照明

(图像宽度5.2mm)

▲ **图18-7**　沿光轴照射及向下倾斜的球面波照明时像光场的相位分布

上面只是单一倾斜照明光照明时像光场受到的相位干扰讨论。可以想见，综合多方向倾斜照明的像光场频谱重建的像光场相位将更为复杂。对于本研究实例，理想的衍射受限像光场应是等相位分布，如何消除额外的相位干扰是必须研究的课题。

18.5　消除像光场相位干扰的理论研究

在数字全息重建像的研究中，我们引入没有物体时照明光的像全息图，曾经有效消除沿光轴传播的照明光及成像系统引入的相位干扰。以下研究表明，采用同样的办法，同样可以有效消除上述复杂的相位干扰。

设物平面没有放置物体时全息图的重建像是 $U_w(x,y)$，有物体时的重建像为 $U_E(x,y)$，消除相位干扰的像光场可以足够准确地表示为[9]：

$$-\frac{1}{A}U_0\left(\frac{x}{A},\frac{y}{A}\right)\approx -\frac{1}{A}\frac{U_E(x,y)}{U_w(x,y)} \qquad\qquad（18\text{-}11）$$

上式未对照明物光做任何限制，可以是有一定振幅分布及相位分布的照明物光。因此，实验研究中记录检测物体全息图前，先记录下无检测物时照明物光的像全息图。放入物体记录全息图后，从两次记录的全息图中分别获得 $U_w(x,y)$ 及 $U_E(x,y)$，便能利用式（18-11）获得消除相位干扰的像光场。

对于一个稳定的旋转照明物光的系统，式（18-11）可以推广于消除旋转照明物光的相位干扰检测。具体而言，如果有 n 个不同方向的照明，可以在放入检测物体前依次记录下所有倾角照明情况下的空物全息图 $H_i(x,y)(i=1,2,3,\cdots,n)$，重建出这 n 次照明物光的像 $U_{wi}(x,y)$。此后，放入检测物，依次记录下 n 次检测相应的全息图，并重建出对应的像 $U_{Ei}(x,y)$。于是，第 i 次照明，消除照明光干扰像的频谱可以表为 $G_i(f_x,f_y)=-\frac{1}{A}F\{U_{Ei}(x,y)/U_{wi}(x,y)\}$。采用相应的数字处理技术，综合 n 次检测得到的频谱 G_i，便能较好地获得消除照明光相位干扰的超分辨率像。

为验证上述讨论的可行性，图18-8（a）是利用移频技术让像面数字全息系统的出射光瞳扩大1.5倍时，向下倾斜照明后像光场的频谱及滤波窗图像。不难看出，照明光的倾斜让频谱中心下移。

利用穿过滤波窗的频谱重建像的振幅示于图18-8（b）。显然，在中央区的分辨率在横向有所提高，这是图18-8（a）的滤波窗在纵向获取了较多高频分量的

(a) 像光场的频谱及滤波窗　　　　　　　　　(b) 衍射受限重建像

(宽度1000/5.2mm⁻¹)　　　　　　　　　　　(宽度5.2mm)

图18-8　向下倾斜照明后像光场的频谱及通过滤波窗频谱的重建像振幅图像

必然结果。然而，虽然振幅分辨率获得提高，相位分布却是前面图18-7（b）所示的复杂形式。

按照公式（18-11），以图18-8的像光场研究为例，消除相位干扰的离轴数字全息模拟计算步骤如下（见本书附录中的程序LM10.m）：

① 利用像光场复振幅模拟形成离轴数字全息图，让模拟的参考光与像光场干涉后形成的全息图频谱的共轭像及像的频谱中心在频谱平面第1、3两象限中心。

② 对模拟全息图乘上相位因子 $\exp\left[-\dfrac{jk}{2d_{pi}}(x^2+y^2)\right]$ 再做傅里叶变换，图18-10（a）给出频率平面振幅图像。利用频谱面第3象限圆形滤波窗口取出像光场的频谱。

③ 将取出的频谱平移到新的频谱平面中心，周边补0后进行傅里叶逆变换，获得公式（18-11）中的 $U_E(x,y)$。

④ 令式（18-4）中 $U_0\left(\dfrac{x}{A},\dfrac{y}{A}\right)=1$，重复以上步骤，获得无物体时的重建像 $U_w(x,y)$。

⑤ 按照式（18-11），即可得到消除相位干扰的衍射受限像的相位［见图18-9（b）］。

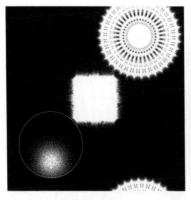 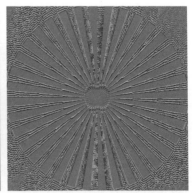

(a) 模拟全息图频谱　　　　　　　　　(b) 消相位干扰的重建像相位

（宽度1000/5.2mm⁻¹）　　　　　　　　（宽度5.2mm）

▲ 图18-9　消相位干扰的相关模拟图像

以上研究是采用单一倾斜照明物光及单一的参考光完成的。从图18-9（a）可以看出，需要的频谱信息占用的是第3象限。可以利用CCD的空分复用特性，同时记录在对称方向倾斜照明及另一参考光干涉形成的全息图。在本章参考文献[1—3]中，便是用利用光栅等特殊光学元件同时产生轴对称但偏振面是相互垂直的两束倾斜照明物光及参考光完成的。通过参考光的设计，按照上面的研究方法，可以让另一侧照明的像光场频谱出现在第2象限。

按照空分复用特性模拟研究的频谱图像放在图18-10（a），图18-10（b）是让全息图减去全息图局域平均值后再进行傅里叶变换得到的频谱图像，这种操作能让零级衍射光频谱的干扰得到较好的抑制，利用两个圆形滤波窗可以获得上下倾斜照明的频谱，提高了检测效率。

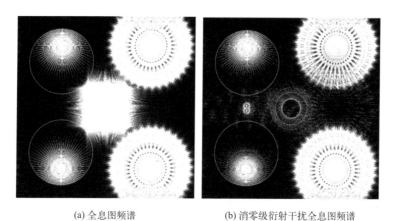

(a) 全息图频谱　　　　　　　　(b) 消零级衍射干扰全息图频谱

(图像宽度1000/5.2mm⁻¹)

▲ 图18-10　空分复用特性模拟的全息图谱及消零级衍射干扰全息图的频谱振幅图像

18.6　问题讨论

下午5时30分，讲座结束。当李老师表示有问题可以提出时，有多个学生举手提问。主持会议的桂老师表示，因时间关系，我们只请李老师回答三个问题，会后同学们可以找李老师或其他老师一起讨论。

第一位学生提出的问题是："李老师，我是宋老师的研究生，我们正基于宋老师获得的国家自然科学基金，利用您在讲座中介绍的成像公式进行彩色显微数字全息的超分辨率检

测技术研究。我有一个问题，在您的理论分析中，采用波面半径满足公式（18-5）的倾斜球面波照明时，可以很好地获得超分辨率的图像。但是，在实验研究中，要准确地将照明光波面半径调整为这个理论值是比较困难的，不知是否得准确地满足这个值才行？"

李老师很快回答道："这是一个很好的问题！事实上，今天的讲座是我和宋老师讨论后由我来给大家讲的。我们预先已经考虑过这个问题，并通过理论分析证明，偏离理想的照明波面半径仍然可以得到很好的结果，宋老师很快会安排你们做实验。建议你能基于今天的讲座自己进行这个问题的理论分析，相信能够得到同样的结果。

"按照上面讲的模拟实例，满足公式（18-5）的照明光是波面半径$R=-9.45$mm的会聚球面波。我将波面半径是$1.5R$及$0.8R$的两组模拟图像放在图18-11和图18-12中。"

(a) 像光场振幅图像　　　　　　　　(b) 像光场相位图像

(图像宽度5.2mm)

▲ 图18-11　照明光波面半径为理想值1.5倍时消相位干扰像的振幅及相位分布

"这两组图像照明光的波面半径分别是-14.175mm及-7.56mm。可以看出，不但重建像振幅分辨率获得同样提高，而且相位分布完全均匀，消除了所有的相位干扰。"

第二位提问的是一名本科学生。

"李老师，我是本科三年级的学生，楼老师已经给我们讲过您和熊秉衡先生主编的《信息光学教程》，我非常希望今后能在昆工攻读硕士学位。现在，我正在看您写的《衍射计算及数字全息》一书。我想提的问题是，在对数字全息图进行傅里叶变换时，为什么要先让全息图乘上一个二次相位因子？"

"好的，这是另一个很好的问题！由于今天讲座时间有限，本来是想认真讲这个问题的。现在，我就将涉及这个问题的页面调出再做解释。"

(a) 像光场振幅图像   (b) 像光场相位图像

(图像宽度5.2mm)

▲ 图18-12 照明光波面半径为理想值0.8倍时消相位干扰像的振幅及相位分布

屏幕上出现了一个数学表达式：

$$H(x,y) = |U(x,y)|^2 + |U_r(x,y)|^2 + U^*(x,y)U_r(x,y) + U(x,y)U_r^*(x,y) \quad (18\text{-}12)$$

"大家都知道，如果到达CCD的像光场是U，参考光为U_r，上面的H就是CCD记录下的数字全息图的理论表达式。如果我们将上式乘上前面讲座中的那个二次相位因子，式中右边最后一项变成：

$$U(x,y)U_r^*(x,y)\exp\left[-\frac{jk}{2d_{pi}}(x^2+y^2)\right] \quad (18\text{-}13)$$

"当照明物体的倾斜球面波的波面半径满足公式（18-5）时，到达CCD的像光场U由前面曾经讲过的式（18-6）表示。

$$U(x,y) = \exp\left[\frac{jk}{2d_{pi}}(x^2+y^2)\right]\exp\left[\frac{jk}{2R}(a^2+b^2)\right]$$
$$\times F^{-1}\left\{G\left(f_x - \frac{a}{AR\lambda}, f_y - \frac{b}{AR\lambda}\right)P(-\lambda d_{pi}f_x, -\lambda d_{pi}f_y)\right\}$$

"这样，式（18-13）就变为

$$U(x,y)U_r^*(x,y)\exp\left[-\frac{jk}{2d_{pi}}(x^2+y^2)\right]$$
$$= \exp\left[\frac{jk}{2R}(a^2+b^2)\right] \quad\quad\quad\quad (18\text{-}14)$$
$$\times F^{-1}\left\{G\left(f_x - \frac{a}{AR\lambda}, f_y - \frac{b}{AR\lambda}\right)P(-\lambda d_{pi}f_x, -\lambda d_{pi}f_y)\right\}$$

"当我们对乘了这个二次相位因子的全息图 H 进行傅里叶变换时，式（18-14）代表的这一项则是平移了一个距离，被传递函数圆形窗口传递的理想像的频谱 G。

"将该频谱利用圆形滤波窗取出后，通过傅里叶逆变换，便能获得衍射受限像。但是，这是倾斜球面波的波面半径满足公式（18-5）时的理想结果。当球面波的波面半径不满足公式（18-5）时，利用没有放入物体的空物全息图，是否仍然可以得到消除相位干扰的像光场的复振幅是需要讨论的问题。我们对这个问题进行过理论分析，理论研究相对复杂，这里不展开讨论。事实上，波面半径不准确满足公式（18-5）的球面波照明仍然是可行的。并且，采用公式（18-11）的消除相位干扰的方法，可以得到同样高质量的超分辨率像光场。

"我将一组照明球面波的波面半径是公式（18-5）所确定半径 R 的 1.5 倍时模拟的频谱图像放在图18-13中。这是从上、下、左、右对称倾斜照明后获得的频

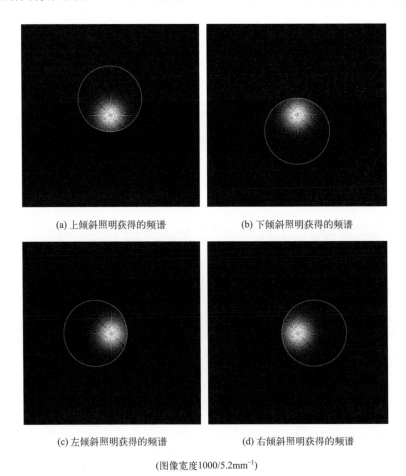

(a) 上倾斜照明获得的频谱　　　　　　　(b) 下倾斜照明获得的频谱

(c) 左倾斜照明获得的频谱　　　　　　　(d) 右倾斜照明获得的频谱

（图像宽度1000/5.2mm⁻¹）

▲ 图18-13　照明光半径为 1.5R 时不同方向倾斜照明消相位干扰后每幅图像的频谱

谱图像。为便于讨论这些被移频的频谱，图中画出了对应的从数字全息图上取出频谱的滤波窗。"

"将上面四图对应的频谱进行傅里叶逆变换，便分别获得四幅重建像。对无物体时的照明物光作类似的处理后，也获得四幅照明光的重建像。分别利用式（18-11）获取无相位干扰的像后，再对所有获得的像进行傅里叶变换，求出对应的频谱并进行频谱信息的综合处理。对处理后的频谱再做傅里叶逆变换，则能得到不但分辨率获得提高，而且没有相位干扰的重建像。"

第三位提问的是一位刚入学的研究生。

"李老师，我是樊老师的研究生，我读过好几篇光学移频提高分辨率的文章，但综合照明光频谱的计算方法许多文献不报道，已有的报道又非常复杂。不知李老师采用的是哪一篇文章的方法？"

"很高兴回答你的提问。数学上描述这一类算法通常都很繁杂。事实上，我是按照对移频技术的理论分析自己总结的方法，原理非常简单。现在，就以图18-13的4幅频谱图为例，将处理方法做介绍。

"首先设计一个取样数与频谱图像相等的全零值二维阵列V，然后让图18-13（a）作为综合频谱的初始图，首先让圆环内区域的阵列V的数据变为1，然后进行图18-13（b）的叠加。叠加运算时，只对V取零值的对应点加上图18-13（b）中圆形取样区的值，并且，让叠加后的数据所在位置的阵列V的数据变为1。此后，按照同样的方法对后两幅图像的频谱进行叠加，便能完成全部四幅频谱图的信息叠加。

"但是，图18-13是按照理想的参数模拟的结果，实验研究中很难准确地让参考光达到理论值，即像光场的频谱不一定准确地在全息图频谱平面的理想位置。这时，用圆形滤波窗取出的频谱的零点通常要重新确定。由于像光场频谱的中心通常就是取出频谱的振幅极大值点，叠加运算时，从初始图像开始，通过图像平移，让该极大值点与频谱平面的零点相重合，就能得到正确的结果。关于这一点，已经做过理论模拟，即从某几幅全息图的频谱中取出像光场频谱时，有意让取样圆环的中心轻微偏移理想值，但通过求频谱的振幅极大值点后，通过频谱图像的平移，便能让所取的频谱的零点回到正确的位置。最终，可以获得理论预计的消除相位干扰的高分辨率像。

"实践是检验真理的标准，今天讲座的内容是否完全正确，还需要严格的实验证明。但是，对于目前所研究的光学移频问题，标量衍射理论是非常准确的理论。基于理论研究在做实验之前模拟出应该得到的结果是很重要的。如果实验研究不能获得预期结果，通常可以找到理论模型或实验研究的问题，重新修改理论或进行新的实验。

"结合我们实验室的条件，我和宋老师已经初步编写好实验研究程序。和大家一样，期待着最后的实验证明。"

参考文献

[1] Lin Y C, Lai X J, Tu H Y, et al. Coded aperture structured illumination digital holographic microscopy for superresolution imaging[C]. 3D Image Acquisition and Display: Technology, Perception and Applications, 2018.

[2] Shaohui Li, Jun Ma, et al. Phase-shifting-free resolution enhancement in digital holographic microscopy under structured illumination[J]. Optics Express, 2018(9), 23572.

[3] Han-Yen Tu, Xin-Ji Lai, Chau-Jern Cheng. Adaptive wave front correction structured illumination holographic tomography[J]. Scientific Repo Rts, 2019(9), 10489.

[4] 郝翔, 杨青, 匡翠方, 等. 光学移频超分辨成像技术进展[J]. 光学学报, 2021, 41(1): 0111001-1.

[5] Joseph W, Goodman. 傅里叶光学导论[M]. 4版. 陈家璧, 秦克诚, 曹其智, 译. 北京: 科学出版社, 2020.

[6] Roarke H, Rainer H, Gabriel P, et al. Standardizing the resolution claims for coherent microscopy[J]. Nature Photonics. 2016, 10(2): 68-71.

[7] 李俊昌. 激光的衍射及热作用计算[M]. 北京: 科学出版社, 2002.

[8] 李俊昌, 熊秉衡. 信息光学教程[M]. 2版. 北京: 科学出版社, 2017.

[9] 李俊昌, 桂进斌, 宋庆和, 等. 像面数字全息像的全场探测及波前重建研究[J]. 光学学报, 2022, 42(13): 1309001.

[10] 李俊昌, 罗润秋, 彭祖杰, 等. 相干光成像系统传递函数的物理意义及实验证明[J]. 光学学报, 2021, 41(12): 1207001.

[11] 李俊昌, 彭祖杰, 桂进斌, 等. 傍轴光学系统的相干光成像计算. 激光与光电子学进展[J], 2021, 58(18): 181.

[12] 李俊昌. 衍射计算及数字全息[M]. 北京: 科学出版社, 2016.

一道光学题后的
科学研究故事

——时空穿越法国三日游

笔者34年前在法国提出的将强激光会聚为方形均匀斑的光学系统的制造是送到德国完成的。然而，由于未知的原因，德国第一次返回的光学系统在像平面并未获得理论预期的方形均匀光斑。是笔者的光学系统设计错误？还是德国光学加工公司没有准确按照设计参数加工？

基于直边衍射条纹分布公式，作者设计了一个简明的测试实验，后来发现是德国的公司没有准确按照设计参数制作。当德国公司知道测量方法后，承认是他们的加工有误，并按照原设计参数重新制作了一个光学系统。

本章通过两位虚拟年轻人时空穿越法国三日之旅，介绍2017年科学出版社出版的《信息光学教程》第2版中编写习题2-7涉及的一个真实的科学研究故事。

19.1 时空穿越旅行方案

暑假将至，尚进和郝思两人早已经商量好，期末考试一结束，便与肖教授联系，看看什么时间能随教授再做一次时空穿越之旅。

没想到，考完试当天午饭后，他们就收到肖教授的微信。由于第二天是星期六，教授期望他们最好次日就到教授家一趟，商量这次时空穿越之旅。

两个年轻人喜出望外，第二天一早便到了肖教授家。在那里，肖教授首先给了他们一个惊喜。原来，这次时空穿越有了更新的设备，不需要乘坐时空飞艇了。

肖教授说："我这段时间工作较忙，就你们俩自己去。你们都是大学生了，用你们的英语在法国旅行没什么问题。你们准备好行装后到我这里来，我带你们去时空穿越舱。"

当两位年轻人提出想先到巴黎，然后再去里昂的愿望后。肖教授微笑着说："我已经安排好了，为让你们玩得开心，我一位老同事的女儿周晓燕在巴黎读研究生，她会带你们在巴黎游览。但你们在法国只能待三天，你们周六到巴黎，她陪你们一个周末，星期日晚上你们乘高铁到里昂。到里昂后，李老师所在学校有一位清华派去的本科留学生会到里昂高铁站接你们。

"那个年代用的是彩色胶片的相机，我已经为你们准备好当年相机模样的数码相机。此外，当年的手机只能通电话，我给你们准备了两个特殊的手机，虽然外观是当年只能打电话的那个形式，却是一个折叠式手机。按下折叠按键将其打开后，就能看到如同现在手机一样的屏幕，有问题及时用微信与我联系。你们回去准备一下行装，到达那里是34年前的秋天，不像北京现在那么热。"

19.2 巴黎之旅

对于两个年轻人，真没什么特别要准备的。第二天一早，他们每人各挎一个双肩包便来到肖教授家。肖教授带他们到单位后，他俩随教授到了时空穿越舱。

当他们按照肖教授的要求穿好穿越服，戴上面罩并在一个特殊的座椅上系好安全带后，肖教授对他们讲："你们会经历有如飞机起飞及降落时身体受压和失重的感觉，但全部行程要闭上眼睛，一定不能取下面罩。时空穿越约需20分钟。当你们到达巴黎时，面罩及所有穿戴设备会自动脱落并且消失，那时就用英语去开始你们的旅行吧。"

随即教授走出穿越舱，关上舱门后按下了启动按键……

时空穿越的时间不长，当穿戴设备自动脱落并消失时，他们睁眼一看，像是在一个隧道中。他们走出一看，不觉欢呼起来："啊！这就是塞纳河吧？"

他们走上大桥询问路人后得知，这里离巴黎圣母院不远。

在一个陌生的国度，什么都是新鲜的。他们站在桥上环视周边美丽壮观的欧式建筑后，决定沿大桥进入城内。

但没走多久，郝思即给尚进发话："老尚，还是和周晓燕联系吧，我们这样瞎逛，时间太不划算。如果要去卢浮宫，还不知怎么走、怎么买门票呢。"

"OK！"尚进立即拨通了电话。

"啊，是尚进吗？我接到家里的电报，知道你们要来。你们现在什么地方？"

尚进抬头一看路牌，立即回答道："我在Piramides大街，这里有一个咖啡馆，名字是LAROTONDE。"

"那太好了！离我的住处不远，你们就在那里等着，我一会儿就到。"

不一会儿，穿着素雅却显得十分精神的女学生周晓燕便走到他们身边。

在周师姐的热心陪同下，他们借助四通八达的巴黎地铁，游览了埃菲尔铁塔、凯旋门等著名景点。第二天是周日，他们还去了一趟卢浮宫……

19.3　光学设计的再学习

周日晚上，郝思和尚进乘坐高铁到达里昂。在车站迎接他俩的赵帆将他们安排好住处后，告诉他们，李老师就住旁边那幢楼，第二天上班时带他们去找李老师。

次日一早，赵帆带着两位年轻人步入学校。

"看吧！这就是 INSA de LYON——里昂应用科技学院。这座造型奇特的建筑是学校演讲大厅，李老师所在实验室就在这座大厅后另一座楼的地下层。"

进入实验室，他们看到两位工作人员正在调试一个庞大的激光器，李老师则在一台计算机前低头工作着。尚进和郝思向李老师自我介绍完后，就说他们想请教李老师1989年发表在法国应用物理评论上那篇文章所介绍的光学系统[1]应如何进行光学设计。

听完他俩的话后，李老师高兴地起身说："我已经接到肖教授给我的电报，知道你们最近会来。今天真巧，这个光学系统做好了，要进行性能测试，我正在检查原先设计的计算程序。光学系统的设计，我还是第一次做，真希望没有什么问题。但这里地方太小，我们来会议室吧。"

原来，那个年代编写论文的软件还很不发达，许多图表都还是手绘的。会议室里，李老师打开论文，找出曾绘的一些图像，给两位年轻人介绍了下述内容[2]：

光传播过程事实上是一个光波的衍过程，严格的光学设计必须利用标量衍射理论。然而，如果我们完全使用光波的衍射理论来进行优化设计，即便使用运算速度很高的计算机也不现实。我是采用几何光学光线空间追迹与衍射理论相结合

编写程序进行优化设计的。

由于你们已经熟悉这个光学系统的原理，对于光学设计，我将它简化为图19-1所示的设计图。

图中，M1″是M1经M2及M3两个45°反射镜所成的虚像，这样，沿光轴由上而下入射的高斯光束可以等价于右边自下而上射向透镜M1″的光束。

将照明光视为平行光线组成，来自M1″中心O1，由4面子反射镜反射的光线传播方向可以代表每一反射面所有反射光线传播的方向。但其传播方向的计算应由图19-2所示空间平面的反射定律描述。

图19-2中，I、N、R分别代表与入射光线、法线及反射光线相平行的单位矢量，按照图中箭头标示的矢量方向，法线N自然满足式（19-1），而反射光线矢量R满足式（19-2）。

但是，当光束被M1″分割和反射后，由于衍射效应，在几何光学规定的光束外的衍射光将在M4上受到相邻反射面的复杂反射，这些复杂反射不但会降低叠加光斑的能量和质量，而且会形成向周边反射激光的风险。怎样合理设计M1及M4，使得每一瓣光束既能在M4上得到正确的反射，又能保证足够好的成像质量，是一个重要的问题。

利用式（19-1）和式（19-2）进行光线的空间追迹，让代表每一瓣光束的光线簇均能落在成像透镜L_t上后，还必须利用衍射理论确认优化设计条件。图19-3

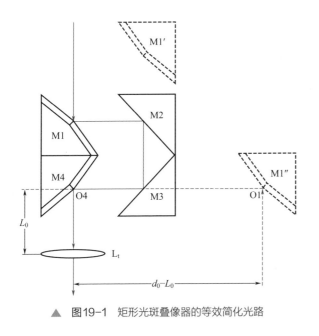

▲ 图19-1 矩形光斑叠像器的等效简化光路

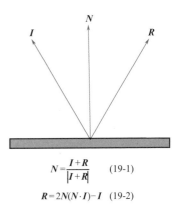

$$N = \frac{I + R}{|I + R|} \qquad (19\text{-}1)$$

$$R = 2N(N \cdot I) - I \qquad (19\text{-}2)$$

▲ 图19-2 空间平面反射定律的矢量表示

是以图19-1中O1→O4为z轴的一个简化研究光路。

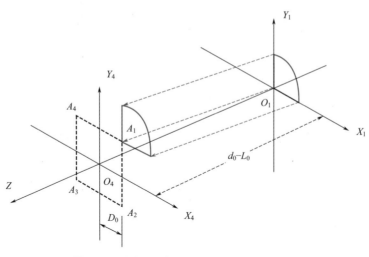

▲ 图19-3 来自M1"第1象限光束传至M4的简化光路

由于M1"上存在四个反射面，来自M1"的顶点有四条反射光线，这四条光线与平面$x_4 y_4$的交点分别为A_1、A_2、A_3、A_4。显然，平面x_4y_4上每一个象限与M4上每一个反射面有对应关系。为获得较好的光斑质量，应合理选择交点到x_4（或y_4）轴的距离D_0，使每个象限能充分容纳所对应的"入射"光能。因此，对射入x_4y_4平面上某一象限光束的能量与射向该象限光束能量之比进行讨论，便可确定光学设计应达到的主要优化条件。

鉴于几何对称性，我们对第1象限的光束进行讨论。

设入射光束为半径w的基模高斯光束，根据衍射的菲涅耳近似，射向x_4y_4第1象限的光束在该平面的光波功率分布为：

$$P(x_4,y_4,D_0) = \frac{2P_0}{\pi w^2} U(x_4,y_4,D_0) \times U^*(x_4,y_4,D_0) \tag{19-3}$$

$$
\begin{aligned}
U(x_4,y_4,D_0) &= \frac{\exp(jkd_0)}{j\lambda d_0} \int_0^\infty dx_1 \int_0^\infty dy_1 \exp\left(-\frac{x_1^2 + y_1^2}{w^2}\right) \\
&\times \exp\left[jk\frac{D_0}{d_0}(x_1 + y_1)\right] \exp\left\{\frac{jk}{2d_0}\left[(x_4 - x_1)^2 + (y_4 - y_1)^2\right]\right\}
\end{aligned}
\tag{19-4}
$$

式中，$j = \sqrt{-1}$；P_0为激光功率；k为光波数$k=2\pi/\lambda$；λ为激光波长。

设M4尺寸足够大，由于每瓣光束的功率为$P_0/4$，射入第1象限内的激光功率与射向该象限的光束功率之比P_r为：

$$P_r(D_0) = \frac{4}{P_0} \left[\int_0^\infty \mathrm{d}x_4 \int_0^\infty \mathrm{d}y_4 \; P(x_4, y_4, D_0) \right] \tag{19-5}$$

为对式（19-5）进行计算，必须确定物距d_0，而d_0的确定与激光设备及光学系统的使用情况相关。在进行该光学系统的设计时，其相关情况如下：

① 法国CILAS CI4000型二氧化碳激光设备，在输出功率1500W左右时可视为半径w=8mm、波长λ=10.6μm的基模高斯光束；

② 光学系统将主要用于钢材料表面相变硬化处理，根据初步估计，方形光斑的功率密度应不低于5000W/cm^2。

根据以上情况，若在进行热处理时使用的激光功率为1500W，方形光斑的边长应为5mm×5mm左右，即子光束的横向放大率应满足$M \approx 0.5$。实际使用中，为便于光学系统的维护，工件表面（近似为光学系统的像平面）至成像透镜的距离或像距d_i应为200mm左右，因此$d_0 = d_i/M \approx 400$mm。

将d_0=400mm代入式（19-5）求得P_r随D_0变化的曲线如图19-4所示。

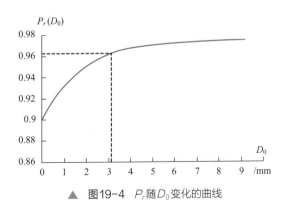

▲ **图19-4** P_r随D_0变化的曲线

由图可见，当D_0=0时，大约有90%的光束能量落在第1象限内，随着D_0的增加，P_r亦增加，但当D_0增加至3mm以上时，P_r的增加已不十分明显。由于取较大的D_0值将会显著增大成像透镜的尺寸，除使光学系统体积增大外还增加了研制成本。因此取D_0=3mm（此时P_r约为96%）为设计值。给定这个条件，便可利用几何光学的空间光线追迹进行M1及M4的设计。

19.4　有趣的插曲

正当李老师要给两位年轻人介绍空间光线追迹公式的计算结果时，调试激光设备的一位工程师——雅娜女士（Madame VIALLE）进入会议室。

她用法语说道："麦歇李（李先生），今天激光器怎么老调不好，出来的光斑图像很像您经常计算的衍射图，请您看看是什么问题。"

说完，一张热敏纸采样图像（图19-5）放到三人桌上。

▲ 图19-5　热敏纸采样图像

"是在工作台上采样的？"李老师问道。

"是的。"

"好的，我看看。"

尚进和郝思看到这幅图像后，不觉暗自思量：的确是一个衍射图啊！

"您有尺子吗？雅娜。"

"有的，我去拿。"

不一会儿，雅娜女士拿来一个直尺。李老师便开始在热敏图像上测量，在纸面上记录了几个数据后，掏出随身带的计算器开始计算。

约十分钟后，李老师说道："雅娜，好像在工作台上方1.2m处有一个障碍物。"

"噢！那不就是反射镜吗？我去看看。"

郝思和尚进也随李老师一起到了工作台前。只见这位女工程师将调整激光谐振腔的梯子移到工作台边，打开原来密封的将激光束反射到工作台的45°反射镜盖。

"哟！怎么螺钉有点松了。"立即紧固后，她让另一位调试人员在工作台上重新放上热敏纸后说道："你们退回去，我要开激光了！"

"我们回会议室吧！CO_2激光看不见，待在这里不安全。"李老师带着郝思和尚进返回了会议室。

不一会儿，雅娜女士笑呵呵地进入会议室说道："麦歇李，好了！您真神了。我们一大早都在那边调激光腔，完全没有想到是工作台上反射镜的问题。迈赫朗（Merlin）教授一会儿下课就来，我们可以测试您设计的那个光学系统了。"

李老师高兴地回答道："我是按照直边衍射条纹公式近似计算的，虽然看上去那个图像并不是直边衍射，但觉得可以试试看，没想到还真解决问题了。运气好！"

郝思和尚进在一旁深思：是的！从几何投影边界算起，李老师导出的衍射距离为d，波长为λ的第n个衍射亮纹到投影边界的直边衍射条纹公式是：

$$D_{max}(n) = \frac{\sqrt{2n+1} + \sqrt{2n+1/2}}{2}\sqrt{\lambda d}$$

只要将上面那个热敏纸采样图19-5右下方的条纹视为第0级条纹，测量出后面几个条纹到0级条纹的距离，便能利用上式估计出衍射距离和光波长的数值。但二氧化碳激光的波长是已知的，测量两三个条纹后取衍射距离 d 计算的平均值就能得到衍射距离。

当他们带着这个想法问李老师时，李老师惊奇地问道："你们看过以前我在法国《应用物理评论》上写的那篇文章[3]？说实话，我还是第一次试着用这个公式解决实际问题。刚才计算出衍射距离时，心里真还没有什么底，得到实验证实还真高兴。"

李老师接着说道："今天的实验非常重要，这个光学系统是否能达到设计的预期结果，就等着这次实验来证明了。但是，安全起见，你们不能到激光工作间，实验开始时最好就待在这里，我很快会回来的。"

不一会儿，法国教授迈赫朗到了，实验测试正式开始。

19.5 光学系统测试时遇到的疑惑

听从李老师的安排，两位年轻人留在会议室讨论李老师刚才讲述的内容。

不一会儿，李老师、迈赫朗教授及雅娜女士一起回到会议室，同时还带来了一组热敏纸采样的图像。

李老师给两位年轻人讲道："今天的测试遇到点问题，我们要进行一些讨论。你们俩可以到附近走走，中午前回来。由于你们今晚要返回巴黎，我已经和实验室说好，下午带你们到这里的金头公园去一趟。"

上班时间，街上人真少。尚进和郝思没有远走，只在离学校不远的街道小小地绕了一圈。中午回来后，才知道光学系统没有达到预期设计的目标，实验测量得到的是一个长方形光斑。由于一时还没有找到原因，李老师表示第二天再到实验室一起讨论。

那天中午，李老师请他们在学校食堂用餐后，先带他俩回到他的宿舍。原来是一位进修老师将回国，准备第二天离开里昂。临行前，想请李老师给他理个发。

李老师出国时就带了一个理发剪，在法进修的老师常常让李老师给他们理发。一是节约时间，二则省了120法郎的费用，这几乎相当于当年国内老师们一个月的工资。那个年代，大家都希望能节约一点开支。

在给这位老师理发时，李老师让郝思和尚进看着他带回来的实验测试图像，并且边理发边给两位年轻人讲了下面的内容。

我们通过实验测量了在光学系统的像平面及像平面前后每间隔20mm的叠加光斑图像，见表19-1（注：由于当年的这一组实验测量没有保存，是得到实验证实的计算软件模拟图像）。

表19-1　光学系统像平面前后不同离焦距离的热敏纸采样图像

| −180mm | −160mm | −140mm |

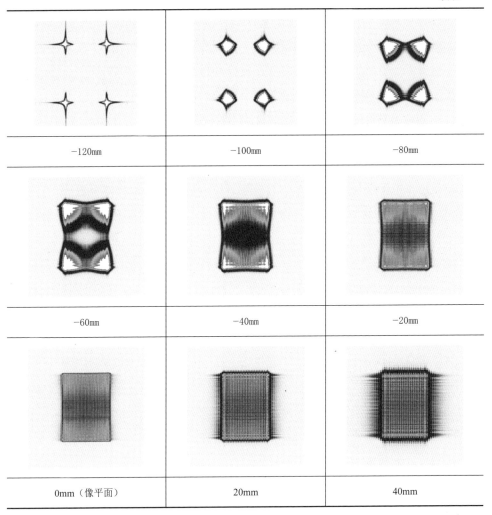

−120mm	−100mm	−80mm
−60mm	−40mm	−20mm
0mm（像平面）	20mm	40mm

那是在激光输出功率350W、采样时间7ms条件下记录的图像。为便于这些图像建立较清晰的物理概念，你们可以参照我放在另一张纸上的单瓣1/4高斯光束成像时按照几何光学画的光路（图19-6）。

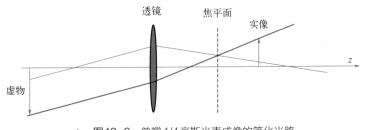

▲ 图19-6 单瓣1/4高斯光束成像的简化光路

图中透镜焦距152mm，按照理论设计的参数，物体到透镜的距离为337mm，像平面在透镜后277mm处。虚物箭头指的红色光线代表该1/4光束的切割边界，箭头下方的蓝线是光束内部的一条光线。按照几何光学，两光线将在透镜后的焦平面上会聚于一点，此后两光线离开该点继续传播。这样，在焦平面前后的光束的强弱分布将在焦点前后的空间产生一个翻转，在像平面成实像。

实际的像由4个对称分布的1/4光束像的叠加。你们在表19-1中看到标注0mm的那个图像是像光场，标注为-20mm的图像是透镜左边的离焦像，+20mm则是像平面右方20mm的图像。由于实际激光热处理时，不可能将工件准确地放在理想的像平面上，测量像平面前后的叠加光斑的强度分布是很必要的。从这两幅离焦像的分布已经看出，在像平面附近已经形成边界比较整齐的长方形光斑，像平面光斑有最整齐的边界。

透镜焦平面事实上在像平面左边125mm处，在表19-1中-120mm及-140mm的两图位置中间。透镜后不同位置的采样图像很清楚地描述了4个1/4光束的成像及相互叠加的过程。在焦平面左边的图像没有叠加，每瓣光束是单一的1/4光束的衍射图。但穿过焦平面后，随着光束截面的增宽而逐渐重叠，重叠区域还产生干涉条纹。我估计干涉条纹的计算可以用焦点处发出的球面波相位来计算。

但是，没能在像平面获得预先设计的方形光斑，我将认真考虑是什么问题。由于实验室搞的是各种不同形式材料的激光切割、焊接及激光热处理研究，如何鉴定厂家制作的这个光学系统，实验室这些"老、大、粗"的设备面对这个光学系统还真显得无能为力。

19.6　里昂半日游及时空穿越返回北京

李老师给这位老师理完发后，下午带着郝思和尚进去了里昂的金头公园。

金头公园是里昂的一个极好的休闲去处，园内有一个林木环绕的巨大湖泊，环绕湖泊的是适宜跑步运动的优良跑道，湖面上时起时落的水鸟及形态优雅的黑白天鹅让人心旷神怡。由于园内还有多幢美丽的欧式建筑、雕塑及一个动物园，每到周末，那里成为许多家庭带着小孩来的休闲胜地。

那天，李老师为郝思和尚进拍摄了许多值得纪念的照片，还回答了两位年轻人感兴趣的当年国外留学人员如何学习及生活的问题。

当他们漫步到公园中美丽的人头马雕塑下时，李老师突然高兴地说道："我想我已经找到测量光学系统反射面角度的方法了。

"由于理论上知道衍射的第0级衍射极大值与衍射距离及光波长的关系，只要让衍射距离足够长，可以通过0级衍射斑的位置准确测量每一反射镜的法线方向……"

傍晚，尚进和郝思带着满满的收获，由李老师将他们送到里昂开往巴黎的高铁车站。临行前，李老师嘱咐两年轻人道："你们回国后请转达我对肖教授的问候，并告诉他，叠像式光学系统的设计已经基本得到实验证实，但目前的装置是否按照设计参数制作，已经有了测试方案，我回国后会详细告诉他最后结果。"

事实上，肖教授对他们两人在国外的行动路线了若指掌。在他们乘坐高铁返回巴黎的途中，便收到肖教授的微信。教授要他们返回巴黎后，仍然到塞纳河那个桥洞，等周边无人时发微信。收到返回指令时，首先闭上双眼，经历与来时相似的逆过程，等接到可以睁眼的手机振动指令后，便返回到北京的时空穿越舱。

……

返回很顺利，当他们接到指令睁大双眼的时候，肖教授已经在舱外微笑着等候了。

当两人将他们的旅行过程向肖教授汇报完后，肖教授说："李老师这次在国外的研究非常成功。为能较好地开展与国外的教学及科研合作，他代表昆明理工大学与法方签署了联合培养博士生的协议，于1990年回国了。他回国路过北京时，我在我的老朋友刘大海家见到他。那时，从昆明飞往法国的航班都从北京中转，李老师的每次赴法合作都得到他的老同学刘大海的热心帮助。

"李老师为能鉴定光学系统是否已经按照他的设计参数制作，你们离开后第二天，便基于他导出的直边衍射条纹公式提出并在实验室进行了测试实验。结果表明，是德方没有按照设计参数制作，那两组反射镜的法线角度有0.02°的误差。当德国公司知道测量方法后，承认是他们的问题。为此，重新按照原设计参数制作了一个光学系统。原来那个系统就作为补偿，送给李老师所在的法国实验室。

"我曾经问过李老师，做那个光学系统要多少钱？他说不清楚，只听法国合作者说约需要四辆小轿车的费用，什么牌子的轿车他也不知道。但是，他提出的这一测试方法为法国实验室直接产生了经济效益。

"正如你们已经知道的，由于激光热处理时的热扩散作用，事实上这个会聚成马鞍形强度分布的长方形光斑的光学系统更适用于激光扫描热处理，此后，李老师参与指导的法国博士生为法国汽车公司做的汽车曲轴的激光热处理研究工作，便是基于这个光学系统完成的[4, 5]。"

接着，肖教授又说："李老师那天给我讲了这个故事后，非常感慨。他说，如果今后有条件写一本书，他很想将这个将理论知识用于实际的研究体会写进去。这个愿望后来真实现了，在2017年他和熊秉衡先生主编的《信息光学教程》第2版中[6]，他将测量方法作为一个习题列入了。"

"肖伯伯，我们已经买了这本教材！只是还没有注意到这个习题。"两人几乎是同时告诉肖教授。

"你们回去认真看看这个习题。事实上，估计法方出于保密的原因，这个光学系统的详细设计是10年后才在法国《光学》杂志发表的[7]。"

19.7　光学习题及其解答

两位年轻人不负肖教授的期望，他们在假期里通过网络找到李老师1998年发表于法国光学杂志的法文版论文，借助翻译软件初步译出论文内容。在彭师姐的帮助下解决了他们还不清楚的问题。

《信息光学教程》第2版的习题2-7就是李老师在他们离开里昂后考察德国这家公司是否按照原设计参数进行制作的实验。

习题内容为：图19-7是对一组合反射镜倾角检测的示意图。一束经准直的波

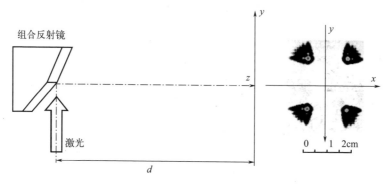

▲ 图19-7　组合反射镜反射面倾角测量示意图

长为10.6μm的CO_2激光自下而上射向组合反射镜中心，反射镜由四个平面镜构成，反射光被分割为四束光沿水平方向（图中z轴方向）传播。在距反射镜中心距离d处平面xy上放置热敏纸采样，采样图像示于图中右侧。实验得到四个衍射斑极大值的水平距离为35mm，垂直距离为42mm，距离d=1358mm，求组合反射镜各镜面的法线方向。教材提供的习题参考答案是：

以第2象限光斑对应的反射镜为例给出解题示意图19-8。图中，xy是接收反射光斑的平面，x_0y_0平面平行于xy，其原点O是4面反射镜的交点。设过O点的镜面法线为$\boldsymbol{N}$，沿y_0轴传播的几何光线由O点反射后到达xy平面上的$P(T_x, T_y)$点。

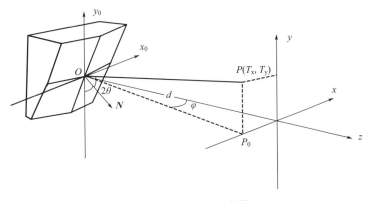

▲ 图19-8　解题示意图

根据解题示意图所示，应求出法线与y_0轴夹角θ及法线在xz平面上的投影与z轴的夹角φ。按照几何关系有：

$$\theta = 45° + \frac{1}{2}\arctan\left(\frac{T_y}{\sqrt{T_x^2 + d^2}}\right)$$

$$\varphi = \arctan\left(\frac{T_x}{d}\right)$$

由于衍射效应，实验检测到的衍射斑最大值处并不是几何光线的交点，衍射斑最大值到y轴的距离为T_x+dx，到x轴的距离为T_y+dy。根据直边衍射条纹分布公式：

$$D_{\max}(n) = \frac{\sqrt{2n+1} + \sqrt{2n+1/2}}{2}\sqrt{\lambda d}$$

n=0的第0级衍射极大值点到横轴及纵轴的距离则为：

$$dx = dy = D_{max}(0) = \frac{1+\sqrt{1/2}}{2}\sqrt{\lambda d} = 3.24\,\text{mm}$$

于是有：

$$T_x = 35/2 - 3.24 = 14.26\,\text{mm} \ , \quad T_y = 42/2 - 3.24 = 17.76\,\text{mm}$$

$$\theta = 45° + \frac{1}{2}\arctan\left(\frac{17.76}{\sqrt{17.76^2 + 1358^2}}\right) = 45.3746°$$

$$\varphi = \arctan\left(\frac{14.26}{1358}\right) = 0.6016°$$

这个题目的解答就是德国那家公司没有按照原设计制作的一面组合反射镜的测试结果。按照原设计，衍射斑应是完全对称分布的四个光斑，光学系统设计的详细内容见本章参考文献[7]。

参考文献

[1] Li Junchang, J. Merlin, et, al. Etude theorique d'un dispositif permettant de condenser un faisceau laser gaussien en une tache carrée de dimension variable avec une répartition d'énergie homogène[J]. Revue de Physique Appliquée, 1989, (25): 1111-1118.

[2] 李俊昌. 激光的衍射及热作用计算[M]. 北京：科学出版社, 2002.

[3] J.C.Li, J. Merlin et, J. Perez. Etude comparative de différents dispositifs permettant de transformer un faisceau laser de puissance avec une répartition énergique gaussienne en une répartition uniforme[J]. Revue de Physique Appliquée, 1986, (21): 425-433.

[4] Renard C..These No. d'ordre 92 ISAL 0074[D]. Lyon: INSA de LYON, 1992.

[5] Li Junchang, C. Renard et, J. Merlin. Calcul des effets thermiques induits par un dispositif optique permettant de condenser un faisceau laser de puissance en une tache rectangulaire [J]. Journal de Physique III, France, 1993, 3: 1497-1508.

[6] 李俊昌, 熊秉衡. 信息光学教程[M]. 2版. 北京：科学出版社, 2017.

[7] JunChang Li, J.Merlin. La conception optique d'un dispositif permettant de transformer un faisceau laser de puissance en une tache carrée [J]. J. Optics, 1998, (29): 376-382.

一项国际领先的
全息照相科研成果

——大景深全息图赏析

在物理光学的学习和研究过程中，认真领会前人总结的基本理论，理论的创新通常会让应用研究获得巨大进步。在1986年国际全息应用会议上，中国科学院院士王大珩、王之江，吉尔吉斯斯坦共和国国家科学院外籍院士徐大雄等做了"Holography in China"（中国的全息技术）特邀专题报告。报告中，昆明理工大学熊秉衡教授（当年在长沙铁道学院工作）的研究团队成功地用普通氦氖激光器拍摄了尺寸$4.5m^2$、景深$8.2m$的菲涅尔全息图，远远超越了当年美国贝尔实验室曾拍摄的$1.2m$景深的记录，是该邀请报告的重要内容之一。

本章通过两位虚拟的年轻人暑假的昆明理工大学激光所之旅，对这项技术的基本理论、拍摄实例以及昆工在信息光学研究领域的主要工作进行简要介绍。

20.1 科学研究中基础理论重要性的体会

暑假开始，彭颖已经顺利通过她的硕士研究生学位答辩。几年来，她期望能到法国攻读昆明理工大学与法国缅茵大学（ENSI du Mance）联合培养博士生的愿望有可能要实现了。在指导老师宋庆和教授的建议下，她已经将学位论文的英文摘要及她发表在国内外的三篇数字全息研究的论文准备好。待宋老师写好推荐信后便一同寄给法国著名数字全息专家 P. Pascal 教授。因此，她不忙于找工作，暂时待在学校。

昆明理工大学与法国多所大学联合培养博士生的工作是李老师所在的昆明理工大学以及我国驻法国使馆教育处鼎力支持下开展起来的。这项工作从1992年开始已经延续至今，李老师与法国缅茵大学 P. Pascal 教授联合培养的关门弟子夏海廷博士2018年通过答辩。几年来，由于夏海廷老师在数字全息精密检测的重要环节——相位解包裹研究领域取得瞩目成果，不但在昆工晋升为教授，而且开始指导博士生。

李老师虽然已经退休，但长期被学校聘为研究生院督导。彭颖与李老师有多次接触。为什么李老师后来会将他的研究方向转到数字全息，并能与法方联合培养博士生呢？一直是她存在心中的疑问。

李老师的住处离学校不远，她很想到李老师家走一趟，一是想具体了解在法国应如何学习，二则想通过交谈解除心中之惑。于是，她给李老师发了微信。

"非常欢迎！"很快，她收到李老师的回信。

在李老师的热情接待下，通过交谈，基本解除了她曾有的疑惑。让她感受最深的是李老师认为科学研究中应根据实际问题与时俱进地认真学习好基础理论，利用严谨的数学表述实际问题的重要性。

李老师说过的几段话让她难以忘怀：

"我的科研工作是从学习《傅里叶光学导论》第1版中文译本开始的[1]，感谢当年云南大学物理系老师们曾经给予的出色教育，虽然那时国内还没有任何与激光相关的课程，但当年打下的数学物理基础让我能读懂这部光学名著，并能利用书中的理论解决所遇到的问题。

"在近代光学的应用研究中，光的衍射理论是最基本的理论。为能让该理论较好地应用于实际，首先应尽可能地找到实际问题的解析解，其次才考虑采用计算机编程序进行计算。MATLAB 等软件是当今较好的科学计算软件，但作为一名科技工作者，应学会用较底层的源代码，例如C++编写程序。MATLAB可以视为用底层源代码开发应用程序的一个编程框图。

"由于我基于对基础理论的认真学习及应用，赴法科技合作中取得较好的研究成果，在20世纪末，便受邀作为答辩委员参加法国不同院校的博士生答辩。

"1994年，法国巴黎高等工业大学（ENSAM de PARIS）校长到昆明理工大学访问，商定从1995年开始每年向昆工激光所派毕业设计的留学生，这无疑是一个拓展国际合作的好机会。然而，尽管学校给予了极大支持，学校的激光设备相对落后，远远不能满足国际合作的需要。我不得不根据国内承担的强激光工业应用的理论研究项目拟定课题，让每年到昆工的留学生在国外先做好实验，然后到昆工来指导他们进行理论分析及数值计算，最后完成他们的毕业论文。

"为维持这个难得的国际合作，我作为曾经以光谱分析为专业的大学毕业生，必须基于大学积累的数学物理知识，补充学习金属学及金属材料的相变理论，跟踪国内外在该研究领域的研究动向，学习不断更新的计算机编程语言。虽然连续10年的留学生接待很辛苦，但他们的毕业论文均得到法方称赞，一些研究成果还形成论文发表[2, 3]，这让我深深地体会到科学研究中掌握好基础理论并且用严谨的数学来解决实际问题的重要性。

"我对数字全息的学习和研究是从昆工与云南工业大学合并后开始的。两校合并后，我和熊秉衡教授成为同事。熊秉衡教授是我尊敬的学长，他也是云南大学物理系毕业生。我们对实际问题研究的方法及过程基本是一样的，那就是首先利用已经学习的物理知识分析实际问题，用严谨的数学进行详尽的理论分析，总结出具有规律性的理论结果，然后通过实验进行证明。

"我们两校合并后，我是激光所所长，熊秉衡教授为名誉所长。为能较好地发挥两校合并后的优势，我们开展了学术交流。熊教授非常好地继承了他的父亲、我国著名数学家及教育家熊庆来先生的优秀品质，他毫无保留地讲述了他所理解的全息及全息干涉计量的最基本理论，这让我学习的视野豁然开朗，逐渐发现衍射数值计算能在数字全息中发挥重要作用。于是，在向熊教授学习的同时，我积极研究数字全息。最终，我应邀参加熊秉衡教授《全息干涉计量——原理和方法》（图20-1）一书[4]的编著。应该说，参加编写完这本书后，我才对全息理论及其应用有了较好的了解，是熊秉衡教授带领我进入全息及数字全息这个科学研究殿堂的。

"我国光学泰斗王大珩先生为该书撰写了序言，其中特别提到熊教授团队在20世纪80年代初取得的一项国际领先的成果——大景深全息图的拍摄。就我当年学习激光原理的认知，激光器发出的光波的相干长度不会超越激光谐振腔的长度。但熊秉衡教授却基于对激光谐振腔产生激光理论的深刻理解，提出激光光束的相干理论[4]，利用激光相干的准周期性，采用相干长度仅25cm腔长的氦氖激光器拍摄了景深达8.2m的菲涅尔全息图，远远超越了当年美国贝尔实验室曾拍摄的1.2m景深的记录。

"由于这项成果在国内外引起良好反响，熊秉衡教授于1986年受聘为法国国家科学研究中心（CNRS）的访问研究员，在巴黎中央理工大学（Ecole Centrale de Paris）的物理化学实验室工作。熊秉衡教授在法国的工作内容是和法方合作研究一项将全息透镜用于拉曼光谱分析仪的课题，并指导两名博士研究生和两名大学毕业班学生的毕业论文。

"在工作期间，熊教授坚实的数学物理功底发挥了重要作用，基于他为实验室提出的一个科研项目建议，实验室申请到法国国家科研中

▲ 图20-1 《全息干涉计量——原理和方法》封面

心（CNRS）的项目经费。此后，实验室组织了以熊秉衡教授为主的项目团队，实验室主任亲自挂帅，参加者有3位教授、两名研究生和两名外校来此实习的大学四年级毕业班的大学生，熊教授担任了理论和实验的指导。他在法指导的博士及毕业设计学生均以优异成绩完成学业。两名研究生的博士论文均以英文写作和英语答辩（因熊教授不懂法文），并以'优秀'的评审小组评语获得博士学位；两名大学毕业班学生的论文在全班30名学生中获得第一和第二的优秀成绩。

"我决定将研究方向转到数字全息，是因两校合并后，在全息及数字全息研究领域，昆工激光所已经具备与国外相当水平的实验条件，可以在对等的条件下开展国际合作。为此，2006年，借法国国家科研中心（CNRS）邀请我赴法半年，作为客座教授在里昂应用科技学院（INSA de Lyon）设计激光照射下物体的红外热像光学导引系统的机会，我访问了法国知名数字全息专家P. Pascal教授。

"访问P. Pascal教授之前，我们完全不相识。但是，我认真进行了准备，那就是将他2003年发表在美国应用光学杂志上的一篇数字全息检测论文读懂后[5]，用我熟悉的Windows系统下的编程语言Delphi，基于直观的动画显示及物理概念的数学描述，从建立激光照明下物体表面带有随机相位的散射物光理论模型描述开始，按照论文提供的实验参数，理论上模拟了这篇论文数字全息实验记录的全过程，讨论了这篇文章测量结果的可行性[4]。最后，基于像面数字全息及角谱衍射理论，对他在论文中的实验系统提出改进意见。图20-2为双曝光全息图实验光路。

"图20-3为通过数值模拟得到的测量试件转动时双曝光测量的理论模拟与论文中实验测量的比较。"

李老师给P. Pascal教授的建议是："如果在物体（OBJECT）和CCD之间放置一个成像透镜，让物体在CCD接收平面成像，则能有效收集来自物体的角谱，充分利用CCD的面阵尺寸接收到物体的更多高频信息[6]，实现更准确的检测。

"在讲座报告厅，听众只是P. Pascal教授及他的一位博士研究生。报告结束后，P. Pascal教授的第一句话是：'李老师，下学期邀请您到我校做客座教授……'从此，我开始了与P. Pascal教授在数字全息研究领域联合培养博士生的合作。"

彭颖还清楚地记得，讲完这段话后，她看到了李老师2007年在法国为缅茵大学光学专业毕业班学生上课的照片。

原来，李老师将研究方向转到数字全息有这么一段历史。

李老师还说："对此，我深深感到认真学习好前人总结的基础理论的重要性。虽然我对全息及数字全息的理解是从学习顾德门教授的光学名著《傅里叶光学导

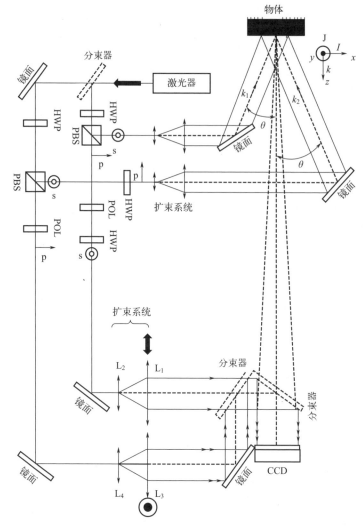

▲ 图20-2 两次曝光数字全息测量系统光路

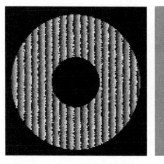

(a) 模为2π的相位变化理论模拟　　(b) 实测图像

▲ 图20-3 数值模拟结果比较

论》开始的，但较全面的理解是得益于参加熊秉衡老师编撰《全息干涉计量——原理和方法》这部书。

"这部专著就在我们激光所实验室，由于目前我们的研究工作侧重于数字全息，大家较少去读这个大部头的专著。我觉得，许多研究生的一个错误的概念是这本书讲的主要是传统的全息拍摄及传统全息干涉计量，现在都去读数字全息方面的文献了。事实上，这部书是熊秉衡教授毕生从事激光应用研究的成果结晶，书中不但简明地介绍了激光器的工作原理，而且对全息理论及实验技术进行了全面而详尽的描述。数字全息是基于传统全息的基本理论及现代计算机技术形成的，我在书中写了衍射数值计算及数字全息的三章，掌握好传统全息的基本理论才能更好地做好数字全息。

"与法国 P. Pascal 教授合作开始后，我们2009年在美国光学快报合作发表的论文便是我将《全息干涉计量—原理和方法》中用球面波照明传统全息干板重建像的理论移植到数字全息而完成的[7]。2008年这部专著发表后，得到国内许多著名学者的高度评价。例如，南开大学教授母国光院士评价说：'我为中国光学界有这么一部杰作而高兴，它代表了近30年来中国学者的成绩。'大恒公司副总裁兼总工程师，国家级专家宋菲君老师的评价是：'内容非常丰富，堪称该领域的代表著作，一方面学术水平很高，另一方面又是作者多年科学研究和教学的总结。'《光学手册》主编、深圳大学李景镇教授的评价是：'书中吸取了国内外这一领域的学术成就，包含了作者的科研成果和长期实验经验的总结，是一本高水平的学术专著，有很高的学术价值和应用价值。'国家自然科学基金委员会光学学科评审委员、北京理工大学于美文教授的评价是：'熊教授数理基础雄厚，对每一创新思想都有严格的理论论证。这些工作不仅完善了实时全息的理论，也纠正了以往书中的若干错误之处。'中国光学光电子行业协会激光全息分会副理事长王天及先生曾对我说：'熊老师所赐大作，在下经初步泛读，印象犹深，可谓其系统全面、精辟深入、理论严谨、实践丰富、成果创新、前瞻展望。此乃是迄今为止世界全息领域难得优秀著作。'对于书中谈到的大景深全息图，在1984年首届全国全息展览会上，北京邮电大学徐大雄院士在总结报告中说：'……比起去年法国到北京的展览，我们的展览无论内容之广，水平之高都超过了他们。法国的展览有一幅火车的全息图，我们的展览也有一幅，而我们的比他们的大得多得多，景深竟达8米多。不过，理论上怎样解释，还是一个问题……'"

"后来，我认真读了熊秉衡教授在该书中总结的理论。我觉得，书中大景深全息图的理论研究方法及实验技术，可以作为将基础理论创造性地用于实际的一个典范。"

20.2 彭颖致两位师弟的赴昆邀请

从李老师家返回后，彭颖觉得有些惭愧。因为《全息干涉计量——原理和方法》这本专著虽然在实验室书架上放着，她却真没有认真去看过。虽然本科学习时他们参观过大景深全息重建像，但教材中没有该全息图的拍摄理论。进入研究生学习后，因做的是数字全息，只认真看过李老师后来所著《衍射计算及数字全息》[8]。在实验研究中，为能够拍摄到较好的全息图，研究生们始终是将物光和参考光的光程尽可能调成等光程。究竟当年熊先生是基于怎样的理论拍摄出大景深全息图的，得认真去看看。

经过一整天认真阅读，她看懂了。正准备与家中商定返回成都的日期时，忽然接到母亲的电话，说准备最近和父亲一起到昆明来避暑，让她在昆明等着。高兴之余，觉得这几天无大事可做，不妨邀请尚进和郝思先到昆明来，带他们参观一下实验室，再陪父母一起到昆明周边风景区游览。

为能较好地向这两个师弟介绍昆工实验室，她将学习大景深全息图的心得整理成文。认真阅读后，发在他们三人的微信群中。

两师弟好！

你们已经考试结束，暑假开始了。因父母要来昆明避暑，我目前暂时还不回成都。如果你们无特别安排，建议近日到昆明来。如果你们能来，我很想邀请你们参观一下我们的实验室。我们全息陈列室的真彩色全息展品的水平在国内仅次于北京邮电大学，全息人像的拍摄在国内可是领先水平的。这里，还有我们激光所的老前辈熊秉衡先生拍摄的景深有8米的全息图，其拍摄理论是教科书上没有的。我将这几天学习大景深全息图拍摄理论的心得整理成文放在后面PDF文件中，相信你们看后会大有收获。若你们能来，先给个回信。

刚从法国时空穿越回京的尚进已经返回成都，看到彭师姐这个微信自然高兴。在他还没拿定主意的时候，没想到老爸告诉他已经接到彭颖家邀请他家一同到昆明旅游的邀请。"那没有什么可犹豫的了！"他立即给郝思通了电话。二人一拍即合："去昆明！"

早就听说昆工在全息及数字全息研究领域很有特色，趁两家商定赴昆日期之机，他和郝思均认真阅读了彭师姐给他们的这个增加知识的微信附件。

20.3 大景深全息图的拍摄理论

全息照相的景深和被摄物体的尺寸大小通常被限制在激光器的相干长度之内，也可以采用"光程补偿"的技术扩展景深，但这种方法一般只能将景深扩展到激光器相干长度的 $1 \sim 2$ 倍。20世纪60年代，贝尔实验室曾有用普通氦氖激光器拍摄了1.2m景深的记录[9]。然而，未能将这项技术用于全息干涉计量，这对拍摄许多工程结构还是很不够的。譬如，20世纪80年代，天津某高校激光研究所的袁维本教授曾拍摄涡轮机的全息照片，用以检测其在温度变化下的变形状态。但因涡轮机的体积过大，氦氖激光器的相干长度过小，再现像的边缘总是蒙上一片暗区而未能成功。

当以能见度允许的条件来定义相干长度 l_0，以复自相干度的模 $|\gamma(\tau)|$ 等于 $1/\sqrt{2}$ 时对应的光程差 l_0 来定义相干长度时，我们有：$|\gamma(l_0)| \equiv 1/\sqrt{2} \approx 0.707$。对于实验室常用的氦氖激光器而言，这个相干长度约为几十厘米的量级（输出功率约三四十毫瓦的氦氖激光器，其相干长度约为二三十厘米）。因此，通常拍摄大景深、大面积的全息图都不使用氦氖激光器，而采用经过选模的大功率氩离子激光器或大能量的红宝石激光器，它们的相干长度能达到米乃至10米量级。国外科技工作者曾用10J输出的红宝石激光器在现场条件下拍摄了6m³的工程结构。然而，要用这样的激光器来拍摄大景深、大面积的全息图付出的代价是极昂贵的。

现介绍如何采用普通实验室最常用的氦氖激光器来拍摄大景深、大面积全息图的方法。

当被摄物体很大，而激光器相干长度很小时，可以将物光做远距离的扩束，使得照明在物体上的物光波面具有较大的曲率半径，以满足相干性的要求，这是最简单的方法。

为了使照明物体的物光在通过物体散射到全息记录干版上具有近乎相等的光程，可使用等光程椭圆方法布置光路。作等光程椭圆的方法如下：

若激光束透过参物光分束镜后直接照明物体，参考光经过参物光分束镜反射后，再经过一个反射镜的反射便到达干版，则以参物光分束镜中心 L 及干版中心 H 为两焦点作一个椭圆，并使椭圆经过参考光反射镜中心，然后将物体表面放在这个椭圆的周界附近，椭圆周界线内外允许有一定范围的宽度，这就是激光器相干长度允许的宽度。只要物体被拍摄表面摆放的位置处于激光器相干长度的范围内，都能很好地满足相干性的要求。如图20-4和图20-5所示。

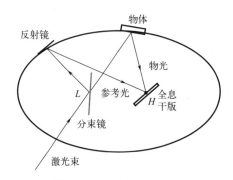

▲ 图20-4 参物光等光程椭圆示意

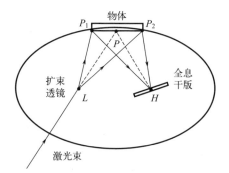

▲ 图20-5 物光的等光程椭圆示意

下面采用有限长波列的理想模型，对多纵模激光时间相干性的准周期性以及其能见度随着程差增长而降低的性质做一粗略的讨论和估计。

图20-6是有限长波列的理想模型示意图。当两波列不相重叠时，我们看不到它们的干涉图像，当波列部分重叠时，具有不太清晰的干涉条纹。但当两波列完全重叠时，则能看到最清晰的干涉条纹。

这个干涉模型的实验证明可以用迈克耳逊干涉光路实现。

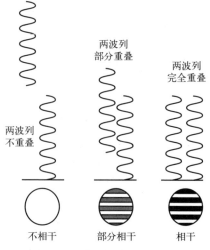

▲ 图20-6 有限长波列的干涉示意图

在图20-7的迈克耳逊光路中，设激光器内受激原子辐射光波的持续时间为 τ_0，光传播速度为 c，波列长度则为 $l_0 = c\tau_0$。考虑激光器内同一个受激原子的某一次辐射的光波，其复振幅为 u，在透射出激光器前腔镜以后，其复振幅表示为 u_1，经过分束镜分为两个振幅相等的波列 $u_1^{(1)}$ 和 $u_1^{(2)}$，波列 $u_1^{(1)}$ 经分束镜反射，到达固定反射镜M1，再反射回分束镜，再透射过分束镜向前传播；波列 $u_1^{(2)}$ 透射过分束镜，到达动镜M2，经M2反射回分束镜，再经分束镜反射后与波列 $u_1^{(1)}$ 相遇，一同向前传播，若相遇时两束波列有一微小的夹角，在观察屏上将呈现两等幅平面波的干涉图样。

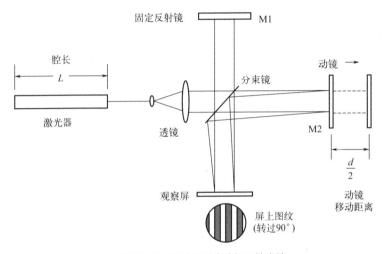

▲ 图20-7 迈克耳逊光路相干性实验

若各种光能损失都可忽略不计，则条纹的能见度只决定于两束波列的光程差。设波列 $u_1^{(1)}$ 的光程短，波列 $u_1^{(2)}$ 的光程长，两者光程差为 d，时间差为 $\tau = d/c$。则在观察屏上的两波列的复振幅可分别写为： $u_1^{(1)}(t+\tau)$ 和 $u_1^{(2)}(t)$。应该注意的是：透射出激光器前腔镜的这个第一束波列 u_1 只是该原子在该时刻发射的那一列波列 u 的非常小的一部分。若波列 u 的总能量为 W，前腔镜的反射率为 r，后腔镜的反射率为1，不考虑其他损失，则透过前腔镜出射的第一束波列 u_1 所携带的能量为 $(1-r)W$。通常 r 很接近1，如氦氖激光器的前腔镜的 r 约为0.98，所以，第一束波列 u_1 所携带的能量只是该原子在该时刻辐射出的波列 u 总能量 W 的2%，绝大部分能量被前腔镜反射回激光器内。

现在，让我们考察反射回去的波列。

经前腔镜第一次反射的波列所携带的能量为 rW，经后腔镜全反射，再回到前腔镜时，若该波列没有其他能量损失，它再次到达前腔镜出射的波列所携带的能量为 $(1-r)rW$。这是该原子同一次辐射透过前腔镜输出的第 2 束波列 u_2，它遇到分束镜后，又被分成两个波列 $u_2^{(1)}$ 和 $u_2^{(2)}$，当它们到达观察屏上时，比前面所讨论的两束波列分别滞后了它在激光腔内来回反射一次所经历的时间，若激光谐振腔长为 L，它们在屏上的复振幅可分别写为：$u_2^{(1)}(t+\tau-1\times(2L/c))$ 和 $u_2^{(2)}(t-1\times(2L/c))$。所产生的干涉图纹与 $u_1^{(1)}$ 和 $u_1^{(2)}$ 的干涉图纹完全一样。

如此类推，经前腔镜第 N 次反射的波列所携带的能量为 $r^N W$，经后腔镜反射，再回到前腔镜并透过它时，所带出的能量为 $(1-r)r^N W$。这是透过前腔镜的第 $N+1$ 束波列 u_{N+1}，它遇到分束镜后，又被分成两个波列 $u_{N+1}^{(1)}$ 和 $u_{N+1}^{(2)}$，当它们到达观察屏上时，比前面所讨论的两束波列分别滞后了它在激光腔内来回反射 N 次所经历的时间，它们在屏上的复振幅可分别写为：$u_{N+1}^{(1)}(t+\tau-N\times(2L/c))$ 和 $u_{N+1}^{(2)}(t-N\times(2L/c))$，光程差同样为 d，干涉图纹也同前面一样。

屏上的干涉图纹是所有这些波列的贡献的总和。这些从激光器前反镜输出的所有波列能量的总和则为：

$$
\sum_{n=0}^{N}(1-r)r^n W = (1-r)\left[1+r+r^2+r^3+\cdots+r^N\right]W
$$
$$
= (1-r)\left[\frac{1-r^{N+1}}{1-r}\right]W = (1-r^{N+1})W \tag{20-1}
$$

当 $N\to\infty$ 时，$r^{N+1}\to0$，于是从激光器前反镜输出的所有波列的能量总和为 W。也就是说，该原子该次辐射的光波全部都输出给激光器，这是在前面假定了光波在激光器来回反射过程中没有能量损失的情况下的必然结果，当然，这是假想的理想情况，为了简化讨论，忽略了众多因素。

若激光器内有 M 个受激原子，它们处于相同的状态，辐射的光波具有同样的频率，同样的波列长度（同样的发光持续时间），经过同样光路的情况下，每个原子同一次的辐射产生的干涉图纹是相同的。M 个原子辐射的光波所产生的干涉图纹是单个原子辐射的光波所产生的干涉图纹强度的 M 倍。

前面已假设分束镜的分束比为 1。当两路波列的光程差 $d=0$ 时，两路波列的时间差 $\tau=0$。所有输出波列所分的两束波列都是等光程的，都处于相干叠加

的状态，它们形成的干涉条纹的能见度都为 $V = |\gamma(0)| = 1$。

在初始状态为两路波列的光程差 $d = 0$ 的情况下，若平移动镜使波列 2 的光程增长，使波列 2 比波列 1 的光程差大于零，小于波列长度，即 $0 < d < c\tau_0$ 时，两光束部分相干叠加，光场有干涉条纹，但能见度不是最好，处于 0 与 1 之间。

当继续移动动镜使波列 2 的光程继续增长，长到波列 2 比波列 1 的光程差大于波列长度（激光器的相干长度）$d > c\tau_0$ 时，这时，波列 2 与波列 1 处于图 20-6 所示的两光束完全不相重叠的情况，两光束只有强度叠加，没有振幅叠加，光场一片均匀，没有干涉条纹。

若再继续平移动镜使波列 2 的光程继续增长，增长到一定程度后，又将见到模糊的条纹，而且，随着动镜继续移动，条纹能见度越来越好，当波列 2 与波列 1 的光程差恰好等于二倍腔长，即 $d = 2L$ 或 $\tau = 2L/c$ 时，能见度又接近最佳值 1。

严格的理论研究表明，在两支光路的光程差为二、四、六倍腔长等倍数不大的偶数倍腔长程差的情况，干涉条纹还是具有较好的能见度。利用激光器的上述特点，根据被摄物体的分布位置及方位的不同，采取不同光程的物光照明，使之与参考光的光程差保持为不同偶数倍腔长，用这种方法就可获得景深很大的高质量全息照片。

20.4 大景深全息图拍摄实例

前面的理论分析是我校熊秉衡先生提出的，当年他还在长沙铁道学院工作，他的研究团队使用相干长度约为 25cm 的氦氖激光器，对一个长度为 2.4m、安放在路轨上的蒸汽机车模型进行了成功的大景深全息图的拍摄[10]，拍摄光路如图 20-8 所示。

蒸汽机车模型的轨道和路基台座长 450cm，前景放置一个放大镜 L_0 和一块写有字符的标牌 P，光路布局如图 20-8 所示。图中 BS_1、BS_2、BS_3 为楔形分束镜，M_1、M_2、M_3、M_4、M_5 为全反射镜，L_1、L_2、L_3、L_4、L_R 为扩束透镜，SF 为空间滤波器。各束照明光在分束镜后的功率分别为：参考光 R 为 6mW，照明光 O_1 为 15mW，O_2 为 6mW，O_3 为 12mW，O_4 为 2mW，O_5 为 1.2mW。其中，O_1、O_2 为主体物光；O_3、O_5 为衬景物光，它们分别为楔形分束镜 BS_1、BS_2 第二次反射的光束；O_4 为近景物光。物光与参考光最大光程差为 4.8m，光程变化范围为 4.6 ～ 5m，

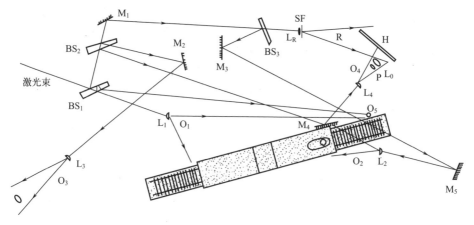

▲ 图20-8　蒸汽机车模型的拍摄光路

最大景深为5m。

实验所用的全息干版是天津感光胶片厂生产的全息I型干版，曝光时间为20～30s，采用D76硬性显影液显影，F5定影液定影。

▲ 图20-9　蒸汽机车模型全息图的再现照片

全息图获得了很好的像质，图20-9是再现像的照片。近景和远景都十分清晰，通过放大镜L_0，还可以看到标牌P上被放大的字符。若观察时在全息图前方放置一个透镜作为目镜，与放大镜L_0组成一望远镜，调节目镜的距离，就可以清晰地看到远景的细节。

此全息照片曾在1984年全国首届全息摄影展览会上展出，我国光学前辈、中科院院士王大珩、王之江以及北京邮电大学徐大雄教授等在1986年国际全息应用会议上所做的"Holography in China"（《中国的全息技术》）特邀专题报告中曾这样指出："长沙铁道学院的科学家们利用了激光光源时间相干性的准周期性质，成功地用普通氦氖激光器拍摄了尺寸4.5m²、景深8.2m的费涅尔全息图。"[11]。为将此方法应用于科研和工程技术，他们采用了不等光程的多束物光分区照明物体进行双曝光全息干涉计量，在不同照明区域按不同物光公式计算。干涉条纹在两照明区分界线上虽不连续，但在分界线上的两组数据是符合很好的。他们将此技术应用在长沙机床厂出口拉床的刚度检测上，从而改进了拉床床身的加固设计，此成果获得了湖南物理学会的"物理学面向经济建设奖"并载入《湖南省志》。此项研究的有关论文《大景深全息技术用于双曝光全息干涉计量的实验和分析》曾受邀在法国戛纳举行的第二届光学光电子学国际会议上第一个宣读，并获得与会代表的关注和好评。

20.5　昆明之行

　　看过彭师姐的上述附件，尚进和郝思觉得似懂非懂。因为他们还没有开始学习"激光原理"这门课。对于全息，他们只在发下来的下一学年才开始的信息光学的教科书中看到。但能够到昆明避暑，并直接在昆工观看这个曾经在国际上有如此影响的全息图，他俩非常乐意。

　　很快，他们告诉彭颖，郝思由北京乘坐飞机直抵昆明，尚进则陪同父母及彭颖父母坐高铁赴昆。乘坐高铁到昆明的路上，尚进借此向彭颖的父亲、在四川大学从事物理教学的彭教授请教了他还不清楚的问题。

　　按照预定的日期，在机场接到郝思的彭颖和尚进一行在昆明著名景区——碧鸡坊下会合了。

由于彭颖母亲是老昆明，可以直接带领大家在昆明城区旅行。因此，他们让尚进和郝思次日去昆工参观实验室。

第二天一早，彭颖在学校门口接上两位年轻人，在通往实验室的路上，彭颖告诉他们："为能让你们较好地了解我们全息陈列室的情况，我请了当年陪熊秉衡先生拍摄过大量全息图的张永安老师来实验室。估计他已经在实验室了。"

彭颖话音刚落，远远地便看到张老师，原来他也是这个时间到来的。

张老师带着大家到实验室后，一进大门，几幅介绍激光所及科研成果的展板便映入眼帘。张老师指着第一面展板说道："现在我们光学点已经由张亚萍教授组织申请到云南省现代信息光学重点实验室，但大家习惯上仍然称这里为激光所。"

"你们看，这是激光所的两位所长。估计你们较熟悉的是李老师，但激光所是原云南工业大学激光所与老昆工激光所1999年合并后建立的研究所，是昆明理工大学理学院光学本科及研究生的实验室。我原来是在云南工业大学熊先生领导的激光所工作的。小彭让我带你们看看我们的全息陈列室，我们就进去吧。"

很快，他们便走到全息陈列室。张老师打开照明灯后，精美绝伦的三维真彩色全息重建像让两位年轻人大为惊叹。

尚进指着第一幅土星模型的全息图

说道："这不就是李老师写在《衍射计算及数字全息》书中的插图嘛！张老师，我拍几张照片可以吗？"

"没问题的，这里陈列的全息图只是激光所里的一部分。"

于是，尚进选择不同的视角，拍摄了图20-10和图20-11的图像。

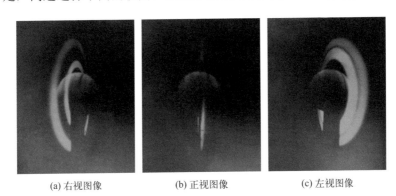

(a) 右视图像　　　　　　　(b) 正视图像　　　　　　　(c) 左视图像

▲ 图20-10　用白炽灯照明重现的土星模型像

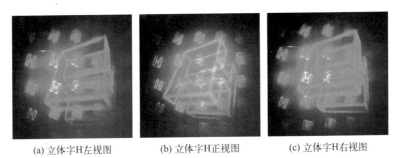

(a) 立体字H左视图　　　　(b) 立体字H正视图　　　　(c) 立体字H右视图

▲ 图20-11　用白炽灯照明重现的立体字H像

接着，他将手机里存的另一组图像（图20-12）调出来，给大家看后说："这是我的一位在北邮的师兄发给我的照片，是他在北邮全息陈列室拍的假面具像。"

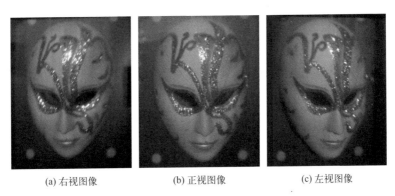

(a) 右视图像　　　　　　　(b) 正视图像　　　　　　　(c) 左视图像

▲ 图20-12　用白炽灯照明重现的假面具像

张老师看过后说道："北京邮电大学的全息陈列室全国第一，应该说昆工仅次于北邮。北邮的徐大雄院士与熊秉衡先生是当年研究全息技术的老朋友，这里展出的只是激光所的一小部分。我们这里在全国形成特色的是实时全息和全息肖像，你们还可以看到徐大雄院士、熊秉衡先生的全息肖像。我们在开始拍摄全息肖像时，为避免眼睛受伤，戴着黑色太阳眼镜。后来认真查阅了一本国际激光安全规范要求的资料，每次拍摄之前都要用测光表查看光照度是否合乎要求。如果今后你们要进行这方面的工作，可在网上查看熊先生的一篇文章《拍摄脉冲全息肖像母版的研究》（光子学报，1997，Vol.26，No.10，950-955）。"

在全息陈列室的文字介绍中，郝思看到中国科学院院士母国光为鉴定委员会主任，评委有于美文、徐大雄、杜玲、张静江、张光勇及林理中等国内知名专家于1997年6月18日对熊秉衡教授研究团队的项目《拍摄脉冲全息肖像的研究》鉴定成果评语："该项研究成果属国内领先，填补了国内空白，并且达到了国际先进水平。"这让他心里默想道："的确名不虚传，国内首屈一指啊！"

很快，两位年轻人在全息陈列室的展板上看到徐大雄院士及张永安等老师的全息照，见图20-13。

◁ 团队拍摄的白光再现全息肖像（徐大雄院士）

▷ 团队拍摄的全息肖像（项目主要成员张永安）

▲ 图20-13 全息照

在这个展板前，张永安老师说："徐大雄先生那幅肖像的母版是在美国拍摄的，当他知道我们在做全息肖像的研究课题后，就把他在美国拍摄的母版借给我们团队，请我们拍摄可以白光再现的肖像全息图。我们的课题结题后，将这个母版还给他，并赠送给他可以用白光再现的全息图。"

不一会儿，大家看到了熊秉衡先生的白光再现全息肖像。这时，张永安老师打开手机，给三个年轻人看了2017年昆工主办全息与信息光学年会时熊秉衡先生在他和徐大雄院士的全息肖像前的照片，见图20-14。

▲ 图20-14　熊秉衡先生

张老师感叹地说："现在，我们都老了，不是当年那个样子了！小彭说，应给你们看看当年熊先生拍摄的大景深全息。一会儿你们在这里拍完照片后，我带你们到实验室看。当年杨振宁先生曾经参观过我们的全息陈列室，估计你们已经看到进门时的第二块展板上的照片。"

"那时昆明理工大学和云南工业大学两校还未合并，这张照片是在云南工业大学激光所拍摄的。那天参观全息陈列室（图20-15）后，杨振宁先生说：'你们激光研究所拍摄的全息照片很有水平，不亚于我在美国高等院校看到的全息照片。'你们可能不知道，熊秉衡先生的父亲熊庆来与杨振宁先生的父亲杨武之早年是清华大学数学系的同事，那时，熊庆来先生是数学系主任。抗战时期，熊庆来任云南大学校长，杨武之一家也到了昆明。熊、杨两家可是世交，熊秉衡先生和杨振宁先生是从小就认识并一起长大的。"

▲ 图20-15　杨振宁（中）观看熊秉衡（左二）团队的全息照片（右一是云南工学院院长周学相）

尚进答道："我知道的，我家有熊秉衡和熊秉群所著《父亲熊庆来》一书，是我老爸买的，老爸给我讲过书中的许多内容。"

张老师换回话题说道："你们一会儿看到的大景深全息图是当年熊秉衡先生用氦氖激光器拍的。今天研究生的实验刚好要用氦氖激光器，我就用这个激光器给你们看重现像了。将重现光调整成当年熊先生拍摄全息图时用的同一倾斜角度的球面参考光波来重现，就能看到当年那个火车模型像。"

张老师的这番话让两位年轻人回想起彭师组发给他们的大景深全息图的拍摄光路（图20-8）。

不一会儿，张老师的光路摆设好了，两位年轻人立即上前观看。

彭师姐在一旁说道："这幅大景深全息图充分表现了它再现的是原始的物光波前，而且是三维立体的光波前。这一特色在这幅大景深全息图上能特别充分地表现出来。除了蒸汽机车给观者以震撼感之外，可以让观者注意到前方还拍摄有一个小透镜和其后面的一张纸牌。牌上写有'全国首届全息摄影展览1984年'等字样。通过正面的小透镜观看，可以看到放大了的字；偏开小透镜观看，则可以看到没有被放大的字；若观察时在全息图前方放置一个透镜作为目镜，与放大镜组成一望远镜，调节目镜的距离，就可以清晰地看到远景的细节。"

尚进和郝思按照师姐的指引看到的结果让他们大为兴奋。

在他们身后的张老师说道："熊先生曾经给我讲，因为这么精彩的三维立体效果，1984年在北京展览期间，北京的中国少年儿童中心买去了一幅大景深全息图，作为他们科普之用。"

郝思和尚进感到收获不小，真不虚此行！两位年轻人拍摄了他们直接看到的重建像，见图20-16。

▲ 图20-16　重建像

在返回的路上，尚进说道："我在北邮的那个师兄给我发过他们北邮余重秀教授写的一篇文章《忆科学春天里的故事》。记得文中对1984年我国在北京的全息摄影展览会有这样的描述：全息摄影展览会展出了多幅生动、精美的全息图，包括令人震撼的大景深蒸汽机车全息图。"

尚进和郝思回去后，在《全息干涉计量——原理和方法》一书的序言中，看到了我国为两弹一星做出杰出贡献的中国科学院院士、光学泰斗王大珩先生对该成果的评价：

"本书作者长期从事激光全息的研究工作，他和合作者们，在实时全息、全息肖像、大景深全息、模压全息、散斑、全息元件等方面，有多项较高水平的研究成果。突出的实例如大景深技术，采用25厘米相干长度的激光器拍摄成功8.2米景深、4.5米尺寸的场景，创下费涅耳全息的国内外最好结果。在1986年7月举行的国际全息应用会议上，介绍中国光学进展的报告中，提到这项研究成果。"

参考文献

[1] Joseph. W. Goodman. 傅里叶光学导论 [M]. 詹达三，董经武，顾本源，译. 秦克诚，校. 北京：科学出版社，1976.

[2] 李俊昌，R. 谢瓦利埃，J.-M. 等. 激光热处理温度场及相变硬化带的快速计算. 中国激光，1997, 7(24): 665-672.

[3] LI Junchang et al.. Quick Approximate Calculation on the Transient Temperature Field of Laser Heat Treatment. Chinese Journal of Laser, 1997, 3(86): 280.

[4] 熊秉衡，李俊昌. 全息干涉计量——原理和方法 [M]. 北京：科学出版社，2008.

[5] Pascal Picart, Eric Moisson, Denis Mounier. Twin-sensitivity Measurement by Spatial Multiplexing of Digitally Recorded Holograms[J].Applied Optics, 2003, 11(42): 1947.

[6] 李俊昌，张亚萍，许蔚. 高质量数字全息波前重建系统研究 [J]. 物理学报，2009, 58(8): 5385～5391.

[7] Jun-chang Li, Patrice Tankam, Zu-jie Peng, et al. Digital Holographic Reconstruction of Large Objects Using a Convolution Approach and Adjustable Magnification[J]. Optics Letters, 2009, 5(34): 572～574.

[8] 李俊昌. 衍射计算及数字全息 [M]. 北京：科学出版社，2014.

[9] D. O. Melroy.Holograms with Increased Range Coverage[J]. Applied Optics, 1967, 6, (11): 2005.

[10] 熊秉衡，葛万福. 大景深全息图的拍摄 [J]. 光学学报，1985, 5(7): 600.

[11] Wang Da-heng, Wang zhi-jiang, Hsu Da-hsiung, et al. Holography in China[C]. The International Conference on Holography Appilations 86 Conference Digest. Beijing: China Academic Publishers, 1986: 5-9.

附录　MATLAB程序及相关资源

扫描下载资源

用手机扫描二维码，可以下载的资源包括以下内容：

① 本书提供的MATLAB程序目录；

② 每一程序的源代码及执行实例；

③ 执行程序时需要调用的图像。

由于所提供的程序对代码有详细注释，建议读者下载后打印成册更便于阅读本书。

菲涅耳衍射积分的运算主要采用快速傅里叶变换FFT实现，所提供的程序LM3.m是通过两次FFT计算衍射的程序。关于衍射的FFT计算理论，可以阅读李俊昌、熊秉衡等主编，科学出版社出版的普通高等教育"十三五"或"十四五"规划教材《信息光学教程》。

本书提供的MATLAB程序如下表：

程序名	主要功能	理论知识
LM1.m	圆孔衍射场强度的微波元法计算	第7.3、7.4、7.5节
LM2.m	衍射场强度的微波元算法与D-FFT算法比较	第7.5、8.2节
LM3.m	消高频角谱干扰前后的菲涅耳衍射D-FFT计算比较	第9.6节
LM4.m	利用菲涅耳1818年获大奖论文的实验证明直边衍射条纹公式	第10.2节
LM5.m	菲涅耳函数S(x)、C(x)的两种算法比较	第11.3节
LM6.m	利用菲涅耳函数的两组公式计算直边衍射	第11.6、11.7节
LM7.m	有矩形孔径光阑的相干光成像计算	第14.3、14.4、14.5节
LM8.m	相干光照明的光波场空间追迹成像计算	第14.6节
LM9.m	相干光成像的振铃震荡计算研究	第16.7节
LM10.m	光学移频超分辨率成像消相位干扰模拟	第18.5节

将下载的程序源代码拷贝到MATLAB程序编辑框后，便能参照对应的程序执行实例运行程序，验证书中讨论的科学内容。按照每一程序的功能扩展提示，对程序做修改后可以解决与衍射计算相关的许多实际问题。

本书整理的这20篇文章是改革开放40年来笔者基于大学学习的数学物理知识，与时俱进地通过对衍射理论的再学习，用理论知识解决实际问题的体会。然而，文章中的光传播只涉及研究对象尺寸及光传播距离远大于光波长的标量衍射理论。当研究对象不满足这个条件时，例如目前国内外的研究热点——纳米级的光刻技术，就必须基于麦克斯韦方程进行严格的讨论。由于精力及能力所限，这些理论没有涉及。

为能获得科学研究成果，我深感应用基础理论的认真学习及根据实际遇到的问题再努力研究和创新的重要性。实践→认识→再实践→再认识是人类对自然界认识的必然过程，在这个过程中，必须坚持"实践是检验真理的唯一标准"，衡量前人总结的理论，这样才有可能让现有的理论获得创新。

谨望这部图文并茂之书能实现笔者的初衷，让从事物理光学学习和研究的大学本科生、研究生及科技工作者在轻松愉快的阅读中受益。